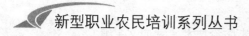

新型职业农民培训系列丛书

上海市粮油作物
病虫草害防治技术

SHANGHAISHI LIANGYOU ZUOWU
BINGCHONGCAOHAI FANGZHI JISHU

武向文 主编

中国农业出版社

图书在版编目（CIP）数据

上海市粮油作物病虫草害防治技术／武向文主编．
—北京：中国农业出版社，2015.10
（新型职业农民培训系列丛书）
ISBN 978-7-109-21092-9

Ⅰ.①上… Ⅱ.①武… Ⅲ.①粮食作物-病虫害防治
-技术培训-教材 ②油料作物-病虫害防治-技术培训-
教材 Ⅳ.①S435

中国版本图书馆 CIP 数据核字（2015）第 256051 号

中国农业出版社出版
（北京市朝阳区麦子店街 18 号楼）
（邮政编码 100125）
策划编辑 石飞华
文字编辑 石飞华

中国农业出版社印刷厂印刷 新华书店北京发行所发行
2015 年 10 月第 1 版 2015 年 10 月北京第 1 次印刷

开本：880mm×1230mm 1/32 印张：10.125
字数：278 千字
定价：28.00 元
（凡本版图书出现印刷、装订错误，请向出版社发行部调换）

丛 书 编 委 会

顾　问：殷　欧

主　任：朱建华

副主任：夏龙平　　郭玉人　　朱　恩　　张瑞明

　　　　夏建明

委　员：顾玉龙　　李　刚　　范红伟　　王秀敏

　　　　马英华　　武向文　　丁国强　　彭　震

　　　　沈海斌　　姜忠涛　　黄秀根　　赵　莉

　　　　叶海龙　　林天杰　　金海洋　　罗金燕

　　　　刘　康

本 书 编 委 会

主　　编：武向文

编写人员：武向文　成　玮　胡育海　汪明根

　　　　　唐卫红　沈雁君　吴立峰　田如海

　　　　　沈慧梅　顾士光　田小青　张正炜

　　　　　卫　勤　胡　永　黄世广　甘惠华

　　　　　顾慧萍

审　　稿：刘志恒

序

　　2014年中央1号文件明确指出要"加大农业先进适用技术推广应用和农民技术培训力度""扶持发展新型农业经营主体"。上海市现代农业"十二五"规划中也确立了"坚持把培育新型农民、增加农民收入作为现代农业发展的中心环节"等五大基本原则。这些都对加强农业技术培训和农业人才培育，加快农业劳动者由传统农民向新型农民的转变提出了新的要求。

　　上海市农业技术推广服务中心多年来一直承担着本市种植业条线农业技术人员和农民培训的职责，针对以往培训教材风格不一，有的教材内容滞后等问题，组织本市种植业条线农业技术推广部门各专业领域的多位专家编写了这套农民培训系列丛书。该丛书涵盖了粮油、蔬菜、西瓜、草莓、果树等作物栽培技术，以及粮油、蔬菜作物病虫害防治技术和土壤肥料技术等内容。编写人员长期从事农业生产工作，内容既有长期实践经验的理论提升，又有最新研究成果的总结提炼。同时，丛书力求通俗易懂、风格统一，以满足新形势下农民培训的要求。

相信该丛书的出版有助于上海市农业技术培训工作水平的提升和农业人才的加快培育，为上海都市现代农业的发展提供强大技术支撑和人才保障。

中共上海市委农村工作办公室

上海市农业委员会

副主任

2014 年 12 月

目　录

序

第一章
基础理论

第一节　农业昆虫

一、形态特征

（一）昆虫的体躯结构

昆虫属于节肢动物门，昆虫纲。节肢动物的共同特征是身体左右对称，具有外骨骼的躯壳，体躯由一系列体节组成，相邻体节间由节间膜相连，虫体可以自由活动；有些体节上具有成对的分节附肢，"节肢动物"的名称即由此而来；循环系统位于体背面，神经系统位于腹面。昆虫纲除具有以上节肢动物的共同特征外，其成虫还具有如下特征：昆虫体躯分成头部、胸部和腹部 3 个明显的体段（图 1-1）；胸部分前胸、中胸和后胸 3 个胸节，各节有足 1 对，中、后胸一般各有 1 对翅；腹部大多由 9～11 个体节组成，末端具有外生殖器，有的还有 1 对尾须。

掌握以上特征，就可以把昆虫与节肢动物门的其他常见的类群分开。如多足纲（蜈蚣、马陆）体分头部和胴部 2 个体段，胴部多节，每节有足；蛛形纲（蜘蛛、蜱、螨）体分头胸部、腹

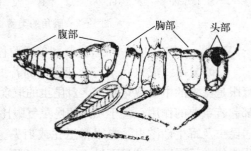

图 1-1　蝗虫体躯侧面观

部或颚体与躯体 2 个体段，足 4 对，无翅，无触角；甲壳纲（虾、蟹）体分头胸部和腹部，足至少 5 对，无翅，触角 2 对。

（二）昆虫的头部

头部是昆虫体躯最前的一个体段，以膜质的颈与胸部相连。头上生有触角、复眼、单眼等感觉器官和取食的口器，头部是昆虫感觉和取食的中心。

1. 触角　触角是昆虫重要的感觉器官，具有嗅觉和味觉的功能。触角的形状随昆虫的种类和性别而多变化，多数昆虫雄虫的触角较雌虫发达，在形状上也表现出明显的不一致。因此，触角常作为识别昆虫种类和区分性别的重要依据。例如，金龟甲类具腮片状触角，蝇类具芒状触角，小地老虎雄蛾的触角是羽状，而雌蛾触角为丝状。蚜虫触角上感觉器的形状、数目和排列方式是区分种类的常用特征（图 1-2）。

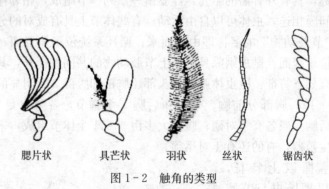

| 腮片状 | 具芒状 | 羽状 | 丝状 | 锯齿状 |

图 1-2　触角的类型

2. 眼　昆虫的眼一般有复眼和单眼两种。

（1）复眼　成虫和不完全变态中的若虫、稚虫都有 1 对复眼。复眼是昆虫的主要视觉器官，对昆虫的取食、觅偶、群集、避敌等都起着重要的作用。善于飞翔的昆虫复眼比较发达；低等昆虫、穴居昆虫及寄生性昆虫，复眼常退化或消失。复眼由许多小眼组成，小眼的数目因昆虫种类而异。昆虫的复眼不但能分辨近处物体的物像，特别是运动着的物体，而且对光的强度、波长和颜色等都有较强的分辨能力，能看到人类所不能看到的短光波，特别是对 330～400 nm 的紫外光有很强的反应，并呈现趋性。由此可利用黑光灯、双色灯、卤素灯等诱集昆虫。很多害虫有趋绿习性，蚜虫有趋黄特性，但在昆虫中很少能识别红色色彩。

（2）单眼 单眼的构造比较简单，它与复眼中的 1 个小眼相似，一般认为单眼只能分辨光的强弱和方向，不能形成物像。

3. 口器 口器是昆虫取食的器官。昆虫由于食性和取食方式不同，因而口器在外形和构造上也发生相应的特化，形成各种不同的口器类型。一般分为咀嚼式和吸收式两类，后者又因吸收方式不同，分为刺吸式、虹吸式、锉吸式等几种主要类型，详见表 1-1。

表 1-1 昆虫口器的类型

图示	说明
	**咀嚼式口器** 昆虫口器的基本形式，为取食固体食物的昆虫所具有。由上唇、上颚、下颚、下唇和舌 5 个部分组成，如蝗虫的口器，因其具有坚硬的上颚，危害特点是能使植物的组织和器官受到机械损伤而残缺不全，如造成植物叶片上的透明斑、缺刻、孔洞等。
	刺吸式口器 为吸食植物汁液和动物体液的昆虫所具有，是由咀嚼式口器演化而成。其上、下颚特化成 2 对口针，下唇延长成包藏口针的槽状结构的喙。刺吸式口器以口针刺入植物组织内，吸取植物的汁液。通常不会造成植物明显的残缺、破损，而是呈变色、斑点、卷缩、扭曲、肿瘤、枯萎等症状。许多刺吸式口器的昆虫，如蚜虫、叶蝉、飞虱等，在取食的同时，能传播病毒病，使作物遭受严重损失。

（续）

图示	说明
	虹吸式口器 为蛾蝶类所特有。这类口器除少数吸果夜蛾类穿破果皮吸食果汁外，一般无穿刺能力。有些蛾类成虫期不进食，幼虫期为咀嚼式口器，很多种类是农业上的重要害虫。
—	**锉吸式口器** 为蓟马类昆虫所特有。蓟马取食时，将喙贴于食物面上，口针插入组织内，将其刮破，汁液流出后被吸入消化道内。

不同昆虫口器的类型，具有不同的危害方式，造成不同的危害症状，针对害虫口器类型的特点，可选用合适的农药防治。例如，防治咀嚼式口器的害虫，可选用具有胃毒性能的杀虫剂，如敌百虫等，将农药喷洒在作物表面或拌于饵料中，这样害虫取食时农药可随着食物进入消化道，从而中毒死亡。但胃毒剂对刺吸口器的害虫则无效。防治刺吸式口器的害虫，则需选用具有内吸性能的杀虫剂，如吡虫啉等。因内吸剂施用后可被植物和种子吸收，并能在植物体内运转，当害虫取食时，农药便随植物汁液而被吸入虫体，从而引起中毒死亡。由于触杀剂是从害虫体壁进入而引起毒杀作用，因此不论防治哪一类口器的害虫都有效。有些杀虫剂同时具有触杀、胃毒、内吸甚至熏杀等多种杀虫作用，适合于防治各种类型口器的害虫。此外，了解害虫的危害方式，对于选择用药时机也有密切关系。例如，某些咀嚼式口器的害虫，常钻蛀到作物内部取食，某些刺吸式口器害虫形成卷叶。因此，用药防治须在害虫尚未钻入或造成卷叶之前。

（三）昆虫的胸部

胸部是昆虫的第二个体段，由 3 个体节组成，自前向后依次称为前胸、中胸和后胸。每个胸节侧下方均生有 1 对足，分别称为前足、中足和后足。在中胸和后胸的背面两侧，许多种类各着生 1 对翅，称为前翅和后翅。足和翅是昆虫的主要运动器官。所以，胸部是昆虫的运动中心。

昆虫的足大多用于行走。有些昆虫由于生活环境和生活方式不同，胸足的形态和功能发生了相应的变化，形成各种类型的足，可据此识别昆虫，判断其生活方式。

除了原始的无翅亚纲和某些有翅亚纲昆虫因适应生活环境，翅已退化或消失外，绝大多数昆虫都有 2 对翅。昆虫的翅由背板向两侧扩展演化而来，一般多为膜质薄片，中间贯穿着支撑作用的翅脉。翅脉有纵脉和横脉两种，由基部伸到边缘的翅脉称纵脉，连接两纵脉的短脉称为横脉。纵、横翅脉将翅面围成若干小区，称为翅室。翅室有开室和闭室之分。翅脉的分布形式（脉序）是识别昆虫科的依据之一。

昆虫的翅的形状一般多呈三角形，呈现 3 个角和 3 个边。昆虫的翅一般为膜质，用作飞行。但是，各种昆虫由于适应特殊的生活环境，翅的功能有所不同，因而在形态、发达程度、质地和表面被覆物发生许多变化，归纳起来见表 1-2。

表 1-2　昆虫翅的类型

图示	说明
	膜翅 翅膜质透明，翅脉明显。如蚜虫、蜂类、蝇类的翅。
	鳞翅 翅膜质，翅面上有一层鳞片。如蛾、蝶的翅。

（续）

图示	说明
	缨翅 翅膜质，狭长，边缘着生很多细长的缨毛。如蓟马的翅。
	覆翅 翅质加厚成革质，半透明，仍然保留翅脉，兼有飞翔和保护作用。如蝗虫、蝼蛄、蟋蟀的前翅。
	鞘翅 翅角质坚硬，翅脉消失，仅有保护身体的作用。如金龟甲、叶甲、天牛等甲虫的前翅。
	半鞘翅 翅的基半部为革质，端半部为膜质。如椿象的前翅。
	平衡棒 翅退化成很小的棍棒状，飞翔时用以平衡身体。如蚊、蝇和介壳虫雄虫的后翅。

（四）昆虫的腹部

腹部是昆虫的第三体段，构造比头、胸部简单，有多节组成。腹内包藏着各种内脏器官和生殖器官，腹部的环节构造也适于内脏活动和生殖行为，所以腹部是昆虫新陈代谢和生殖中心。

昆虫的腹部一般由9～11节组成，各腹节的骨板仅有背板和腹板，两者以侧膜相连。各腹节之间以环状节间膜相连，相邻的腹节常相互套叠，前节后缘套于后节前缘上。由于腹节间和两侧均有柔软宽阔的膜质部分，致使腹部具有很大的伸缩性，这对容纳内脏器官进行气体交换、卵的发育、交尾和产卵活动都是非常有利的。如蝗虫产卵时腹部可延长1～2倍，便于将卵产入土中。腹部1～8节的侧面具有椭圆形的气门，着生在背板两侧的下缘，是呼吸的通道。在腹部第八节和第九节上着生外生殖器，是雌雄交配和产卵的器官。有些昆虫在第十一节上生有尾须，是一种感觉器官。

二、生物学基础

（一）昆虫的繁殖方式

昆虫属于雌雄异体，在复杂的环境条件下具有多样的生活方式，经过长期适应，生殖方式也表现多样性。归纳起来，有两性生殖、孤雌生殖、卵胎生和多胚生殖等。

1. 两性生殖　绝大多数昆虫以两性生殖繁衍后代，即通过雌雄交配后，精子与卵子结合，雌虫产下受精卵，再发育成新个体，这种生殖方式称为两性生殖，或称两性卵生。这是昆虫普遍存在的一种繁殖方式。

2. 孤雌生殖　又称单性生殖，卵不经过受精就能发育成新个体的生殖方式。有些昆虫完全或基本上以孤雌生殖进行繁殖。这类昆虫一般无雄虫或雄虫极少，常见于某些粉虱、介壳虫、蓟马等。另外，一些昆虫是两性繁殖和孤雌生殖交替进行，故又称异态交替（世代交替），这种交替往往与季节变化有关。如蚜虫从春季到秋季，连续十多代都是孤雌生殖，当冬季来临前才产生有性雌雄蚜，进行两性生殖，产下受精卵越冬。

雌虫未经过交配的卵在母体内依靠卵黄供给营养进行胚胎发育，直至孵化为幼体后才从母体中产出，这种孤雌生殖的方式称为卵胎生，又叫孤雌胎生。卵胎生能对卵起着保护作用。如蚜虫的单性生殖，就是卵胎生的生殖方式。

孤雌生殖是昆虫在长期历史演化过程中，对各种生活环境适应的结果。它不仅能在短期内繁殖大量的后代，而且对扩散蔓延起着重要的作用。因为即使一头昆虫被带到新地区，它就有可能在这个地区繁殖下去。因此，孤雌生殖是一种有利于种群生存延续的重要生物学特性。

研究害虫的生殖方式，对采用某些新技术防治害虫具有一定的意义。

3. 多胚生殖　多胚生殖也是孤雌生殖的一种方式，如膜翅目中的茧蜂科、跳小蜂科、广腹细蜂科等内寄生蜂，1 个卵在发育过程中可分裂成 2 个以上胚胎，最多可至 3000 个，每个胚胎发育成一个新个体，其性别则以所产的卵是否受精而定。受精卵发育为雌虫，未受精卵发育为雄虫。因此一个卵发育出来的个体，其性别是相同的。多胚生殖是对活体寄生的一种适应，它可以利用少量的生活物质和在较短时间内繁殖较多的后代。

（二）昆虫的发育与变态

昆虫个体发育由卵到成虫性成熟为止，可分为两个阶段。第一阶段是胚胎发育，即依靠母体留给营养（或由卵黄供给营养）在卵内进行的发育阶段；第二阶段是胚后发育，即从卵孵化开始发育成长到性成熟为止，这是昆虫在自然环境中自行取食获得营养和适应环境条件的独立生活阶段。

1. 变态的类型　昆虫在从卵发育到成虫的过程中，要经过一系列外部形态和器官的阶段性变化，即经过若干次由量变到质变的几个不同发育阶段，这种变化叫做变态。按昆虫发育阶段的变化，变态主要有下列两类。

（1）不全变态　昆虫一生经过卵、若虫、成虫 3 个阶段，由于若虫除翅和生殖器官尚未发育完全外，其他在形态特征和生活习性等方面均与成虫基本相同，因此这样的不全变态又被称为渐变（图1-3）。它们的幼期通称为若虫，如蝗虫、盲蝽、叶蝉、飞虱。

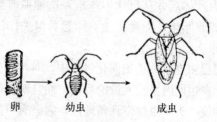

卵　　　　　幼虫　　　　　成虫

图1-3　昆虫的不全变态

（2）全变态　昆虫一生经过卵、幼虫、蛹、成虫 4 个阶段。幼虫在外部形态和生活习性上同成虫截然不同。幼虫不断生长经若干次蜕皮变为形态上完全不同的蛹，蛹再经过相当时期后羽化为成虫。因此，这类变态必须经过蛹的过渡阶段来完成幼虫到成虫的转变过程，如三化螟、玉米螟、甲虫、蜂类等（图 1 - 4）。

2. 昆虫个体发育各阶段的特性

（1）卵期　卵是昆虫发育的第一个阶段（胚胎发育时期）。昆虫的生命活动是从卵开始的，卵自产下后到孵化出幼虫（若虫）所经过的

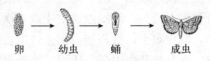

图 1 - 4　昆虫的全变态

时间称卵期。昆虫的卵是一个大型的细胞，最外面是一层坚硬且构造十分复杂的卵壳，表面常有各种刻纹。卵壳顶部有孔，叫做受精孔或卵孔。昆虫卵的大小、形状及产卵方式随种类而不同。有的单粒产卵（如菜粉蝶），有的聚集成块（如玉米螟），有的在卵块上还覆盖着一层绒毛（如毒蛾、灯蛾），有的卵则具有卵囊或卵鞘（如蝗虫、螳螂）。产卵场所也因昆虫种类而异。多数将卵产在植物的表面（如三化螟、棉铃虫），有的将卵产于植物组织内（如稻飞虱、稻叶蝉）。金龟甲类等地下害虫则产卵于土中。成虫产卵部位往往与其幼虫（若虫）生活环境相近，一些捕食性昆虫，如捕食蚜虫的瓢虫、草蛉等常将卵产于蚜虫群落之中。昆虫自卵中孵出后，是幼虫（若虫）取食生长时期，也是大多数农林害虫危害的重要时期。所以灭卵是一项重要的预防措施，可以把害虫消灭在危害之前。而对多数天敌昆虫来说，幼虫和若虫也是捕食或寄生植物害虫的主要虫期。

（2）幼虫（若虫）期　不全变态类昆虫自卵孵化到变为成虫所经过的时间，称为若虫期；全变态类昆虫自卵孵化到变为蛹时所经过的时间，称为幼虫期。幼虫期是昆虫一生中的主要取食危害时期，显著特点是大量取食，获得营养，生长速度惊人，也是防治的关键阶段。从卵孵出的幼体通常很小，取食生长后不断增大，当增

大到一定程度时，由于坚韧的体壁限制了它的生长，就必须蜕去旧表皮，代之以新表皮，这种现象叫做蜕皮。昆虫在蜕皮前常不食不动，每蜕一次皮，虫体就显著增大，食量相应增加，形态也发生一些变化。幼虫和若虫从孵化到第一次蜕皮及前后两次蜕皮之间所经历的时间，称为龄期。在每一龄期中的具体虫态称为龄或龄虫。从卵孵化后至第一次蜕皮前称为第一龄期，这时的虫态即为1龄；每蜕皮一次，增加1龄。昆虫蜕皮的次数和龄期长短，因种类及环境条件而不同。一般幼虫蜕皮4或5次。在2龄、3龄前，活动范围小，取食很少，抗药能力很差；生长后期，则食量骤增，常暴食成灾，而且抗药力增强。所以，防治常掌握在低龄阶段。全变态昆虫的幼虫期随种类不同，其幼虫形态也各不相同。常见的主要有3种类型，即多足型（有3对胸足，2对以上腹足，如蝶蛾类的幼虫）、寡足型（只有3对胸足，无腹足，如草蛉和多数甲虫的幼虫）、无足型（完全无足，如蝇类的幼虫）。

（3）蛹期　蛹是全变态昆虫特有的发育阶段，也是幼虫转变为成虫过程中所必须经过的一个过渡虫期，是成虫的准备阶段。昆虫的蛹一般可分为离蛹、被蛹和围蛹。幼虫老熟以后，即停止取食，寻找适当场所，如瓢虫类附着在植物枝叶上，玉米螟在蛀道内，大豆食心虫入土吐丝作茧等，同时体躯逐渐缩短，活动减弱，进入化蛹前的准备阶段，称为预蛹（前蛹），所经历的时间即为预蛹期。预蛹期也是末龄幼虫化蛹前的静止期，预蛹蜕去皮变成蛹的过程称为化蛹。从化蛹期到变为成虫所经过的时间，称为蛹期。在此期间，蛹在外观上不吃不动，实际上内部正进行着幼虫器官解体和成虫器官形成的、激烈的生理变化。因此，这一时期对不利环境因素的抵抗力很差。了解这一特性，可以采取相应措施来消灭害虫。如在二化螟的化蛹盛期，用深水灌溉就可使蛹窒息死亡。

（4）成虫　昆虫从羽化起直到死亡所经历的时间，称为成虫期。成虫是昆虫个体发育的最后阶段，其主要任务是交配、产卵，繁衍后代。因此，昆虫的成虫期实质上是生殖时期。

① 羽化。不全变态昆虫末龄若虫蜕皮变为成虫或全变态昆虫

的蛹由蛹壳破裂变为成虫，都称为羽化。

② 性成熟和补充营养。某些昆虫在羽化后，性器官已经成熟，不需要取食就能交尾、产卵，这类昆虫的成虫期是不危害作物的，如三化螟、玉米螟等。大多数昆虫羽化为成虫时，性器官未完全成熟，需要继续取食，才能达到性成熟。这种对成虫性成熟不可缺少的营养，称为补充营养。这类昆虫的成虫阶段对农作物仍能造成危害，如蝗虫。了解昆虫对补充营养的要求，可以作危害虫防治或预测害虫发生的重要依据。如用糖醋类发酵液诱杀黏虫、地老虎等。

③ 交配和产卵。成虫性成熟后，即行交配和产卵。雌雄成虫从羽化到性成熟开始交配，所经时间称为交配前期。雌成虫从羽化到第一次产卵所经时间，称为产卵前期。产卵前期的长短，常因昆虫种类而异。在农作物害虫防治上，为把成虫防治在产卵以前，以及应用历期法进行发生期预测，害虫的产卵前期是必不可少的基本资料。昆虫的产卵能力相当强，一般每头雌虫可产卵数十粒到数百粒，很多蛾类可产卵千粒以上。

④ 性二型和多型现象。多数昆虫，其成虫的雌雄个体，在体形上比较相似，仅外生殖器等第一性征不同。但也有少数昆虫，其雌、雄个体除第一性征不同外，在体形、色泽以及生活行为等第二性征方面也存在着差异，称为性二型。如独角犀的雄虫，头部具有雌虫没有的角状突起或特别发达的上颚。也有的昆虫在同一时期、同一性别中，存在着两种或两种以上的个体类型，称为多型现象。如飞虱有长翅型和短翅型个体、蚜虫有有翅型和无翅型个体等。

（三）昆虫的生活史

昆虫的生活史是指昆虫在一定阶段的发育史。生活史常以一年或一代时间为单位，昆虫在一年中的发育史称年生活史或生活年史，而昆虫在一个世代中的发育史称代生活史或生活代史。昆虫的生活史可用图或表格来表达。现介绍一种常用的表格形式，见表1-3。

表 1-3　昆虫生活史表格示意图
（仿杜品等）

世代	月份								
	1~3	4	5	6	7	8	9	10	11~12
越冬代	(+++)	(+++)							
		+++	+						
第一代			··	···					
			———	—					
			△△	△△△					
				+++	++				
第二代					··	···			
					———	—			
					△△	△△△			
					+	+++	+++	++ (+)	(+++)

注：各虫态的表示方法有符号与字母两种。卵常用符号"·"或字母 E 表示；幼体常用符号"—"或字母 L 与 N 表示；蛹常用符号"△"，或"⊙"，或"○"与字母 P 表示；成虫常用符号"+"或字母 A 表示；越冬虫态用括号"（）"将代表符号或字母括起来。

1. 昆虫的化性　是指昆虫（特别是具有滞育特性的昆虫）在 1 年内发生的世代数。1 年发生 1 代的称一化性，如大地老虎与大豆食心虫；1 年发生 2 代的称二化性，如东亚飞蝗与二化螟；1 年发生 3 代或以上的称多化性，如棉蚜；而 2 年才完成 1 代的称半化性，如大黑鳃金龟；2 年以上才完成 1 代的称部化性，如华北蝼蛄和十七年蝉。

一化性昆虫，其年生活史与世代的含义相同；多化性昆虫，其年生活史就包括多个世代；部化性昆虫，其年生活史只包括部分虫态的生长发育过程。

昆虫的化性是由种的遗传性和环境因素共同决定。多化性昆虫 1 年发生的世代数与环境因素特别是温度有很大关系，如亚洲玉米螟在黑龙江省 1 年发生 1 代，在山东省 1 年发生 2~3 代，在江西省1年发生4代，在广东和广西1年发生5～6代。

二化性和多化性昆虫常由于成虫发生期和产卵期长，或越冬虫态出蛰期不集中，造成前一世代与后一世代明显重叠的现象称世代重叠。如小菜蛾在杭州9月份可有8个世代混合出现。在这种情况下，世代划分就很困难。

同种昆虫在同一地区出现不同化性的现象称局部世代。如棉铃虫在河北和河南等地1年发生4代，以蛹越冬；但有部分第四代的蛹羽化为成虫并产卵发育为第五代幼虫，然而由于气温降低而死亡，形成不完整的第五代。

一些多化性昆虫在年生活史中出现两性生殖世代与孤雌生殖世代交替的现象称世代交替或异态交替。这种现象在蚜虫、瘿蜂和瘿蚊中较常见，尤其是蚜虫常表现出多型和不同世代间生活习性的明显差异。

2. 休眠与滞育　在昆虫生活史的某一阶段，当遇到不利环境条件时，生命活动会出现停滞现象以安全度过不利环境阶段，这一现象常与盛夏的高温干旱及隆冬的低温缺食相关，即所谓的越夏、夏眠或夏蛰和越冬、冬眠或冬蛰。根据引起和解除滞育的条件，可将生命停滞现象分为休眠与滞育两类。

（1）休眠　又称蛰伏，是由不利环境条件直接引起的暂时性生长发育停滞的现象。当不利环境条件消除时，能立即恢复生长发育。

引起休眠的主要因素是温度，如温带或寒带地区秋冬季节的气温下降、食物枯竭，或热带地区的高温干旱，都可以引起一些昆虫的休眠。有些昆虫需要在一定的虫态休眠，如东亚飞蝗都是以卵休眠的；有的则任何虫态都可休眠，如小地老虎在江淮流域以南以成虫、蛹和幼虫均可休眠。

（2）滞育　是昆虫在光周期和温度变化等外界因子的诱导下，通过体内生理变化过程控制的发育停滞现象。滞育是一种遗传性，也可以说是由环境条件引起的，但通常不是由不利环境条件直接引起的，滞育常出现于不利环境条件出现前。而且昆虫一旦进入滞育，即使给予最适宜的环境条件，也不会马上恢复生长发育。凡具有滞育特性的昆虫，都有固定的滞育虫态。

（四）昆虫的习性

昆虫的生活习性包括昆虫的活动和行为，是建立在神经反射活动基础上的一种对外来刺激作用所作的运动反应。这种对复杂的外界环境所具有的主动调节能力，也是长期自然选择的结果。了解害虫的生活习性，是制定害虫防治策略和方法的重要依据。

1. 食性 食性就是取食的习性。不同昆虫对食物有不同的要求。昆虫按食物种类可分为植食性、肉食性、腐食性和杂食性几类。

（1）植食性 就是以取食活体植物及其产品为食料。农作物害虫和取食植物性食物的仓库害虫均为植食性昆虫。农作物害虫中按其寄主植物范围的广、窄，又可分为单食性、寡食性和多食性3种类型。单食性昆虫仅以1种或极近缘的少数几种植物为食，如三化螟、褐飞虱只危害水稻。寡食性昆虫只取食1个科或其近缘科内的若干种植物，如菜青虫只危害十字花科的白菜、甘蓝、萝卜、油菜等，以及与十字花科亲缘关系相近的木樨科植物；小菜蛾只危害十字花科的39种植物。多食性昆虫取食范围广，涉及许多不同科的植物，如玉米螟可危害40科181属200种以上的植物；棉蚜能危害74科285种植物。

（2）肉食性 就是捕食他种昆虫或以其组织为食。包括捕食性和寄生性两大类。如瓢虫捕食蚜虫，寄生蜂寄生于害虫的体内等。这些以害虫为食料的昆虫，称为益虫或天敌昆虫。常利用它们来控制害虫。

（3）腐食性 就是以腐烂的动、植物尸体、粪便等为食。如取食腐败物质的蝇蛆及专食粪便的食粪金龟甲等，就是腐食性昆虫。

（4）杂食性 就是能以各种植物和（或）动物为食。如蟑螂、蚂蚁等，即为杂食性昆虫。

2. 假死性 有些害虫如金龟甲、黏虫和小地老虎幼虫等，在受到突然的震惊时，立即将足收缩，身体卷曲，或从植株上掉落地面，一动不动，片刻又爬行或飞起。这种习性称为假死性。假死性是昆虫对外来袭击的适应性反应，使它们能逃避即将临头的危险，对其自身是有利的。在害虫防治上，可利用其假死习性设计振落捕虫的器具，加以集中捕杀。

3. 趋性 昆虫的趋性是较高级的神经活动，是昆虫对任何一种外部刺激源（光、温度、化学物质等）产生的反应运动。按刺激物的性质，趋性可分为：趋光性（对于光源的反应）；趋温性（对于热源的反应）；趋化性（对于化学物质的反应）；趋湿性（对于湿度的反应）；趋地性（对于土壤的反应）等。其中以趋光性和趋化性为最重要和普遍。

一般夜出昆虫对灯光表现出正的趋光性，而对日光则表现为避光性。相反，很多蝶类则在日光下活动。不同波长的光线对各种昆虫起的作用及效应亦不同，一般说，短光波的光线对昆虫的诱集力大。如二化螟对于 330 nm 紫外光至 400 nm 紫光的趋性最强，棉铃虫和烟青虫用 330 nm 的紫外光诱集效果最好，因此可以利用黑光灯、双色灯来诱杀害虫和进行预测预报。昆虫的趋光性在雌雄性别间也表现不同。如铜绿丽金龟雌虫有较强的趋光性，而雄虫则弱；华北大黑鳃金龟则相反，雄虫有趋光性，雌虫则无。

昆虫通过嗅觉器官对挥发性化学物质刺激所起的冲动反应行为，称为趋化性。人们可根据害虫对于化学物质具有的趋性反应，应用诱杀剂、诱集剂和驱避剂来防除害虫。如用马粪诱杀蝼蛄；用糖、醋、酒等混合液诱集梨小食心虫、黏虫、小地老虎等。驱避剂多用于防治卫生害虫，如涂抹皮肤用的避蚊油等。

4. 群集、扩散与迁飞

（1）群集 大多数昆虫都是分散生活的，但也有一些昆虫在田间经常可见大量个体聚集在一起生活。群集根据其性质可分为暂时群集和长期群集。暂时群集只是在某一虫态和某一段时间内群集在一起，过后便分散。如十字花科蔬菜幼嫩部分常群集着蚜虫；茄科蔬菜的叶片背面常群集有粉虱。长期群集的群集时间较长，包括着个体整个生活周期，群集形成后往往不再分散。如群居型飞蝗，从卵块孵化为蝗蝻（若虫）后，虫口密度增大，由于各个体视觉和嗅觉器官的相互刺激，就形成蝗蝻的群居生活方式。在成群迁移危害活动中，几乎不可能用人工方法把它们分散，直到羽化为成蝗后，仍成群迁飞危害。

（2）扩散　扩散是昆虫在个体发育中，为了取食、栖息、交配、繁殖和避敌等，在小范围内不断进行的分散行为。如三化螟的低龄幼虫，可通过爬行、吐丝飘荡等方式，以所孵化的卵块为中心向四周扩散；菜蚜以有翅蚜在蔬菜田内扩散或向邻近菜地转移。因此，扩散是昆虫扩大居住空间的生活方式之一。

（3）迁飞　迁飞是昆虫在一定季节内、一定的成虫发育阶段，大量的有规律地、定向地、持续地远距离飞行的行为。许多农业害虫如黏虫、小地老虎、稻纵卷叶螟、褐飞虱、白背飞虱等都具有这一特性。昆虫迁飞有助于其生活史的延续和物种的繁衍，是自然界中存在的一种普遍现象。

研究和了解昆虫的群集、迁移和扩散的生物学特性，对农业害虫的测报和防治具有重要意义。如目前我国已广泛开展的对迁飞性害虫的异地测报，能较准确地预测其发生期和危害趋势；利用害虫的群集习性，及早地采取有效的防治措施，可把它们消灭在分散危害之前。

（五）昆虫分类及命名

昆虫种类繁多，形态变化多端。人们为了认识昆虫以便进行研究，必须将不同的种类按一定的方法加以有序地分门别类，建立一个符合客观规律的分类系统，以反映它们在历史演化过程中的亲缘关系。昆虫分类学采用的分类阶梯，即界、门、纲、目、科、属、种，阶梯之间常加一些中间阶梯，例如总科、亚科、亚属、亚种等。如大螟属于动物界，节肢动物门，昆虫纲，有翅亚纲，鳞翅目，夜蛾总科，夜蛾科，蛀茎夜蛾属。其分类阶梯如下：

界：动物界 Animalia

门：节肢动物门 Arthropoda

纲：昆虫纲 Insecta

目：鳞翅目 Lepidoptera

科：夜蛾科 Noctuidae

属：蛀茎夜蛾属 *Sesamia*

种：大螟 *Sesamia inferens*

分类的基本单元是种，又称物种，又是繁殖单元。它是由种群组成，具有相同的形态特征，能相互配育，并产生具有繁殖力的后代，与其他种之间存在着生殖隔离现象。每个种都有一个全世界统一的科学名称，即学名。

昆虫的名称，采用国际上统一的林奈双名法命名，即昆虫的学名由属名和种名两个拉丁文组成，属名在前，种名在后，除属名第一个字母大写外，其余均为小写，印刷时排成斜体，手写稿应在下面划一横线，以提醒排字时注意；在种名后附上命名人的姓。如黏虫，它的学名是 *Mythimna separata* Walker，其中 *Mythimna* 是属名，*separata* 是种名，Walker 是命名人的姓。在除分类学之外的其他文章中，定名人可以省略不写。当学名在文章中第二次被提到时，属名可以略写，如黏虫可略写为 *M. separata*。

（六）环境对昆虫的影响

1. 气候因素对昆虫的影响 气候因素主要包括温度、湿度和降雨、光照、气流（风）、气压等。这些因素在自然界中常相互影响并共同作用于昆虫。气候因素可直接影响昆虫的生长、发育、繁殖、存活、分布、行为和种群数量动态等，也能通过对昆虫的寄主（食物）、天敌等的作用而间接影响昆虫。

（1）温度 温度直接影响着昆虫的代谢率，对昆虫的分布、活动、生长、发育、生殖、遗传、生存和行为等也起着重要作用，同时通过影响昆虫取食的植物或其他寄主，对昆虫起间接作用。不同种或同种昆虫的不同发育阶段（虫期）和不同生理状态（如生长发育期、滞育期），在不同的环境条件下（如季节、场所、外界温度变化速率等），其对温度的适应范围是不同的。

温度对昆虫发育速度的影响显著，是影响其发生期的重要生态环境因素。昆虫的发育速度随温度的增高而加快，二者成正比关系；而昆虫的发育时间则随温度的增高而缩短，二者成反比关系。一般用有效积温法则表示昆虫发育速度与温度的关系。昆虫完成其发育阶段（如卵、各龄幼虫、幼虫期、蛹、成虫产卵前期或一个世代）需要积累一定的热能，即所需要的热能，为一常数。生产中有效积温法则可用于昆虫的预测预报和指导防治。

高温和低温对昆虫的存活影响很大，是昆虫种群数量变动的重要环境因素之一。高温可以抑制昆虫的发育，使其体重减轻，死亡率增加，而且还有一定的后遗作用，特别是对其成虫的影响，或引起发育不健全，体小，翅不能正常展开；或性腺发育受到抑制，不孕卵数量增多等。不同昆虫种类、同种昆虫的不同发育阶段、体内生理状态、生活条件、降温的速度等，都可影响昆虫过冷却点的高低。

昆虫繁殖也要求一定的适温范围，但该范围较生长发育的适温范围为窄，一般接近于昆虫生长发育的最适温度范围。昆虫的成虫在较低的温度下虽能生存，寿命也较长，但其性腺不能发育成熟，不能交配产卵，或产卵极少而多为不孕卵；在过高温度下，成虫寿命短，特别是雄虫精子不易发育形成，或失去活力，也影响交配行为，而引起雌虫产下的卵多为未受精卵。

（2）水分和湿度　水分是昆虫维持生命活动的介质，如消化作用的进行，营养物质的运输，废物的排出，以及体温的调节等都与水分直接相关；同时水也是影响昆虫种群数量动态的重要环境因素。不同种类的昆虫和同种昆虫的不同发育阶段，都有其一定的适宜湿度的范围，高湿或低湿对其生长发育，特别是对其繁殖和存活影响较大。

环境湿度较低时，可使部分已抱卵的雌虫不能正常产卵；一些在卵内已完成发育的幼虫不能孵化；一些在蛹壳内已形成的成虫不能羽化；一些已羽化的成虫不能正常展翅。湿度过低（干旱）影响成虫的交配行为和使其寿命缩短，如黏虫、稻纵卷叶螟等在相对湿度低于60%时，交配率很低。但干旱可使蚜虫、叶螨的寄主植物体内水解酶增加，促使其可溶性糖类浓度提高，有利于蚜、螨的营养代谢，使之大量繁殖，造成大发生。降雨持续日期、次数以及降雨量的大小，对昆虫种群数量动态的影响更为密切。降雨对于那些与土壤直接有关的昆虫往往有很大的影响。大雨，特别是暴雨对一些小型昆虫（如蚜、螨类等）和一些昆虫卵（如棉铃虫等）有机械冲刷和沾着于土表的作用，造成死亡，可导致其种群密度下降。同时，湿度和降水还可通过天敌和食物间接地对昆虫发生影响。

在自然界中，虽然在某些情况下，温度和湿度对昆虫的影响有主有次，但两者是互相影响并综合作用于昆虫的。对不同昆虫或不同发育阶段，适宜的温度范围是因湿度的变化而转移的。反之亦然。如大地老虎卵在不同温湿度的综合影响下，其死亡率不同。

在害虫的预测预报中，常用温湿系数（或温雨系数）、气候图（或生物气候图）来表示温度和湿度对昆虫的综合影响。

（3）光　光直接和间接为昆虫的生存提供能量，除此之外，光的波长、强度和光周期对昆虫的趋性、滞育、行为等产生着重要的影响。

昆虫可见光波的范围与人不同。昆虫可见波长范围在250～700 nm，对紫外光敏感，而对红外光不可见。测报上使用的黑光灯波长一般在360～400 nm，比白炽灯诱集昆虫的数量多、范围广。黑光灯结合白炽灯或高压荧光灯（高压汞灯）诱集昆虫的效果更好。

蚜虫对粉红色有正趋性，对银白色、黑色有负趋性，故可利用银灰色塑料薄膜等隔行铺于烟苗、蔬菜等行间，忌避防治蚜虫危害。黄色对蚜虫的飞行活动有突然抑制作用，类似某些物理刺激而引起昆虫的假死性，据此可利用"黄皿诱蚜"进行测报和"黄板诱蚜"进行防治。

植物的花色和叶色对一些昆虫趋向也有关。如大菜粉蝶喜欢趋向于黄色和蓝色花，雌蝶喜欢在绿色和蓝绿色叶上产卵；三化螟、稻纵卷叶螟等在深绿色稻株上产卵，而在黄绿色的稻株上产卵较少。

光强度影响昆虫昼夜的活动节律和行为，如交配、产卵、取食、栖息等。按照昆虫生活与光强度的关系（其中温度也有一定影响），可以把昆虫分为：白昼活动（如蝶类、蝇类、蚜虫等）、夜间活动（如夜蛾科、螟蛾科及多数金龟科昆虫等）、黄昏活动（弱光活动，如小麦吸浆虫、蚊等）和昼夜活动（如某些天蛾科、大蚕蛾科、蚕蛾科昆虫）4 类。

光强度与昆虫活动的关系，不仅因种类而异，而且同种昆虫的不同发育阶段也有所不同。

光周期主要是对昆虫的生活节律起着一种信息反应。昆虫对光周期变化节律的适应所产生的各种反应，称为光周期反应，或光周期现象。许多昆虫的地理分布、形态特征、年生活史、滞育特性、行为以及季节性多型现象等，都与光周期的变化有着密切关系。

光周期的变化对昆虫体内色素的变化产生影响，如菜粉蝶蛹在长日照下呈绿色，在短日照下则呈褐色。光周期对一些迁飞性昆虫行为有影响，如夏季长日照和高温引起稻纵卷叶螟向北迁飞，秋季短日照和低温引起其向南迁飞。光周期对蚜虫季节性多型起着重要作用。

（4）风　风对昆虫的影响主要是影响其飞翔和分布。许多飞翔的昆虫大多在微风或无风晴天时飞行。当风速增大到一定程度时，飞行受阻；当风速每小时超过 15 km 时，所有昆虫都停止自发的飞行。一些体小的昆虫，如飞虱、瘿蚊等可随风作远距离的传播；一些有长距离定向迁飞的昆虫，如东亚飞蝗、稻纵卷叶螟、褐飞虱等，与季风的关系更为密切。在 1 000 m 的高空中，发现有瘿蚊、茧蜂、姬蜂、蚜虫、叶蜂、蓟马等；在 2 300 m 的高空中，可发现秆蝇、木虱等；甚至在 4 000 m 的高空中，也能发现少量昆虫。有时发生乘风迁飞的害虫，遇高山阻隔，被迫降落，在高山山麓下的农田，危害成灾。

2. 生物因素对昆虫的影响　生物因素是指环境中的所有生物由于其生命活动，而对某种生物（某种昆虫）所产生的直接和间接影响，以及该种生物（昆虫）个体间的相互影响。这些影响主要表现在营养联系上，如种间竞争、种内竞争及共生、共栖等。其中食物和天敌是生物因素中的两个最为重要的因素。

（1）生物因素相对非生物因素的特点

① 生物因素一般只影响昆虫的某些个体。如在同一生境内，昆虫获得食料的个体是不均衡的，有些个体能获得较充足的食料；而有些个体却不能获得较充足的食料；只有在极个别的情况下，昆虫种群的全部个体才能被其天敌所捕食或寄生。非生物因素对昆虫的影响是比较均匀的，如温度、湿度、降水等对昆虫种群中每一个个体的影响是基本一致的，其中虽然可能与某些个体所处的微气候环境不同而有某些差异，但这种差异相对说来是不明显的。

② 生物因素对昆虫影响的程度，与昆虫种群个体数量关系密切。如在一定空间范围内，寄主愈多，昆虫愈容易找到食物，即种间竞争不激烈；特别是昆虫天敌受昆虫种群数量多少的影响很大。而非生物因素对昆虫的影响与昆虫种群个体数量无关。所以，非生物因素又称为非密度制约因素，生物因素又称为密度制约因素。

③ 生物因素对昆虫的影响是相互之间的。如某种昆虫的天敌数量增多，其种群数量即将随之下降；昆虫种群数量下降，又势必造成其天敌的食物不足，天敌数量也随之下降，因而又会导致该种昆虫种群数量的增多。而非生物因素一般只是单方面对昆虫发生影响。

生物因素对某种昆虫来讲虽是一种环境因素，但它同时又受到非生物因素的影响，即非生物因素可以通过生物因素对某种昆虫产生间接的影响。

（2）植物抗虫性　植物抗虫性是指同种植物在某种害虫危害较严重的情况下，某些品种或植株能避免受害、耐害，或虽受害而有补偿能力的特性。在田间与其他植物或品种相比，受害轻或损失小的植物或品种称为抗虫性植物或抗虫性品种。针对某种害虫选育和种植抗虫性品种，是农业害虫综合防治中的一项重要措施。植物抗虫性是害虫与寄主植物之间，在一定条件下相互作用的表现。就植物而言，其抗虫机制表现为不选择性、抗生性和耐害性3个方面。

① 不选择性。不选择性是指植物使昆虫不趋向其上栖息、产卵或取食的一些特性。如由于植物的形态、生理生化特性、分泌一些挥发性化学物质等，都可以阻止昆虫趋向植物产卵或取食；或者由于植物的物候特性，使其某些生育期与昆虫产卵期或危害期不一致；或者由于植物的生长特性，所形成的小生态环境不适合昆虫的生存等，从而避免或减轻害虫的危害。

② 抗生性。抗生性是指有些植物或品种含有对昆虫有毒的化学物质，或缺乏昆虫生长发育所必要的营养物质，或虽有营养物质而不能为昆虫所利用，或由于对昆虫产生不利的物理、机械作用等，而引起昆虫死亡率高、繁殖力低、生长生育延迟或不能完成发育的一些特性。

③ 耐害性。耐害性是指植物受害后，具有很强的增殖和补偿能力，而不致在产量上有显著的影响。如一些禾谷类作物品种受到蛀茎害虫危害时，虽被害茎枯死，但可分蘖补偿，减少损失。

植物的抗虫机制，是其对植食性昆虫在选择食物过程中4个阶段的适应结果。这些抗虫机制，与昆虫选择食物的阶段一样，常互有交错，难以截然分开。

（3）天敌因素对昆虫的影响　昆虫在生长发育过程中，常由于其他生物的捕食或寄生而死亡，这些生物称为昆虫的天敌。昆虫的天敌主要包括致病微生物、天敌昆虫和食虫动物3类。它们是影响昆虫种群数量变动的重要因素。

① 食虫动物。食虫动物是指天敌昆虫以外的一些捕食昆虫的动物。主要包括蛛形纲、鸟纲和两栖纲中的一些动物。蛛形纲中的食虫动物隶属于蜘蛛目和蜱螨目。其中以狼蛛、球腹蛛、微蛛、跳蛛等类群在生物防治中的作用较大。如当稻田中草间小黑蛛与稻飞虱（或稻叶蝉）的数量比达1：（4～5），或水狼蛛与稻飞虱（或稻叶蝉）的数量比达1：（8～9）时，稻飞虱或稻叶蝉的种群就难以

发展。蜱螨目中以植绥螨科中的捕食螨捕食害虫的作用最大，如尼氏钝绥螨、德氏钝绥螨、东方钝绥螨等，已被利用。鸟纲中食虫鸟类也很多，有些种类终生捕食昆虫，如啄木鸟、灰喜鹊、家燕等；有些在成鸟育雏期间捕啄昆虫供雏鸟食用，如麻雀等。两栖动物中的蛙类大都可捕食昆虫，其中以生活在稻田的泽蛙捕食能力最强。另外在丘陵山区果园中的树蛙也是捕食昆虫的种类。

②致病微生物。致病微生物主要有细菌、真菌和病毒，但习惯上也将病原线虫、病原原生动物归于致病微生物中，此外立克次体等对昆虫也有致病作用。

细菌。昆虫病原细菌已知约有90余种，分属于芽孢杆菌科、肠杆菌科、假单胞菌科。研究和应用较多的是芽孢杆菌，如苏云金杆菌，其寄主范围较广泛，容易在人工培养基上生长，目前在生产上已广泛应用。细菌致病的昆虫外表特征是行动迟缓，食欲减退，死后身体软化和变黑，内脏常软化，带黏性，有臭味。

真菌。昆虫病原真菌也称虫生菌，种类繁多，已记载有900余种，分布于真菌界各亚门的100多个属中，其中主要有：接合菌亚门的虫生霉，子囊菌亚门的虫草菌，半知菌亚门的白僵菌、绿僵菌、多毛孢、轮枝孢等属。病原真菌寄主范围极广，可侵染半翅目、同翅目、直翅目、鳞翅目、膜翅目等许多昆虫。目前在生产上常用的为球孢白僵病，可防治玉米螟、松毛虫、水稻黑尾叶蝉等200多种害虫。白僵菌能在人工培养基上生长，其分生孢子寿命很长，可以制成干粉长期保存，便于工业化商品生产和田间使用。但应注意白僵菌对一些益虫如家蚕、柞蚕等也可侵染致病。

病毒。昆虫病原病毒与其他病毒一样，无细胞结构，只能在活的寄主细胞内复制增殖。昆虫病毒可分为包涵体病毒和无包涵体病毒两类，前者大都能在细胞内形成蛋白质结晶状的包涵体，后者则无。我国已知昆虫和蜱螨类病毒200多种。常见的昆虫病毒主要属于有包涵体类的核型多角体病毒（NPV）、质型多角体病毒（CPV）和颗粒体病毒（GV），是研究和开发应用的重点。

线虫。昆虫病原线虫属线虫动物门。在自然界已知寄生于昆虫的线虫有1 000多种，其中主要是无侧尾腺纲咀刺目索科和侧尾腺纲小杆目中的斯氏线虫科、异小杆科。索科线虫幼虫穿过体壁进入寄主体内，发育到成熟前脱离寄主入土，寄主随即死亡；小杆目线虫幼虫多与细菌共生，线虫幼虫侵入寄主体内后，将细菌排至寄主血体腔内，使寄主罹败血病死亡，而线虫在寄主尸体内发育成熟。利用斯氏线虫防治桃小食心虫、棉红铃虫、菜青虫、茶尺蠖等鳞翅目害虫，以及鞘翅目的蔗金龟、等翅目的黑翅土白蚁等效果良好。此外，病原原生动物常见的有蝗微孢子虫、玉米螟微孢子虫等。

③ 天敌昆虫。天敌昆虫一般可分为捕食性天敌昆虫和寄生性天敌昆虫两大类。捕食性天敌昆虫种类颇多，主要隶属于蜻蜓目、啮虫目、螳螂目、长翅目、半翅目、广翅目、脉翅目、蛇蛉目、鞘翅目、双翅目等10余个目。最常见的有螳螂、蜻蜓、捕食螨、草蛉、步行虫、瓢虫、食虫虻、食蚜蝇及多种蜂类。这些天敌昆虫在自然界中能捕食大量害虫，如七星瓢虫对控制麦蚜的能力很强。许多种类已被应用于害虫的生物防治中，如在麦田内当瓢蚜比达1∶(80～100) 时，可不需施用药剂防治麦蚜；利用黄猄蚁防治柑橘害虫，利用大红瓢虫防治吹绵蚧，利用草蛉防治棉铃虫等，也都取得了较好的效果。寄生性天敌昆虫的种类也很多，隶属于双翅目、膜翅目、鞘翅目、鳞翅目、捻翅目等。其中以双翅目和膜翅目中的寄生性昆虫如寄蝇、姬蜂、茧蜂、小蜂、细蜂等在生物防治上的利用价值最大。

三、主要农业昆虫科目

据资料记载，全世界已定名的昆虫种类在100万种以上，我国已记录的昆虫为67 000余种。通常分隶于33个目，与农业生产关系密切的有直翅目、同翅目、鞘翅目、鳞翅目、半翅目、膜翅目、缨翅目、脉翅目和双翅目。

(一)直翅目

直翅目包括蝗虫、螽斯、蟋蟀、蝼蛄等常见昆虫。体中型至大型。触角为丝状、锤状或剑状。口器咀嚼式。前胸大而明显,中胸和后胸连在一起为前胸背板所覆盖。前翅狭长或前缘向下方倾斜,皮质;后翅作纸扇状折叠。后足跳跃式,或前足开掘式。雌虫产卵器发达。属渐变态昆虫。

直翅目多为植食性昆虫,很多种类是重要的农业害虫。如飞蝗、稻蝗、蝼蛄、螽斯等。螽科中有些种是捕食性昆虫。直翅目中与农业生产关系密切的主要有以下科。

1. 斑翅蝗科 重要的农业害虫有东亚飞蝗、云斑车蝗等。

2. 蝼蛄科 土栖昆虫,是重要的地下害虫。如单刺蝼蛄、东方蝼蛄。

(二)同翅目

同翅目包括蝉、叶蝉、飞虱、粉虱、木虱、蚜虫和介壳虫等,大多数是小型昆虫。体型小的仅 0.3 mm,大的可达 80 mm。触角刚毛状或丝状。口器刺吸式,后口式。通常属渐变态。繁殖方式多样,有两性生殖和孤雌生殖,也有二者交替进行;有卵生,也有胎生。繁殖力很强,繁殖速度惊人。

同翅目昆虫全部植食性,吸收植物汁液使其枯萎;不少种类能分泌蜜露,诱致霉病;有的取食时分泌唾液,刺激植物组织畸形生长,形成虫瘿;还有些种类可以传播植物病毒病。同翅目中与农业生产关系密切的主要有以下科。

1. 叶蝉科 体小型,有横向爬行习性。产卵器锯状,在植物组织内产卵,繁殖力强。在吸收植物汁液的同时,有些种类传播植物病毒病。趋光性强。重要的农业害虫有黑尾叶蝉、大青叶蝉、棉叶蝉等。

2. 飞虱科 体小型,繁殖力强。不少种类有长翅和短翅二型,短翅型雌虫体肥大。卵产于植物组织内,繁殖力极强。重要的农业害虫有褐飞虱、白背飞虱、灰飞虱等。

3. 粉虱科 体微小,仅 1～3 mm。卵小,有柄,附着在植物上。若虫共 4 龄,末龄若虫的体壁硬化,形状似蛹,称为"蛹壳",是本科分类的主要依据。重要的农业害虫有温室白粉虱、烟粉虱等。

4. 蚜科 体微小,柔软。口器刺吸式,口针长。每种蚜虫都有有翅和无翅类型。蚜虫每年能发生很多世代。夏、秋季营孤雌胎生,秋冬季可出现有性雌雄蚜,交配后产卵越冬。蚜虫常有转换寄主的迁移习性。有多型现象。在环境条件或营养条件变劣时,产生有翅蚜迁移。本科的重要害虫有棉蚜、麦二叉蚜、麦长管蚜、桃蚜等。

(三)鞘翅目

鞘翅目昆虫因有坚硬如甲的前翅,常称之为"甲虫"。头部坚硬,前口式或下口式,正常或延长成喙。前翅为鞘翅,左右翅在中线相遇,覆盖后翅、中胸大部、后胸和腹部。腹部外露的腹节因种类而异,有的鞘翅很短,可见 7～8 节,但腹部末端无尾铗,如图 1-5 所示。后翅有少数翅脉,用于飞翔,静止时折叠于前翅下。足多数为步行足,也有跳跃、开掘、抱握、游泳等类型。

鞘翅目属全变态昆虫。幼虫至少有 4 个类型:步甲型的胸足发达,行动活泼,捕食其他昆虫,如步甲幼虫;蛴螬型的肥大弯曲,有胸足,但不善爬行,危害植物根部,如金龟甲幼虫;天牛型为直圆筒形,略扁,足退化,钻蛀危害,如天牛幼虫;象甲型的中部特别肥胖,弯曲而无足,如豆象幼虫。甲虫少数是肉食性的,可以作为益虫看待。多数是植食性的,危害植物的根、茎、叶、花、果实和种子。鞘翅目昆虫多数是幼虫期危害,但也有成虫期继续危害的(如叶甲)。成虫常有假死习性,大多数有趋光性。

鞘翅目是昆虫纲中最大的目,已知包括 33 万种,约占全部昆虫种类的 40%,我国已知 18 400 多种。鞘翅目中与农业生产关系密切的主要有以下科。

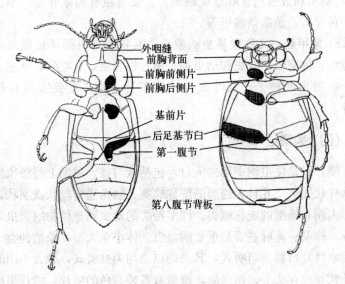

外咽缝
前胸背面
前胸前侧片
前胸后侧片

基前片
后足基节白
第一腹节

第八腹节背板

图1-5　步甲（左）和金龟子（右）腹面

1. 步甲科　体小至大型，黑色或褐色，少数颜色鲜艳，并有金属光泽。肉食性，但有少数种类危害农作物。主要种类有金星步甲、皱鞘步甲（图1-6）和麦穗步甲等。

2. 瓢甲科　体小至中型，半球形，偶有长卵形，体色鲜艳。幼虫行动活泼，体上多突起，有刺毛和分枝的毛。常见捕食性益虫有澳洲瓢虫、孟氏隐唇瓢虫、黑缘红瓢虫、七星瓢虫等。植食性害虫有马铃薯瓢虫和茄二十八星瓢虫等。

3. 天牛科　体呈长筒形，略扁。后翅发达，适于飞行。幼虫钻蛀树木茎根，危害严重。常见害虫有桑天牛、星天牛、橘褐天牛、桃红颈天牛等。

4. 叶甲科　体小型至中型，大多为长卵形，也有半球形。本科又名"金花

图1-6　皱鞘步甲

虫"，幼虫和成虫均食叶形成缺刻。主要害虫有大猿叶虫、小猿叶虫、黄守瓜、黄曲条跳甲等。

5. 象甲科 又称象鼻虫或象虫。其特点为头部延长成象鼻状或喙状。体坚硬。成虫和幼虫都是植食性害虫，有吃叶、钻茎、钻根、蛀果实或种子、卷叶或潜叶等多种习性。重要害虫有稻象甲等。

（四）鳞翅目

鳞翅目是昆虫纲中第二大目，包括蛾与蝶。习惯上将触角形状呈球杆状膨大，并且无翅缰的统称蝶类；触角通常丝状或羽状，或者膨大而有翅缰的统称蛾类。许多种类的幼虫期是植物的害虫，但家蚕、柞蚕、蓖麻蚕等是重要的益虫。体小至大型，原始种类（如小翅蛾科）口器为咀嚼式，其余的口器均为虹吸式，喙管不用时呈发条状卷曲在头下。翅膜质，覆盖有各种颜色的鳞片，鳞片组成不同的线和斑（图1-7），是重要的分类特征。透翅蛾科的翅大部透明，无鳞片。

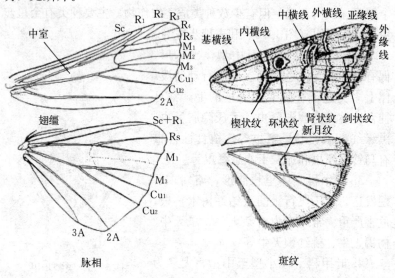

图 1-7　鳞翅目成虫的脉相与斑纹（小地老虎）

鳞翅目属完全变态昆虫。幼虫多足型，体表柔软，呈圆柱形。头部坚硬，唇基三角形，额很狭，成"人"字形，口器咀嚼式，有吐丝器。胸足3对。腹足多为5对，着生在腹部第三至六节和第十节上，第十节上的腹足称为臀足，如图1-8所示。腹足底面有趾钩，排列成趾钩列。趾钩列按排列有单行、双行和多行之分。每行趾钩的长短相同的称单序，一长一短相间排列的称双序，甚至还有三序和多序的。这可与其他幼虫相区别，同时又是鳞翅目幼虫分类的特征。鳞翅目幼虫绝大多数是植食性的，食叶、潜叶、蛀茎、蛀果、蛀根、蛀种子，也危害贮藏物品，如粮食、干果、药材和皮毛等。极少数种类是捕食性或寄生性的，如某些灰蝶科幼虫以蚜虫、介壳虫为食。重要的农业害虫大多以幼虫期危害。

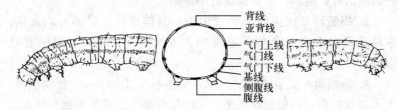

图1-8　鳞翅目幼虫体上的纵线（黏虫）

蛹为被蛹，如图1-9所示。蝶类在敞开环境中化蛹。如凤蝶和粉蝶以腹部末端的臀棘和丝垫附着于植物上，腰部再缠一束丝，呈直立状态，叫做缢蛹；蛱蝶和灰蝶则利用腹部末端的臀棘和丝垫，把身体倒挂起来，称为悬蛹。蛾类和弄蝶在树皮下、土块下、卷叶中等隐蔽处化蛹，也有在土壤中作成土室化

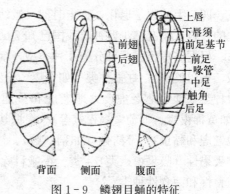

背面　　侧面　　腹面

图1-9　鳞翅目蛹的特征

蛹。许多种类能吐丝结茧，家蚕等茧丝为人类所利用。

成虫吸食花蜜作为补充营养，一般不危害作物。有的种类根本不取食，完成交配产卵之后即行死亡。蝶类在白天活动；蛾类大多在夜间活动。许多种类有趋光性，可利用这一习性进行测报和防治。成虫常有雌雄二型，甚至有多型现象。成虫常有拟态现象，如多种蛱蝶翅反面的颜色酷似树皮；枯叶蛱蝶属翅反面像一片枯叶，是最典型的拟态例子。成虫产卵常选择幼虫取食的植物，如菜粉蝶选择十字花科植物产卵等。鳞翅目中与农业生产关系密切的主要有以下科。

1. 菜蛾科 成虫体小型而狭长，色暗。翅狭长，后翅菜刀形（图1-10），M_1 与 M_2 共柄。幼虫小，绿色，圆筒形。幼虫危害叶表面或潜叶、潜茎。主要害虫有小菜蛾。

2. 螟蛾科 成虫体小型或中型，身体细长，腹部末端尖削。本科重要害虫有二化螟、豆荚螟、玉米螟、三化螟、稻纵卷叶螟等。

3. 卷蛾科 成虫体小型，翅展通常不超过 20 mm。行动活泼，大多有保护色。一般卷叶危害，有的钻蛀果实。重要害虫有苹果顶梢卷叶蛾、褐带长卷叶蛾等。

4. 夜蛾科 成虫体中型至大型，色暗，少数有鲜艳色彩，粗壮，多鳞片和毛。幼虫粗壮，腹足 5 对，少数种类第三腹节或第三、四节上的腹足退化，行走时似尺蛾幼虫。夜蛾科是鳞翅目中最大的一科，约有2.1万种，我国已知2 000多种，包括许多重要害虫。根据其危害方式可分为4种类型：食叶种类（如黏虫、斜纹夜蛾、稻螟蛉等）；蛀食种类（如大螟、棉铃虫和鼎点金刚钻等）；切根种类（如小地老虎、大地老虎和黄地老虎等）；成虫吸果种类（如黄棉夜蛾、葡萄紫褐夜蛾等）。根据其习性可分为：夜盗性（如地老虎和黏虫）、暴露性（如稻螟蛉）、钻蛀性（如大螟和金刚钻）和吸果性（吸果夜蛾类）4 类。夜蛾科除植食性种类外，还有少数肉食性和菌食性种类。

5. 粉蝶科 成虫体中型。翅大多为白色或黄色，偶有红色和

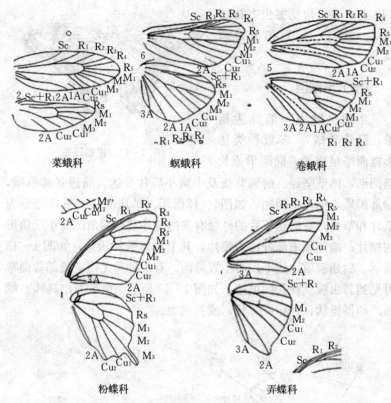

菜蛾科　　　　螟蛾科　　　　　卷蛾科

粉蝶科　　　　　　　弄蝶科

图 1 - 10　鳞翅目主要科的翅形状

蓝色底色的，有黑色或绿色斑纹。前翅三角形（图 1 - 10），后翅卵圆形。幼虫圆柱形，细长，表皮有小颗粒，无毛或多毛，绿色或黄色。主要害虫有菜粉蝶等。

6. 弄蝶科　成虫体中型或小型，肥短，大多暗色，静止时翅部分开放，头大。触角前端膨大，并成钩状。重要的农业害虫有直纹稻苞虫、隐纹稻苞虫等。

7. 凤蝶科　大型美丽的蝶类。我国最大的凤蝶翅展达 150 mm以上。翅有黑、绿、黄 3 种底色，缀以红、绿、蓝、黑色斑块或花纹，常有金属闪光。幼虫肥大，前胸前缘有 Y 腺，受惊时翻出体

外，很易识别；趾钩中列式，
3序或2序。常见害虫有柑橘
凤蝶（图1-11）和玉带凤
蝶等。

（五）半翅目

半翅目昆虫一般称为椿
象，简称"蝽"。多数种类体
形宽而略呈扁平，椭圆形或长

图1-11　柑橘凤蝶

椭圆形，体壁坚硬。前胸背板及中胸小盾片发达。前翅基部革质，
端部膜质，称为半鞘翅，如图1-12所示。革质部分由爪片缝分为
爪片和革片，有的在革片的外缘有狭的缘片及在端角区有小三角形
的楔片；端部膜质部分称为膜片，其上有翅脉和翅室，如图1-13
所示。后翅膜质。翅不用时平置背面。有些种类无翅。腹部背面常
可见到若虫腹臭腺孔的痕迹，如图1-13所示。能散发出臭味。雌
虫产卵器锥状、针状或片状，或长或短。

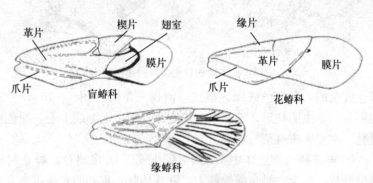

图1-12　半翅目昆虫的半鞘翅

半翅目昆虫属渐变态昆虫。1年发生1代至数代，少数1年以
上1代。生活环境有陆栖、半水栖和水栖。大多数以成虫越冬，但
盲蝽科以卵越冬。卵一般为聚产，陆栖有害种类多于植物表面及茎

干的粗皮裂缝中，也有产于植物组织中；水栖类群则产卵于水草茎秆上或水面漂浮物体上。若虫多为 5 龄。半翅目中有植食性的农业害虫，如荔蝽、绿盲蝽等；有传播人畜疾病的吸血种类，如温带臭虫等。也有对人类有益的种类，如捕食性的益蝽、猎蝽、姬蝽、花蝽等，是生物防治利用的对象；还有少数属于药用昆虫，如九香虫。

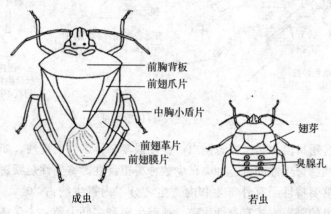

成虫　　　　　　　　　若虫

图 1-13　半翅目昆虫的身体构造

（六）膜翅目

膜翅目包括蜂和蚁，是昆虫纲中较进化的目。包括各种蜂和蚂蚁。最微小的蜂体长 0.21 mm，粗大的熊蜂和细长的姬蜂，包括其长产卵管，体长达 75～115 mm。触角丝状、锤状或膝状等。口器咀嚼式或嚼吸式。翅呈膜质，前翅远较后翅为大，一般后翅有翅钩列。前翅常有 1 个显著的翅痣，后胸常和第一腹节愈合，合并成并胸腹节，后者和第二腹节之间高度收缩，形成腹柄。常有发达的产卵器，能穿刺、钻孔和锯割，同时有产卵、刺螯、杀死、麻痹和保藏活的昆虫食物的功能。毒针是变形的产卵器，有毒囊分泌毒液，如图 1-14 所示。

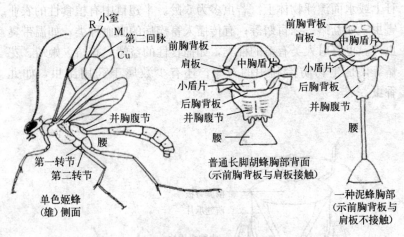

图 1-14 膜翅目体躯特征

膜翅目昆虫属全变态昆虫。食性很复杂。多数肉食性，如各种捕食性和寄生性的有益种类；少数种类植食性。寄生性是膜翅目昆虫的重要特性。有外寄生和内寄生之分，内寄生约占 80%。膜翅目昆虫的繁殖方式有有性生殖、孤雌生殖和多胚生殖。未受精卵通常发育成雄性。植食性和寄生性蜂类均营独栖生活，蚁和蜜蜂等有群栖习性，有多型现象，而且有职能的分工，因而称之为"社会性昆虫"。

(七) 缨翅目

缨翅目昆虫通称蓟马。体长 0.5~7.0 mm，多数微小。口器锉吸式。缨翅，翅脉最多只有 2 条纵脉，不用时平放背上，长不及其腹端，能飞，但不常飞。跗节中垫呈泡状，本目因而又称为"泡足目"。爪 1~2 个。腹部末端呈圆锥状或细管状，有锯状产卵器或无产卵器。

缨翅目昆虫属过渐变态昆虫。多数种类植食性，是农业害虫，少数以捕食蚜虫、螨类和其他蓟马为生，是有益天敌。本目与农业生产有关的主要有以下 2 科。

1. 蓟马科　体略扁平。危害多种植物的叶、果实、芽和花。重要种类有稻蓟马、烟蓟马和温室蓟马等。

2. 管蓟马科　又名皮蓟马科。体黑色或暗褐色。翅白色、烟煤色或有斑纹。本科分布广，种类多，重要的农业害虫有稻管蓟马（图 1 - 15）、麦蓟马等。

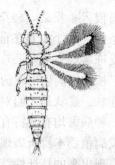

图 1 - 15　稻管蓟马

第二节　植物病害

一、病害的种类及特征

植物病害的种类繁多，病因也各不相同，造成的病害也形式多样。植物病害发生的原因称为病原。植物病害的类型按照病因类型将植物病害分为两大类：侵染性病害和非侵染性病害。

非侵染性病害无病原生物参与，只是由于植物自身的原因或由于外界环境条件的恶化所引起的病害。这类病害在植株间不会传染，因此称为非侵染性病害或非传染性病害。其在田间分布呈现片状或条状，环境条件改善后可以得到缓解或恢复正常。常见的有营养元素不足所致的缺素症、水分不足或过量引起的旱害和涝害、低温所致的寒害和高温所致的烫伤及日灼症，以及化学药剂使用不当和有毒污染物造成的药害和毒害等。

侵染性病害是由病原生物因素侵染造成的病害。其特点是具有传染性，病害发生后不能恢复常态，因而又称传染性病害。一般初发时都不均匀，往往有一个分布相对较多的"发病中心"。病害由少到多、由轻到重，逐步蔓延发展。

侵染性病害和非侵染性病害是两类性质完全不同的病害，但二者间又是相互联系和互相影响的。非侵染性病害常诱发侵染性病害的发生，如甘薯遭受冻害，生活力和抗病性下降后，软腐病菌易侵入；反之，侵染性病害也可为非侵染性病害的发生提供有利条件，如小麦在冬前发生锈病后，就将削弱植株的抗寒能力而易受冻害。

植物发病后出现的反常现象，即发病后外部显示的表现型，称为症状。症状是人们对病害描述、命名、诊断和识别的主要依据。每一种病害均有其特有的症状表现。症状包括病征和病状。病状是指发病植物本身所表现出来的反常现象。病征是指病原物在植物体上表现出来的特征性结构。

侵染性病害根据病原一般分为真菌性病害、细菌性病害、病毒性病害和线虫性病害几类。

（一）真菌性病害

在植物侵染性病害中，真菌性病害的种类最多，占全部植物病害的70%～80%，每一种作物都会受到几种至几十种真菌的侵害。

真菌是一类不含叶绿素，没有根、茎、叶分化的真核生物。真菌典型的营养体是菌丝体，而它们的繁殖体是各种类型的孢子。

1. 症状

（1）主要病状

① 萎蔫。萎蔫是植物的维管束病害，如茄果类蔬菜的枯萎病和黄萎病，维管束即茎基部横切均可见黑褐色病变。

② 腐烂。腐烂是植物组织大面积被分解和破坏。植物根、茎、花、果均可发生腐烂，幼嫩和多肉的组织更容易发生。真菌性病害的腐烂主要有干腐和湿腐。湿腐，如黄瓜疫病。根据腐烂的部位又可分为：根腐，如菜豆等的根腐病；基腐，如番茄茎基腐病；果腐，如黄瓜灰霉病；花腐，如番茄花腐病等。

③ 坏死。在叶片上表现为叶斑和叶枯。叶斑因形状、颜色、大小不同可分为轮斑。即病斑上有清晰轮纹，如番茄早疫病、炭疽病等；叶斑的坏死组织可以脱落而形成穿孔，如炭疽病；病斑形成角斑，如黄瓜霜霉病；颜色以褐色为多，像茄子褐纹病、芹菜斑枯病等；幼苗沿地面茎坏死，缢缩成线状，迅速倒伏，如蔬菜苗期猝

倒病和立枯病。

（2）主要病征

① 粒状物。在病部产生大小，形状、色泽、排列等各种不同的粒状物。有的粒状物小，不易组织分离，包括分生孢子器等，如蚕豆褐斑病。有的粒状物较大，如蚕豆白粉病等。

② 霉状物。霉状物是真菌病害常见的病征，可分为霜霉、黑霉、灰霉、青霉、绿霉等。如蔬菜的霜霉病、灰霉病、葱紫斑病、黑斑病等。

③ 绵状物。多呈絮状，如茄绵疫病、番茄疫病等。

④ 粉状物。可分为：白粉，如黄瓜、番茄白粉病；锈粉，如菜豆锈病等；黑粉，如洋葱黑粉病等。

由于真菌性病害的类型、种类繁多，引起的病害症状也千变万化。但是，凡属真菌性病害，无论发生在什么部位，症状表现如何，在潮湿的条件下都有菌丝或孢子等子实体产生。

2. 病原生活史及类群

（1）营养体　除极少数真菌的营养体是单细胞外，大多都是纤细的管状物，叫菌丝。菌丝是由孢子萌发形成芽管，芽管不断生长伸长形成的。菌丝可以不断地分枝和向前生长，并互相交织在一起，形成菌丝体。菌丝有的有隔膜，称有隔菌丝；有的没有隔膜，称无隔菌丝。菌丝多数无色，少数呈褐色。

真菌的营养体在生长发育的不同阶段，或环境不适宜时，会发生形态上的变化，或者形成一定变形的组织体，这对真菌的繁殖、传播或度过不良环境有重要的意义。常见变态结构有吸器、菌核、子座、根状菌索、假根。

① 吸器。由菌丝特化而成，其作用是从寄主细胞内吸收营养物质。如小麦白粉病呈手指状的吸器。

② 菌核。由菌丝交织而成，颜色较深，质地较硬，如引起玉米纹枯病的和引起苹果白绢病的菌核。菌核贮有较多的养分，而且耐高温、低温和干燥。条件适宜时，菌核可以萌发再产生菌丝体，或者从上面形成产生孢子的结构。

③ 子座。由菌丝纠集形成的一种垫状组织，少数是由菌丝和部分寄主组织结合而成。子座具有度过不良环境的作用，同时可以形成分生孢子。

④ 根状菌索。由许多菌丝纠结而成的绳索状结构，外形与高等植物的根相似。菌索也有抵抗不良环境的作用，条件适宜时，菌索恢复生长。

⑤ 假根。由菌丝特化形成的根状结构，有固着菌体和吸收养分的作用。

（2）繁殖体　真菌典型的繁殖方式是产生各种类型的孢子。由无性繁殖产生的孢子称无性孢子；而有性繁殖产生的孢子称有性孢子。无论是有性繁殖还是无性繁殖，产生孢子的机构均称为子实体。如分生孢子器、分生孢子盘、子囊果等。

① 无性孢子。从营养体上直接产生，或者由菌丝分化形成的孢子梗和产孢细胞而产生。常见的无性孢子见表 1-4。

表 1-4　常见的无性孢子

名称	说　明
孢囊孢子	产生在孢子囊中，有细胞壁，没有鞭毛。孢子囊是由菌丝分化成孢囊梗，孢囊梗顶端膨大形成。成熟后孢子囊破裂，散出孢囊孢子。如：黑根霉。
游动孢子	在孢子囊内形成。没有细胞壁，有 1～2 根鞭毛。孢子囊产生在孢子囊梗上，成熟后脱落或不脱落。如：瓜果腐霉病菌、辣椒疫霉病菌。
分生孢子	真菌中最常见的无性孢子。一般由菌丝分化形成分生孢子梗，分生孢子梗有的裸生，有的生长在一定结构的子实体里，如分生孢子器、分生孢子盘。分生孢子在梗上顶生、侧生或串生，成熟后脱落。分生孢子的形态、大小、颜色、所含的细胞数目等各不相同。
厚垣孢子	由菌丝体或分生孢子的个别细胞膨大，细胞壁加厚，原生质浓缩所形成。如镰刀菌的厚垣孢子。

② 有性孢子。由两个可交配的性细胞结合后产生，其形成过程分为质配、核配和减数分裂 3 个阶段。真菌的性器官称为配子囊，性细胞叫配子。质配是指两个配子或配子囊配合，两者的细胞质和其中的细胞核结合在同一个细胞中。核配是指质配后成对的双核结合成一个二倍体的细胞核。减数分裂是两次连续的细胞核的相应的细胞分裂，形成 4 个细胞，每个细胞中的细胞核染色体数目减半，回复单倍体。常见的有性孢子见表 1－5。

表 1－5　常见的有性孢子

名称	说　　　明
卵孢子	由异型配子囊交配形成，是鞭毛菌中卵菌纲的有性孢子。雄器与藏卵器交配，在藏卵器中产生一个或几个卵孢子。
接合孢子	由同型配子囊接合形成，是接合菌的有性孢子。
子囊孢子	由异型配子囊结合形成，是子囊菌的有性孢子。子囊孢子产生在子囊内，每个子囊内一般是 8 个子囊孢子。子囊裸生或聚生在子囊果中。子囊果有 4 种类型：一类，子囊壳具有孔口；二类，闭囊壳，球形，没有孔口，闭囊壳有 1 个或多个子囊，闭囊壳表面生有各种形状的附属丝；三类，子囊腔，是子座组织溶解形成的空穴，子囊着生在这些空穴内；四类，子囊盘，盘状或垫状，子囊平行排列在子囊盘上。
担孢子	着生在担子上的外生孢子，是担子菌的有性孢子。

（3）生活史　真菌的生活史是指真菌从一种孢子萌发开始，经过生长发育，最后产生同一种孢子为止的过程。

真菌典型的生活史包括无性和有性两个阶段。真菌孢子萌发长出芽管，芽管不断地伸长、分枝成为菌丝。菌丝生长到一定时期，从菌丝上分化出无性繁殖器官，产生无性孢子。到寄主作物生长后期，环境条件不再适于真菌的生长时，真菌就形成有性生殖器官，产生有性孢子。如：小麦白粉病菌，当小麦收获后，病害的分生孢子传到自生麦苗上，侵染自生麦，然后主要以菌丝状态在自生麦苗上越夏，到秋季再产生分生孢子侵染秋播小麦。如果夏季干旱，则产生闭囊壳越夏，秋季放出子囊孢子侵染秋播小麦。冬天，病菌以菌丝体在麦苗下部叶片上越冬，第二年春季产生分生孢子，成为春季的初次侵染的来源，随着小麦的生长白粉病不断的产生分生孢子，重复再侵染，到抽穗期病势达到高峰。

各种真菌的生活史是不同的。有些真菌在其生活史中没有或者目前尚未发现有性阶段。

（4）主要类群 真菌种类很多，分布非常广泛。真菌属于菌物界，真菌门。根据 Ainsworth（安思沃斯）的分类系统，真菌门分为鞭毛菌亚门、接合菌亚门、子囊菌亚门、担子菌亚门和半知菌亚门。

① 鞭毛菌亚门。营养体为无隔菌丝体，无性繁殖时形成孢子囊，有性生殖产生卵孢子。孢子和配子或其中的一种是可以游动的。危害植物的鞭毛菌详见表1-6。

表1-6　危害植物的鞭毛菌

名称	说　明
根肿菌属	根肿菌在病组织内形成鱼卵状排列的休眠孢子囊。如引起的白菜根肿病。
腐霉属	菌丝呈棉絮状，孢子囊在菌丝顶端形成，球形、柠檬形或姜瓣形，孢子囊萌发形成游动孢子。有性生殖在藏卵器内形成1个卵孢子。如引起黄瓜、茄子等绵腐病的病菌，以及幼苗猝倒病的病菌。
疫霉属	孢子囊梗与菌丝有明显的区别。孢子囊柠檬形或卵圆形，顶端有乳状突起，成熟后脱落。如引起番茄晚疫病、马铃薯晚疫病、辣椒疫病等病菌。
霜霉科	高等菌类，多为专性寄生菌。无性繁殖产生孢子囊，孢子囊梗有限生长，有分枝，自气孔伸出。孢子囊成熟后脱落，随风传播，习性很像分生孢子。有性生殖在藏卵器内形成1个卵孢子。由霜霉菌引起的病害一般称霜霉病，如甘蓝霜霉病、黄瓜霜霉病、莴苣霜霉病、葡萄霜霉病等。

② 接合菌亚门。营养体为无隔菌丝体。无性繁殖形成孢子囊和孢囊孢子，有性生殖产生接合孢子。本亚门真菌全部陆生，多数

腐生，仅小部分是植物上的弱寄生菌，可引起花腐病及贮藏器官软腐病，如甘薯软腐病。甘薯软腐病的菌丝体生长一定时间后，由此分化出匍匐丝以及假根，与假根对生的是孢囊梗，在孢囊梗顶端的黑色小粒点是孢子囊，孢子囊壁易破裂，从里面散出大量的圆形、单胞的孢囊孢子。

③ 子囊菌亚门。除酵母菌外，营养体都是有隔菌丝。无性繁殖产生分生孢子，有性生殖产生子囊孢子。常见危害植物的子囊菌见表1-7。

表1-7 常见危害植物的子囊菌

名称	说明
外囊菌目	子囊散生，平行排列在寄主表面，不形成子囊果。子囊孢子可以芽殖方式产生芽孢子。外囊菌目危害植物造成叶肿、畸形等症状，如桃缩叶病。
白粉菌目	白粉菌是一类专性寄生菌，菌丝体大都着生在植物表面，以吸器伸入寄主表皮细胞。白粉菌的子囊果为闭囊壳，闭囊壳内生1个或多个子囊，外表生有各种形状的附属丝。在病株表面散生的白粉状物是白粉菌的菌丝体和分生孢子，小黑点则是闭囊壳。如苹果白粉病、小麦白粉病、瓜类白粉病、葡萄白粉病等。
球壳菌目	子囊果为子囊壳，子囊单层壁，顶壁较厚，有侧丝。本目真菌的无性繁殖很发达，其中许多种类的分生孢子还着生在各种子实体上，如分生孢子盘、分生孢子器。球壳菌目引起的植物病害，如苹果树腐烂病、小麦全蚀病、苹果炭疽病、棉花炭疽病、西瓜炭疽病、茄子褐纹病和甘薯黑斑病等。
格孢腔目	子囊果为子囊座，内生单个子囊腔，子囊之间有假侧丝；子囊长圆柱形；子囊孢子多格或砖格，也有单胞或双胞。黑星菌属的假囊壳大多在病残余组织的表皮层下形成，周围有黑色、多格的刚毛；长圆形的子囊平行排列，成熟时伸长；子囊孢子椭圆形，双细胞大小不等。由黑星菌属真菌引起的病害有梨和苹果等的黑星病。

④ 担子菌亚门。营养体为有隔菌丝体，有性生殖产生担子和担孢子。高等担子菌可以产生大型的子实体，称为担子果，例如蘑

菇、木耳、茯苓、灵芝等。侵害植物的病原菌多为低等的担子菌，常见的如冬孢菌纲中的锈菌目和黑粉菌目真菌，它们引起的植物病害称锈病和黑粉病。

a. 锈菌目。锈菌目的真菌简称锈菌。锈菌的生活史在真菌中最为复杂，具有多型性，单主寄生或转主寄生。在其生活史中，最多可以产生 5 种类型的孢子，分别为性孢子、锈孢子、夏孢子、冬孢子和担孢子。如梨锈病和小麦锈病菌。

性孢子器是由担孢子萌发形成的单核菌丝体侵染寄主形成的。性孢子器中有性孢子和授精丝。锈孢子器和锈孢子由性孢子器中的性孢子与授精丝交配后形成的双核菌丝体产生。锈孢子双核。因此，锈孢子器和锈孢子一般是与性孢子器和性孢子伴随产生。夏孢子是双核菌丝体产生的成堆的双核孢子，在生长季节中可连续产生多次，作用与分生孢子相似，但分生孢子是由单倍体菌丝产生。冬孢子也是双核的菌丝产生的双核孢子，一般是在生长的后期形成的休眠孢子。担子和担孢子是冬孢子萌发形成先菌丝，它的小梗上产生担孢子。冬孢子是原担子，先菌丝是后担子。锈菌的担孢子一般也称小孢子，是经减数分裂后形成的单核孢子。

b. 黑粉菌目。黑粉菌目的真菌简称黑粉菌。黑粉菌全部是植物的寄生菌，主要侵害禾本科植物。在寄主上形成冬孢子堆，表现黑粉状的病症，因而称黑粉病。黑粉菌的冬孢子又叫厚垣孢子，它是由双核菌丝内膜壁加厚而成，萌发产生担子和担孢子。常见的黑粉菌引起的病害有小麦散黑穗病、小麦秆黑粉病和玉米瘤黑粉病等。

⑤ 半知菌亚门。指那些在生活史中没有发现或根本就没有有性阶段的真菌。

半知菌的营养体是发达的有隔菌丝体，无性繁殖产生分生孢子，分生孢子着生在分生孢子梗上，分生孢子梗单生或丛生，有的聚生在分生孢子盘上或分生孢子器内；有些种类不产生分生孢子。引起植物病害的半知菌可分为丛梗孢目、黑盘孢目、球壳孢目和无孢目等类别。

a. 丛梗孢目。分生孢子梗散生或丛生、形成束丝或分生孢子座。柑橘青霉病、桃疮痂病、玉米大斑病、花生褐斑病、稻瘟病、棉花黄萎病、番茄灰霉病等都是由丛梗孢目的真菌引起的病害。

b. 黑盘孢目。分生孢子梗产生在分生孢子盘上。有的分生孢子盘四周或分生孢子梗之间具有黑色的刚毛。黑盘孢目真菌引起的病害有辣椒炭疽病、苹果褐斑病和苹果炭疽病等。

c. 球壳孢目。分生孢子梗和分生孢子着生在分生孢子器内，引起的病害有梨干腐病、苹果树腐烂病、苹果及梨轮纹病、番茄斑枯病、芹菜斑枯病和茄子褐纹病等。

d. 无孢目。不产生分生孢子。菌丝体可以形成菌核。它引起的病害，最常见的是棉花立枯病。另外，韭菜白绢病、小麦纹枯病、小麦根腐病、花生白绢病等也是由无孢目真菌引起的。

（二）细菌性病害

引致植物病害的细菌主要类群有棒杆菌属、假单胞杆菌属、野杆菌属、黄单胞杆菌属和欧文杆菌属5个属。除棒杆菌呈革兰氏染色阳性外，其他4个属都是阴性。

植物病原细菌多为非专性寄生菌，与寄主细胞接触后常先将细胞或组织致死，然后再从坏死的细胞或组织中吸取养分。因此导致的症状是组织坏死、腐烂和枯萎，少数能分泌激素引起肿瘤。初期受害组织表面常为水渍或油渍状、半透明，潮湿条件下有的病部有黄褐色或乳白色、黏稠、似水珠状的菌脓；腐烂型往往有臭味。这是细菌病害的重要标志。

细菌与真菌的区别主要在于真菌受病植物一般病征有霉状物、粉状物、锈状物、丝状物及黑色小粒点，而细菌则形成脓状物，这是田间诊断的重要区别。由细菌引起的病害种类、受害植物种类及危害程度仅次于真菌性病害，而且近年来有上升趋势。

1. 症状

（1）主要病状

① 斑点型。由黄单胞杆菌和假单胞杆菌侵染引起的病害中，

有相当数量呈斑点状。通常发生在叶片和嫩枝上，叶片上的病斑常以叶脉为界线形成的角形病斑，细菌危害植物的薄壁细胞，引起局部急性坏死。病斑初为水渍状，在扩大到一定程度时，中部组织坏死呈褐色至黑色，周围常出现不同程度的半透明退色圈，称为晕环。如水稻细菌性褐斑病、黄瓜细菌性角斑病、棉花细菌性角斑病等。

②叶枯型。多数由黄单胞杆菌侵染引起，植物受侵染后最终导致叶片枯萎。如水稻白叶枯病、黄瓜细菌性叶枯病和魔芋细菌性叶枯病等。

③枯萎型。大多是由棒状杆菌属引起，在木本植物上则以青枯病为最常见。青枯病一般由假单胞杆菌侵染植物维管束，阻塞输导通路，引起植物茎、叶枯萎或整株枯萎，受害的维管束组织变褐色，在潮湿的条件下，受害茎的断面有细菌黏液溢出。如番茄青枯病、马铃薯青枯病、草莓青枯病等。

④溃疡型。一般由黄单胞杆菌侵染植物所致，后期病斑木栓化，边缘隆起，中心凹陷呈溃疡状。如柑桔溃疡病、菜用大豆细菌性斑疹病、番茄果实细菌性斑疹病等。

⑤腐烂型。多数由欧文氏杆菌侵染引起。植物多汁的组织受细胞侵染后通常表现腐烂症状，细菌产生原黏胶酶，分解细胞的中胶层，使组织解体，流出汁液并有臭味。如白菜细菌性软腐病、茄科及葫芦科作物的细菌性软腐病、水稻基腐病等。

⑥畸形型。多由土壤杆菌（又名野杆菌）侵染引起，危害植物根冠部、茎基部或茎秆，引起根瘿或瘤肿。如葡萄细菌性根癌病等。

（2）主要病征　细菌性病害与其他病害的区别，一是植株病变部位表面无明显的病征（如菌丝、霉、毛、粉等）；二是发病后期病变部位往往有菌脓出现，而真菌病害则有霉状物（菌丝、孢子等）。

2. 发病条件　在田间，病原细菌借流水、雨水、昆虫等传播。暴风雨能大量增加寄主伤口，有利于细菌侵入，促进病害的传播，创造有利于病害发展的环境，常是细菌病害流行的一个重要条件。病原细菌在病残体、种子、土壤中过冬，在高温、高湿条件下容易发病。

（三）病毒性病害

由植物病毒寄生引起。植物病毒必须在寄主细胞内寄生生活，专化性强，某一种病毒只能侵染某一种或某些植物。但也有少数危害广泛；如烟草花叶病毒和黄瓜花叶病毒。一般植物病毒只有在寄主活体内才具有活性；仅少数植物病毒可在病株残体中保持活性几天、几个月、甚至几年；也有少数植物病毒可在昆虫活体内存活或增殖。

植物病毒在寄主细胞中进行核酸（RNA 或 DNA）和蛋白质外壳的复制，组成新的病毒粒体。植物病毒粒体或病毒核酸在植物细胞间转移速度很慢，而在维管束中则可随植物的营养流动方向而迅速转移，使植物周身发病。

1. 症状

（1）变色　由于营养物质被病毒利用，或病毒造成维管束坏死阻碍了营养物质的运输，叶片的叶绿素形成受阻或积聚，从而产生花叶、斑点、环斑、脉带和黄化等。花朵的花青素也可因此改变，使花色变成绿色或杂色等，常见的症状为深绿与浅绿相间的花叶症，如烟草花叶病。

（2）坏死　由于植物对病毒的过敏性反应等导致细胞或组织死亡，变成枯黄至褐色，有时出现凹陷。在叶片上常呈现坏死斑、坏死环和脉坏死，在茎、果实和根的表面常出现坏死条等。

（3）畸形　由于植物正常的新陈代谢受干扰，体内生长素和其他激素的生成和植株正常的生长发育发生变化，可导致器官变形，如茎间缩短，植株矮化，生长点异常分化形成丛枝或丛簇，叶片的局部细胞变形出现疱斑、卷曲、蕨叶及带化等。

2. 病原生活史

（1）传播　植物病毒除借带毒的繁殖材料如接穗、鳞茎、块根、块茎等传播外，主要是通过昆虫，以及螨类、土壤中的真菌、线虫等媒介体，称介体传播。此外，花粉与种子可传播瓜类及豆类植物的病毒，嫁接可传播果树病毒等，则称非介体传播。在自然界，因植物病毒的种类不同，可通过1种或多种方式传播。传毒昆虫以具刺吸式口器者为主，如蚜虫、叶蝉、飞虱、白粉虱等；仅少数具咀嚼式口器。它们在危害植物的同时将病毒从病株传到健株上。

昆虫是植物病毒的主要传播者。有的种类只传播1种病毒，也有的可传播多种病毒；还有某些病毒由多种昆虫传播。昆虫传毒特性根据其保持传毒时间的长短可分为以下几种。

① 非持久性传毒。获毒时所需的饲毒时间很短，昆虫获毒后即能传毒，不需要经过潜育期，但不能持久（一般为4 h以内）。这类病毒一般均能以汁液传播，并引起花叶型症状，如黄瓜花叶病毒等。

② 半持久性传毒。传毒时需要较长的饲毒时间方能获毒，随着饲毒时间的延长可提高其传毒能力。获毒的昆虫不需要经过潜育期，但能保持较长时间（10～100 h）的传毒能力。如甜菜黄化病毒等。

③ 持久性传毒。某些性状与半持久性相似，但获毒和传毒的时间更长，并需要经过一定时间的潜育期，其保持传毒的时间在100 h以上。通常可终身传毒，有的甚至还可经卵传播，如大麦黄矮病毒等。后两类病毒多半引起黄化和卷叶症状，一般不能经由汁液传播。

根据病毒在昆虫所存在的部位及其传播机制，又可分为口针型、循回型及增殖型3类。口针型相当于非持久性传毒；循回型包括半持久性传毒和部分持久性传毒；而增殖型则指在昆虫介体内增殖病毒的持久性传毒类型。

（2）发生与防治　植物病毒病的发生与寄主植物、病毒、传毒介体、外界环境条件，以及人为因素密切相关。当田间有大面积的感病植物存在，毒源、介体多，外界环境有利于病毒的侵染和增殖，又利于传毒介体的繁殖与迁飞时，植物病毒病害就会流行。

对于植物病毒病的防治，除少数植物繁殖材料如接穗、鳞茎等可利用脱毒技术获得无毒繁殖材料，或通过药液热处理进行灭毒外，尚无理想的治疗方法。宜采取"预防为主、综合防治"的方针，一方面消灭侵染来源和传播介体；另一方面采取农业措施，包括增强植物抗病力、培育和推广抗病或耐病品种等。

（四）线虫性病害

线虫又称蠕虫，是一类较低等的动物。它们在自然界分布很广，种类繁多。在淡水、海水、池沼、沙漠和各种土壤中都有存在，有不少类群寄生在动物上，还有一些类群寄生在植物上，引起植物发生病害。寄生在植物上的线虫就称为植物寄生线虫。植物寄生线虫是植物侵染性的病原之一，它们可广泛寄生在各种植物的根、茎、叶、花、芽和种实上，使植物发生各种线虫病。

与其他植物的病原不同，植物线虫有主动侵袭寄主和自行移动危害的特点。它们危害植物，除吸取寄主的营养和对植物组织造成机械损伤外，线虫的食道腺可分泌有毒物质（多种消化酶），诱发寄主组织发生各种病理变化，可使植物组织细胞发育过度，形成巨型细胞，或使细胞中胶层溶解引起细胞分解，破坏细胞壁，造成根部和皮层形成空洞及细胞死亡，最终使植物生长衰弱，产量降低，品质变劣，甚至死亡。此外，有的线虫还可以传播病毒，而使植物感染病毒病；有的线虫还与其他病原如真菌、细菌互相作用，共同致病，造成复合病害，加重病害的发生。所以，线虫与农业生产关系密切，应引起人们的注意和重视。

1. 症状 植物线虫性病害的症状因线虫的种类、危害部位及寄主植物的不同而异。大多数植物线虫危害植物的地下部分，如根、块茎等。也有一些植物线虫侵袭植物的茎、叶、花和果实等地上部分。植物线虫危害植物细胞组织后，受害植物生长衰弱，有的如同干旱、缺肥等营养不良症状，有的生长矮小，叶发黄。具体表现的症状如下。

（1）结瘤或虫瘿　是线虫性病害的最常见症状。结瘤是植物细胞由于受到线虫分泌物的刺激而膨大、增生，形成结瘤。如根结，通常由根结线虫、鞘线虫和剑线虫引起。虫瘿是线虫寄生在植物的根、茎、叶、花等部位，造成植物细胞异常分化，形成异常的突起。一般粒线虫侵害诱致种瘿和叶瘿，拟粒线虫侵害诱致根瘿、茎瘿和叶瘿，如水稻干尖线虫病、小麦粒线虫病等。

（2）丛生和矮化　由于线虫分泌物的刺激，根过度生长，须根呈乱发丛状丛生。根结线虫、短体线虫、胞囊线虫、长针线虫及毛刺线虫均可引起这种症状。有的线虫分泌物则表现强烈的抑制作用，使根停止生长，植物生长受到抑制，从而表现矮化。

（3）扭曲变形　叶片扭曲畸形，如水稻干尖线虫病，水稻被害后剑叶或剑叶下1～3叶叶尖扭曲而成干尖。

（4）肿胀　一些线虫侵害茎部，造成茎的肿胀。有些线虫则在根尖取食，根的生长点遭到破坏，致使根不能延长生长而变短粗。常由毛刺线虫、根结线虫和剑线虫引起。

（5）坏死和腐烂　植物被害部位酚类化合物增加，细胞坏死并变色。如穿孔线虫侵害柑橘后，使细胞壁分解，结果被害根部的皮层形成典型的空洞，最后导致根腐烂。

（6）整株死亡　如松材线虫萎蔫病，由于受线虫侵害，松树树脂道被堵塞，水分正常输送受到破坏，造成上部叶变红黄色，后变褐色，最后整株松树萎蔫枯死。

2. 病原生活史　植物线虫由于形态不同，分为两大类：一类是雌雄同形，绝大多数属于这类；另一类是雌雄异形，少数属于这类。但均属重要的病原线虫。两类线虫的生活史有所不同。

雌雄同形的植物寄生线虫，即雌雄虫均呈线状，细长透明，虫体很小。一般体长仅1 mm，体宽0.05 mm左右，多呈线形，无色或乳白色，不分节，假体腔，左右对称。其口腔壁加厚形成吻针的特征，是大多数植物寄生线虫与其他线虫的重要区别之一，要借助解剖显微镜才能看清。这类线虫的种类和数量都很多，分布又广泛，凡是有土壤和水的地方都有可能存在。还有少数雌雄不同形状的植物线虫，雌虫呈梨形、球形或囊状，而雄虫仍呈线状。

由于线虫是一种低等动物，因此虽然个体细小，但内部结构俱全。也就是说，线虫虫体内部构造既简单又全面。它有发达的消化系统和生殖系统，这样才能从植物体内吸取它所需要的营养，以使自己顺利生长发育和繁衍大量后代，才能生存于自然界中。但神经系统和排泄系统则很简单。一般要在高倍显微镜下才能看清楚这些内部结构。

一般植物寄生线虫的生活史都比较简单，从卵发育成幼虫，经4次蜕皮，最后变成成虫。大多数线虫生活周期一般为3～4周。现以根结线虫为例阐述：根结线虫产卵后，卵在卵壳内发育成1龄幼虫，并在卵壳内蜕皮1次，孵化后为2龄幼虫，2龄幼虫栖息在土壤内，伺机侵染，通常从根尖侵入根内，并在根内定居和生长，再经2次蜕皮变成4龄幼虫，在第四次蜕皮前，雄幼虫变为细长形，雌幼虫膨大为长梨形，最后一次蜕皮后，分别成为雌、雄成虫。雄虫离开根在土壤中活动，雌虫留在根内，可以不经交配而产卵，卵产在胶质的卵囊内。完成上述生活周期约需1个月。因此在温暖的环境条件下，每年可完成5～10世代。

线虫靠自行迁移而传播的能力是有限的，一年内最大的移动范围仅1 m左右。线虫远距离的移动和传播，通常是借助于流水、风、病土搬迁和农机具沾带病残体和病土，带病的种子、苗木、薯块和其他营养材料，以及人的各项活动。所以，在使用种子、苗木时应检查是否带有线虫，千万不要人为地将病原线虫带到无线虫的地块里。

由植物寄生线虫侵袭和寄生引起的植物病害，受害植物可因侵入线虫吸收体内营养而影响正常的生长发育；线虫代谢过程中的分泌物还会刺激寄主植物的细胞和组织，导致植株畸形，使农产品减产和质量下降。中国较为严重的植物线虫病有花生等多种作物的根结线虫病、大豆胞囊线虫病、小麦粒线虫病、甘薯茎线虫病、水稻干尖线虫病、粟线虫病、松材线虫病和柑橘半穿刺线虫病等。

3. 线虫性病害的防治　线虫性病害的防治方法主要有：利用线虫病被动传播为主的特点，严格执行检疫措施；利用植物线虫在不适宜的寄主上难以繁殖的特点，选用抗病、耐病品种；利用大多数植物线虫有在土壤中的生活史的特点，用化学药剂处理土壤；进行种子汰选和种苗的热处理；通过轮作、秋季休闲、翻耕晒土、田间卫生等耕作措施，破坏植物线虫存活的适宜条件；利用天敌控制等。

二、植物病害诊断

（一）不同病原病害诊断要点

1. 真菌性病害的诊断　对已发病的植物进行诊断，判断其是否为真菌性病害，首先观察其是否具有真菌性病害的主要病状：坏死型，如猝倒、立枯、疮痂、溃疡、穿孔和叶斑病等；腐烂型，如苗腐、根腐、茎腐、秆腐、花腐和果腐病等；畸形型，如癌肿、根肿、缩叶病等；萎蔫型，枯萎和黄萎病等。

根据病状特点，结合病征的出现，用放大镜观察病部病征类型，如霜霉、白锈、白粉、煤污、白绢、菌核、紫纹羽、黑粉和锈粉等，确定真菌病害的种类。若以上症状均具备，则可诊断为真菌病害。

如果病部表面病征不明显，可以采用保湿培养，以缩短诊断过程。取下植物的受病部位，如叶片、茎秆、果实等，用清水洗净，置于保湿器皿内，在 20～23 ℃培养 1～2 d，往往可以促使真菌孢子的产生，在病部长出菌体后制成临时玻片，用显微镜观察病原物形态，对照病原物确定病害的种类，然后再作出鉴定。

2. 细菌性病害的诊断　细菌性病害的田间症状是坏死、萎蔫、腐烂和畸形等病状，多数叶斑受叶脉限制呈多角形或近似圆形斑。病斑初期呈半透明水渍状或油渍状，边缘常有褪绿的黄晕圈。其共同特点是在植物受病部位能产生大量的细菌，多数在发病后期当气候潮湿时从病部气孔、水孔、伤口等处有大量黏稠状物——菌脓溢出，这是诊断细菌病害的主要依据。若菌脓不明显，可切取小块病健交界部分组织，放在载玻片的水滴中，盖上盖玻片，用手指压盖玻片，将病组织中的菌脓压出组织外。然后将载玻片迎光检查，看病组织的切口处有无大量的细菌呈云雾状溢出。这是区别细菌性病害与其他病害的简单方法。

对萎蔫型细菌病害，将病茎横切，可见维管束变褐色，用手挤压，可从维管束流出混浊的黏液，利用这个特点可与真菌性枯萎病区别。也可将病组织洗净后，剪下一小段，在盛有水的瓶里插入病茎或在保湿条件下经一段时间，从切口处有混浊的细菌溢出。如果云雾状不是太清楚，也可以带回室内镜检。

此外，鉴定植物细菌性病害，要通过实验室进行一系列的分离、培养和接种试验，确定某种细菌致病。

几种类型细菌性病害的诊断：

① 斑点型和叶枯型病害。发病部位先出现局部坏死的水渍状半透明病斑，气候潮湿时，从叶片的气孔、水孔、皮孔及伤口上有大量的细菌溢出黏状物菌脓。

② 青枯型和叶枯型病害。用刀切断病茎，用手挤压茎部，在导管上流出乳白色的黏稠物菌脓。根据菌脓的有无可与真菌引起的枯萎病相区别。如鉴别茄子青枯病和枯萎病。

③ 腐烂型病害。共性特点是病部软腐、黏滑，无残留纤维，并有硫化氢的臭气。而真菌引起的腐烂则有纤维残体，无臭气。如鉴别白菜软腐病和菌核病。

细菌病害除少数（如苹果根癌病）外，绝大多数能在受害部位的维管束或薄壁细胞组织中产生大量的细菌，并且吸水后形成喷菌现象，因此镜检病组织中有无细菌的大量存在（喷菌现象的出现）是诊断细菌病害简单易行的方法。遇到细菌病害发生初期，还未出现典型的症状时，需要在低倍显微镜下进行检查，其方法是，切取小块新鲜病组织于载玻片上，滴点水，盖上玻片，轻压，即能看到大量的细菌从植物组织中涌出云雾状菌泉涌出。早期确诊水稻白叶枯病常采用此法。

3. 病毒性病害的诊断 植物病毒病有病状但不表现病征。病状多表现为花叶、黄化、矮缩、丛枝、条纹、畸形等等特异性病状，田间比较容易识别。少数为坏死斑点。感病植株多为全株性发病，少数为局部性发病。在田间，一般心叶首先出现症状，然后扩展至植株的其他部分。此外，随着气温的变化，特别是在高温条件下，病毒病常会发生隐症现象。

病毒病症状有时易与非侵染性病害混淆，诊断时要仔细观察和调查，注意病害在田间的、分布，综合分析气候、土壤、栽培管理等与发病的关系，病害扩展与传毒昆虫的关系，症状特征及其变化、是否有由点到面的传染现象等。

对于病毒病难以确诊时，需进行传染性试验。如对一种病毒病的自然传染方式不清楚时，可采用汁液摩擦方法进行接种试验。如果不成功，可再用嫁接的方法来证明其传染性，注意嫁接必须以病株为接穗而以健株为砧木，嫁接后观察症状是否扩展到健康砧木的其他部位。这是诊断病毒病的常用方法。

4. 植物线虫病害的诊断 植物寄生线虫一般寄生在植物根部，也有些线虫种类寄生在植物的茎、叶、种子上。线虫病害一般是缓慢的衰退症状，很少有急性发病。通常表现为植株矮小、叶片黄化、茎叶畸形、叶尖干枯、须根丛生以及形成虫瘿、肿瘤、根结等。

诊断时，首先对有病植株进行检查，并对根际土壤进行分离。如根上发现有不正常的根瘤，或在根上看见线虫胞囊，则可以认为是根结线虫或胞囊线虫所致的病害。如无根结之类症状，则可将叶斑或烂根部分直接在镜下检查，若见有大量的同类寄生线虫，或分离土壤也可获得大量线虫，并结合地上部症状特点，可初步判定为线虫病害。因为线虫病害，除了根结线虫病有明显的症状特征外，其他类型线虫病均无特异症状。同时，由于大部分线虫都是危害根部，地上部往往表现生长势弱，叶发黄，根系弱小或腐烂，这些有时和其他病原或不良因素引起的症状就难以区别。因此，还必须经过分离得到较多的线虫，才可能初步诊断是由线虫危害所引发的病害。准确的诊断还需要进行接种试验，得到相同的症状，才能确定线虫是其真正的病原。

鉴定时，可剖切虫瘿或肿瘤部分，用针挑取线虫制片或用清水浸渍病组织，或做病组织切片镜检。有些植物线虫不产生虫瘿和根结，可通过漏斗分离法或叶片染色法检查。

（二）病害诊断总体要求

植物病害种类繁多，发生规律各异，首先要在发病现场观察田间病害分布情况，调查了解病害发生与当地气候、地势、土质、施肥、灌溉、喷药等的关系，初步作出病害类别的判断，再仔细观察症状特征作进一步诊断。对于仅用肉眼观察并不能确诊的病害，还要在室内进行病原鉴定，如用显微镜观察病原物形态。主要要点如下。

1. 注意植物病害症状的变异　植物病害的症状虽有一定的特异性和稳定性，但在许多情况下还表现有一定的变异性和复杂性。病害发生在初期和后期症状往往不同。同一种病害，由于植物品种、生长环境和栽培管理等方面的差异，症状表现有很大差异。相反，有时不同的病原物在同一寄主植物上又会表现出相似的症状。若不仔细观察，往往得不到正确的结论。因此，为了防止误诊，强调病原鉴定是十分必要的。

2. 注意区别病原菌和腐生菌　植物罹病后，由于组织、器官的坏死病部往往容易被腐生菌污染，因此有时可同时镜检出多种微生物类群。故诊断时要取新鲜的病组织进行检查，避免造成混淆和误诊。

3. 注意区别病害与虫害、物理伤害　病害与虫害、伤害的主要区别在于前者有病变过程，后者则没有。但也有例外，如蚜虫、螨类危害后也能产生类似于病害的危害状，这就需要仔细观察和鉴别才能区分。

4. 注意区别侵染性病害和非侵染性病害　侵染性病害和非侵染性病害在自然条件下有时是协同发生的，容易混淆。而侵染性病害的病毒病类与非侵染性病害的症状类似，故须通过调查、鉴定、接种等手段进行综合分析，方可做出正确诊断。

三、病害流行

(一) 病原物的侵染过程

病原物的侵染过程是指从病原物与寄主接触、侵入到寄主发病的过程，简称病程。可分为接触、侵入、潜育和发病 4 个时期。

1. 接触期　指病原物从休眠状态转变为活跃的侵染状态，或者从休眠场所向寄主生长的场所移动以准备侵染寄主。在侵入寄主之前与寄主植物的可侵染部位的初次直接接触。对寄主植物来说，就是进入敏感状态，如种子萌芽长出幼苗等。当环境条件满足寄主的生长，又适合病原物的侵染时，只要病原物接触到寄主就能侵入。

2. 侵入期　指从病原物侵入寄主到建立寄生关系为止的一个阶段。病原物有各种不同的侵入途径：角质层或表皮的直接穿透侵入；自然孔口（气孔、水孔、皮孔）的侵入；自然或人为造成的伤口侵入。

病原物侵入以后，必须与寄主建立寄生关系，才有可能进一步发展引起病害。外界环境条件、寄主植物的抗病性，以及病原物侵入量的多少和致病力的强弱等因素，都可能影响病原物的侵入和寄主关系的建立。

3. 潜育期　指病原物与建立寄生关系到植物表现明显症状的一个阶段为止。

在潜育期内，病原真菌和线虫要从寄主获得更多的营养物质供其生长发育，病原细菌和病毒则必须繁殖或复制更多的群体，病原物在寄生繁殖的同时也逐渐发挥其致病作用，使寄主的生理代谢功能发生改变。

对寄主来说，要尽量限制病原物的寄生与掠夺，尽量抵抗或破坏病原物的毒害作用，实际上潜育期内充满了病原物的侵略与掠夺和破坏作用，以及寄主植物的种种抑制与反抗作用，属于病原物与寄主相互斗争的过程。潜育期的长短取决于病原物与寄主相互斗争的结果，寄主抗性强，病原物致病力弱的，潜育期长，病原物致病力强的潜育期就短。

一般病害的潜育期是比较固定的。有的较短，有的较长。它受寄主抗性强弱、环境条件的适合与否以及病菌致病力强弱的影响。影响潜育期长短的环境因素主要是温度。如：大斑病 7 d，黑粉病1 年，果树病害 3～5 年。

4. 发病期 发病期是指出现症状一直到生长期结束甚至植株死亡为止的整个阶段。寄主出现症状就表示潜育期的结束。症状出现以后，病害还在不断发展，如病斑不断扩大，侵染点数不断增加、病部产生更多的子实体等。

大多数真菌病害在发病期内还包括有产孢繁殖和子实体的进一步传播等行为。发病期内病害的轻重以及造成的损失大小，不仅与寄主抗性、病原物的致病力和环境条件适合程度有关，还与人们采取的防治措施有关。

（二）病原物的侵染途径

各种病原物的侵入途径和方式有所不同，真菌大都是以孢子萌发形成的芽管或者以菌丝从自然孔口或伤口侵入，有的真菌还能从角质层或者表皮直接侵入，高等担子菌还能以侵入能力很强的根状菌索侵入。植物病原细菌主要是通过自然孔口和伤口侵入，有的只能从伤口侵入，但也有一些特殊的事例，如豆科植物的根瘤细菌可以侵入表面没有角质化的根毛细胞，而一般植物病原细菌是不能从角质层或表皮细胞直接侵入的。植物病毒主要从各种方式造成的微伤口侵入。虫媒传染的病毒是通过虫媒口器取食时侵入寄主植物。汁液和嫁接传染的病毒通过其他媒介造成的伤口侵入寄主植物。

真菌直接侵入的典型过程如下：落在植物表面的真菌孢子，在适宜的条件下萌发产生芽管，芽管的顶端可以膨大而形成附着胞。附着胞以它分泌的黏液将芽管固定在植物的表面，然后从附着胞上产生较细的侵染丝。直接侵入的真菌就是以侵染丝穿过植物的角质层。有的真菌穿过角质层后就在角质层下扩展，有的穿过角质层后，随即穿过细胞壁进入细胞内，也有的真菌穿过角质层后先在细胞间扩展，然后再穿过细胞壁进入细胞内。一般来说，直接侵入的真菌都要穿过细胞壁和角质层。至于非直接侵入的真菌除去在细胞间寄生的以外，到一定时期也是要穿过细胞壁而进入细胞内。侵染丝穿过角质层和细胞壁以后，就变粗而恢复原来的菌丝状。

（三）环境和寄主对侵染的影响

病原物在侵入前的活动，大致还可以分为与寄主植物接触以前和接触以后。大多数病原物都是被动地被携带或传播，随机地落在寄主植物和其他任何物体上的，病原物的休眠体大多是随着气流或雨水的飞溅落到植物上，还可随昆虫等媒介或田间操作工具等传到植物上。一般只有很少部分的病原物能被传到寄主植物表面，大部分都落在不能侵染的植物或其他物体上。当然有些昆虫传带病原物到植物体上的效率是很高的。病原物在接触期间与寄主植物的相互关系，直接影响以后的侵染。有关这方面的了解还是初步的，但是这方面的研究无论在理论上还是在生产上都极为重要。例如，对于植物病害的防治，以往多半着眼于侵入期。事实上，侵入前病原物处于寄主体外的复杂环境中，受到各种生物竞争因素的影响，它们必须克服各种对其不利的因素才能进一步侵染。病原物的种类繁多，侵入前的病原物的形态不同，有休眠状态的，有随时可以萌发侵入的。病原物是休眠状态的，遇到合适的条件萌发成活动状态，它们在成功侵入寄主前都在寄主体外暴露一段时间，有的仅几小时，有的长达数月。病原物在侵入前阶段是处于比较脆弱的阶段，决定着它们能否成功侵入或中途死亡，所以这一阶段是防止病原物侵入的有利阶段。近年来植物病害的生物防治有了一定进展，就是由于注意到病原物在侵入前这一阶段的活动。

病原物的侵入和环境条件有关，其中以湿度和温度的关系最大。湿度是病原物侵入的必要条件，细菌侵入需要有水滴和水膜存在；绝大多数气传真菌，湿度越高，对侵入越有利，最好有水膜存在；线虫的侵入也与湿度有关；病毒的侵入方式比较特殊，与湿度关系较小。温度则影响萌发和侵入的速度。各种病原物在其适宜的温度范围内，一般侵入快，侵入率高。温、湿度对一些病原真菌的影响往往具有综合作用，如小麦叶锈病的夏孢子萌发侵入的最适宜温度为 $15\sim20\,℃$，在此适温下叶面只要保持 6 h 左右的水膜，病菌即侵入叶片；如果温度为 12 ℃，叶面结水则需保持 16 h 才能侵入；低于 10 ℃，即使叶面长期结水，也不能或极少侵入。

（四）植物病害的侵染循环

病害循环指的是一种病害从前一个生长季开始发病到下一个生长季再度发病的过程。侵染过程只是整个病害循环中的一个环节。

侵染循环包括以下 3 个环节：初侵染和再侵染，病原物的越冬、越夏，病原物的传播。

1. 病原物的越冬与越夏场所　在作物生长季节结束后，病原物必须通过一定的场所进行越冬或越夏。越冬或越夏的场所，也就是病害的初次侵染来源。病原物的越冬或越夏场所主要有下列几方面。

（1）种子或其他繁殖材料　有许多病原物常潜伏在种子或其他繁殖材料的内部。有的附在表面或混杂其间越冬。当播种后，不仅植株本身发病，而且往往形成田间发病中心。种苗带病即是每年病害的初次侵染来源，也是病害远距离传播的重要原因。如麦类黑穗病和油菜菌核病等。

（2）田间病株　病原物可在多年生的寄主植物上越冬、越夏，成为初次侵染来源，如茶树、果树、林木上的各种病菌。一年生的自生苗或野生寄主也常常是病原物的越冬、越夏场所。如野生菜就是油菜病毒病的越夏场所，又如小麦锈病在自生苗上越夏。

（3）病株残体　一般非专性寄生的病原物，都能在病株残体中越冬越夏。所谓病株残体，主要是指寄主植物的秸秆、落叶、落花、落果以及死根等各种形式的残余组织。如：白叶枯病能在病草上越冬，成为第二年初侵染来源。

（4）土壤　土壤是多种病原物非常重要的越冬越夏场所。其具体形式常因病原种类不同而异，有的常以各种休眠体——闭囊壳、卵孢子、菌核、线虫的胞囊等，散落在土壤中越冬越夏。如腐霉菌能独立生活在土壤中，引起植株生病。但土壤中越冬越夏的病原物，一般都不能长期存活，因此轮作、间作、深耕均有助于控制病害的发生。

（5）肥料　混有病原物的厩肥或用病株残体制成的堆肥或栏肥，未经充分腐熟，也可成为病害发生的初次侵染来源。

（6）传病介体　昆虫是病毒传染的主要媒介。有的病毒既能在昆虫体内越冬，还可以在昆虫体内增殖。如水稻矮缩病病毒就是在黑尾叶蝉体内越冬和繁殖。

各种病原物的越冬越夏场所均具有自己的特异性和稳定性。同时，病原物在越冬越夏期间很少活动，是其生活过程中的薄弱环节。因此，研究掌握病原物的初侵染来源常是制订防病措施的重要依据。

2. 病害的流行　在适合病害发生、发展的条件下，在一定的时间，一定的地区范围内，引起病害的大量发生，不仅发病率普遍而且发病程度也严重，这种现象叫做病害的流行。经常引起流行的病害，叫做流行性病害。如稻瘟病、葡萄白腐病等。流行性病害的危害性，主要表现为病害发生发展速度快，遭受波及的面积大，所造成的损失往往是毁灭性的。流行性病害并非在任何情况下都能流行，必须具备以下 3 个基本条件。

（1）大量的感病寄主　每种病原物有一定的寄主范围，没有感病的寄主植物的存在，病害就不可能发生。因此，有大面积的感病品种，而且植株处于感病阶段，是引起病害流行的基本条件。

（2）大量致病力强的病原物　大量的致病力强的病原物的存在，是病害流行的先决条件。对于只有初侵染的病害来说，病原物的越冬或越夏的数量，即初侵染来源，对病害的流行有着先决性的影响。而再次侵染严重的病害，除初侵染来源外，再侵染重复多、潜育短期，对病害的流行常起着很大的作用。在这基础上，大量的病原物繁殖体还需要有效传播方式配合，才能在短期内把它们传播扩散，引起病害流行。

（3）适于病害发生发展的环境条件 在感病寄主和病原物都具备的条件下，病害的流行就取决于环境条件。适宜于病原物的发展而不利于植物的生长发育，病害即会流行。

一般以上3个条件紧密联系，缺一不可。但具体对某一种流行性病害来讲，3个条件并不同等重要，往往其中必有起主导作用的因素，影响着病害的发展和流行。如麦类赤霉病的流行，主导因素就是4~5月的气候条件。

总之，植物病害的流行，是一个极其复杂的问题，只有对各种因素进行深入调查和详尽分析之后，才能更好地掌握流行规律，为病害的防治工作提供可靠的理论依据。

3. 病原物的初侵染和再侵染 在一种作物生长季节开始后，第一次受到病原物侵染而引起发病的称为初次侵染或初侵染。受到初侵染的病部，病原物产生繁殖体，在同一生长季节中再传播侵染，引起再次发病称为再次侵染或再侵染。在初侵染的病部产生的病原体通过传播引起的侵染称为再侵染。

有些病害在一个生长季节中只有初侵染，没有再侵染，如麦类黑穗病。而大多数的病害，在一个生长季节内可以发生多次再侵染，造成病害由轻到重，由少数中心病株扩展到点片发生和普遍流行，如稻瘟病等。

病害有无再侵染，直接与防治策略和防治效果有关。对于只有初次侵染的植物病害设法控制初侵染来源，即能获得满意的效果。对于有再侵害的病害，除了控制初侵染来源外，在寄主作物生长期间，根据病害发生情况和田间的环境条件，还要不断采取各种有效措施进行防治。

在同一生长季节，再侵染可能发生许多次，病害的侵染循环，可按再侵染的有无分为多病程病害和单病程病害。

（1）多病程病害 一个生长季节中除初侵染过程外还有再侵染

过程。如梨黑星病、各种白粉病和炭疽病等属于这类病害。

(2) 单病程病害 一个生长季节只有一次侵染过程。对于单病程病害每年的发病程度取决于初侵染多少，只要集中控制初侵染来源或防止初侵染，这类病害就能得到防治。对于多病程病害，情况就比较复杂，除防治初侵染外，还要解决再侵染问题，防治效率的差异也较大。

4. 病原物的传播 病原物经过越冬越夏，度过寄生植物休眠阶段之后，必须按照一定的方式进行传播，才能与田间重新种植的寄主发生接触，进而引起侵染和造成病害发生。病害发生后的再次侵染也需要传播，因此病原物传播是病害发生过程中各个环节间相互联系的纽带。

病原物种类不同，传播方式也不同，大致可分为自身主动传播、自然动力传播和人为传播3类。自身主动传播的是少数，如游动孢子和细菌在水中游动，线虫的蠕动，真菌菌丝体和菌索的扩展，孢子的放射等。但这种传播距离有限，也不普遍。绝大多数病原物是靠自然动力传播，又可分以下4种。

(1) 风力传播 多数真菌能产生大量孢子，孢子小而轻，便于风力传播。真菌的孢子很多是借风力传播的，真菌的孢子数量多，体积小，易于随风飞散。气流传播的距离较远，范围也较大，但可以传播的距离并非等于有效距离，因为部分孢子在传播的途径中死去，而且活的孢子还必须遇到感病的寄主和适当的环境条件才能引起侵染，传播的有效距离受气流活动情况，孢子的数量和寿命以及环境条件的影响。

借风力传播的病害，防治方法比较复杂，除去注意防控当地的病原物以外，还要防止外地病原物的传入。确定病原物的传播距离，在防病上很重要，转主寄主的清除和无病苗圃的隔离距离都是由病害传播距离决定的。

(2) 雨水传播 许多细菌性病害和部分真菌性病害，常粘聚在胶质物内，需要借雨滴的溅散和淋洗进行传播，特别是雨后流水和灌溉水可把病原物传播到更广的范围。

植物病原细菌和真菌中的黑盘孢目，球壳孢目的分生孢子多半是由雨水传播的，低等鞭毛菌的游动孢子只能在水滴中产生和保持它们的活动性，雨水传播的距离一般都比较近，这样的病害蔓延不是很快。对于生存在土壤中的一些病原物，还可以随灌溉和排水的水流而传播。

（3）昆虫及其他动物传播　病毒类主要靠叶蝉、飞虱、蚜虫等刺吸式昆虫传播的。此外线虫、鸟类等也可以传播。有许多昆虫在植物上取食活动，成为传播病原物的介体，除传播病毒外还能传播病原细菌和真菌，同时在取食和产卵时，给植物造成伤口，为病原物的侵染造成有利条件。此外，线虫、鸟类等动物也可传带病菌。

（4）人为传播　人类在商业活动和各种农事操作中，常常无意识地帮助了病原物的传播。例如带病的种子和苗木，由于引种、换种，带有病原物的种子、农副产品等都可人为远距离传播，以致病区的扩大和新病区的形成。植物检疫的作用就是为了限制这种人为传播，防止危险性病害扩散。

人们在育苗、栽培管理及运输等各种活动中，常常无意识传播病原物。种子、苗木、农林产品以及货物包装用的植物材料，都可能携带病原物。人为传播往往是远距离的，而且不受外界条件的限制，这是实行植物检疫的原因。

第三节　测报与防治

一、预测预报

病虫害的预测就是根据病虫害的历史发生资料和当前发生消长规律，有目的地针对病虫的发生情况进行调查研究，结合掌握的天气预报等，运用适当的方法和技术，对该病虫的未来状态进行科学的分析、估算和推断。将预测的结果通过各种形式，向有关单位、个人或者社会发布、告知，以便做好防治准备，这一工作称预报。

（一）预测预报内容

病虫害预测预报是为有效地进行病虫害防治服务的，其目的是要掌握病虫危害植物的主要发生期，以确定防治时间；掌握病虫发生数量，以确定发生面积和估计危害程度，做好防治前的准备工作。常常按照预测内容、预测时间长短、预测空间范围等对预测预报进行分类。

1. 按照预测内容分类

（1）发生期预测　发生期预测就是预测农作物有害生物的某种虫态或虫龄的出现期或危害期；某种病害的侵染过程时期，或流行阶段；对具有迁飞性、扩散性的害虫，预测其迁出或迁入本地的时期。从害虫生活史、病菌的侵染或流行过程、物候学的角度进行预测。以此作为确定防治适期的依据。

（2）发生量预测　发生量预测就是预测有害生物的发生数量或田间虫口密度，病害发生程度的普遍率或严重度等，估测病虫未来的虫口数量或病害流行程度是否有大发生趋势，是否会达到防治指标。从有害生物猖獗理论及农业技术经济学观点出发，运用多年积累的系统资料，以此作为中、长期预测的依据。

（3）迁飞害虫预测　迁飞预测是根据害虫发生虫源或发生基地内的迁飞害虫发生动态、数量，及其生物、生态和生理学特性，以及各迁出迁入地区的作物生育期与季节相互衔接的规律性变化，结合气象预测资料，来预测迁飞的时期、迁飞数量及作物虫害发生区域等。

（4）危害程度预测及产量损失估计　在发生期、发生量预测的基础上，根据病菌的致病力、害虫的危害能力和作物产量的损失率，推断病虫灾害程度的轻重或所造成损失的大小；配合发生量预测进一步划分防治对象田，确定防治次数，并选择合适的防治方法，控制或减少危害损失。

（5）风险评估　可分为外来入侵性有害生物风险评估和内源性有害生物风险评估。前者是指对检疫性有害生物一旦入侵后，可能在哪些区域定殖和危害程度的评估；后者则是对非检疫性有害生物可能在哪些区域发生和危害程度的评估。

2. 按照预测时间长短分类

（1）长期预测　长期预测的期限常在1个季度或1年以上。预测时期的长短仍视有害生物种类不同和生殖周期长短而定。生殖周期短、繁殖速度快，预测期限就短，否则就长，甚至可以跨年度。超过1年以上的预测，也可称为超长期预测。

（2）中期预测　中期预测的期限，一般在20 d到1个季度，常在1个月以上，但视病虫种类不同，期限的长短可能有很大的差别。如1年1代、1年数代、1年10多代的害虫，采用同一方法预测的期限就不同。通常是预测下一个世代的发生情况，以确定防治对策和进行防治工作部署。

（3）短期预测　预测的期限对病害一般为7 d以内，对害虫则大约在20 d以内。一般做法是：根据过去发生的病情或1～2个虫态的虫情，推算以后的发生时期和数量，以确定未来的防治适期、次数和防治方法。其准确性高，使用范围广。

3. 按照预测空间范围分类

（1）迁出区虫源预测（或本地虫源预测）　在一定环境条件影响下，某种昆虫从发生地区迁出或从外地迁入的行为活动时昆虫种群行为之一。迁出区虫源预测主要查明迁出区的虫源基数和发育进度，是属于迁出型还是本地型虫源，再分别组织实施预测。

（2）迁入区虫源预测（或异地虫源预测）　迁入区虫源预测主要查明迁入区的气候条件、作物长势和生育期阶段，以及迁入区的虫情，预测迁入害虫未来发生趋势。

（二）田间调查

病虫田间调查就是在田间调查病虫害发生和危害情况，获取调查对象的田间基本信息以及相关的环境因素的基本数据，如：发生时间、种群数量、发生范围、发育进度、危害状况等，为开展病虫害预测预报、了解防治效果、制订防治方案或有关试验研究提供可靠数据资料的基础性工作。

1. 调查类型 病虫害的田间调查根据调查的目的不同一般分为测报调查、试验调查和危害与防治效果调查。

（1）测报调查 主要是为了对下阶段病虫害发生趋势进行预测，对田间病虫害发生消长动态进行调查。通常分为系统调查和大田普查两种类型。

① 系统调查。为了解一个地区病虫发生消长动态，进行定点、定时、定方法，在一个生长季节要开展多次的调查。系统调查一般只针对当地主要病虫害进行。是为了掌握病虫害发生时期、发生数量及变动情况进行的调查。为制订防治策略、防治措施及确定防治时期提供依据。

② 大田普查。为了解一个地区病虫发生关键时期（病虫害发生高峰期）整个区域发生概况，在较大范围内进行的大面积多点同期的调查。大田普查一般只针对当时关注的病虫害，调查时间根据系统调查病虫害发生动态而确定。

（2）试验调查 根据田间试验要求而开展的调查，如农药田间药效试验调查、科研项目田间调查等。一般试验均有具体调查要求和方案，如农药田间药效试验调查要求试验前对病虫基数调查、药后 1 d、3 d、7 d、14 d 分别调查防治效果。

（3）危害与防效调查 在一次病虫防治结束后，为了掌握病虫防治措施效果而进行的调查。一般要结合测报调查的情况，分析计算当次防治的校正防效，调查最终病虫害的危害损失，估算经济效益。

2. 调查原理 田间调查的最基本的目的就是获取调查区域内病虫害种群总体数量，即种群密度。种群密度可分为绝对密度和相对密度。绝对密度是指一定面积或容量内害虫的总体数量，如 1 hm^2 或 667 m^2 内稻田内稻飞虱的数量。这在实际中是不可能直接查到的。因此，通常是通过一定数量的小样本取样，如每株、每平方米等，查获其中病虫害的数量，以此来推算绝对密度。这就是病虫田间调查的基本原理。

由于查获的是从大区域类抽取的小样本，样本数据是否能反映整个区域的实际情况主要决定于样本是否有代表性。因此调查抽样一定要有代表性，要根据所调查病虫害的田间分布特征，选择相应的抽样方法。

3. 田间分布和抽样

（1）田间分布主要类型　病虫害分布受种类、数量、来源，及田间植物、土壤、小气候等多种因素的影响，是确定田间调查抽样方法的主要依据。田间病虫的发生分布主要有以下几种类型（图1-16）。

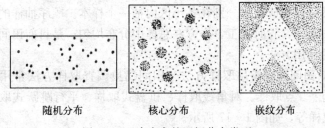

　　随机分布　　　　　　核心分布　　　　　　嵌纹分布

图1-16　病虫害的田间分布类型

① 随机分布。个体独立地、随机地分配到可利用的单位中去，每个个体占空间任何一点的概率是相等的，并且任何一个个体的存在决不影响其他个体的分布，即相互是独立的，病虫在田间分布呈比较均匀的状态。属于这类分布的病虫害如玉米螟的卵块、小麦散黑穗病在田间的分布等。

② 核心分布。个体形成很多大小集团或称核心，并向四周做放射状扩散蔓延。核心之间的关系是随机的，为一种不均匀分布，如二化螟、土壤线虫病等。

③ 嵌纹分布。个体分布疏密相嵌，很不均匀，呈嵌纹状，如棉叶螨、棉铃虫幼虫、小麦白粉病等。

（2）田间抽样主要类型　根据田间病虫害发生分布特点，田间调查抽样主要有分段抽样法、分级抽样法、顺序抽样法（等距取样法）3类。

分段抽样法是实地进行调查前，将对象作物所属田块，按不同的类型（如土壤肥力、品种、播期的不同等）划分成若干部分（每部分包括若干田块），再从不同的部分里分别随机取样调查，采取加权法计算总体的平均值。此法适用于大面积田间调查。

分级取样法是先从总体中随机抽取第一级取样单位，再从第一级总体中选取第二级取样单位，依此类推。如在果园内随机选取一定数量的果树，在所选的果树上选取一定数量的枝条等。

顺序抽样法（等距取样法）是先将总体分为含有相等单位数量的区，区数等于拟抽出的样方数目。随机地从第一区内抽一个样本，然后隔相应距离分别在各小区内抽一个样本。顺序抽样的好处是方法简便，省时省工，样方在总体中分布均匀。是目前田间调查抽样的通用方法。

4. 田间调查常用取样方法　田间病虫调查取样方法常用取样方法有：5 点取样、对角线取样、棋盘式取样、平行跳跃式取样和 Z 形取样等，如图 1－17 所示。

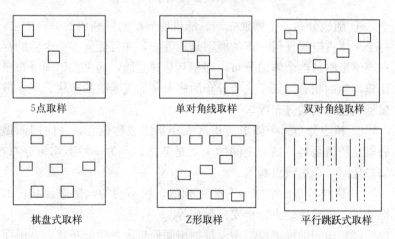

图 1－17　几种常用的取样方法

（1）5 点取样法　适用于密集的或成行的植株、分布为随机分布的种群，可按一定面积、一定长度或一定植株数量选取 5 个样点。

（2）对角线取样法 适用于密集的或成行的植株、分布为随机分布的种群，有单对角线和双对角线两种。

（3）棋盘式取样法 适用于密集的或成行的植株、分布为随机或核心分布的种群。

（4）平行跳跃式取样法 适用于成行栽培的作物、分布属核心分布的种群，如水稻螟虫调查。

（5）Z 形取样 适用于嵌纹分布的害虫，即在田间随机选取一个样点，然后按特定的方式等距离选取另一个样点，陆续抽出所需的样点数。如棉花叶螨的调查。

5. 取样单位和计数

（1）取样单位 取样单位依病虫种类、作物及栽培方式的不同而异。长度，适用于调查条播密植作物（如麦类等）上的病虫害，通常以米为单位；面积，适用于调查地下害虫、苗期或撒播作物病虫害等，常以平方米为单位；植株或植株的部分器官，适用于虫体小、密度大的害虫或全株性病害，常以株、叶、果、花等为单位；诱集器械，适用于以黑光灯、孢子捕捉器、谷草把、糖醋盆等诱集器械，在单位时间内诱捕的病虫数。

（2）取样数量及计数方法 取样数量的多少，取决于病虫害分布的均匀程度、发生的普遍程度及调查要求的精确程度。一般分布均匀而发生普遍的病虫害，样点数量可适当少些，每个样点可稍大些；相反则应增加样点数，而每个样点可稍小些。数量表示方法主要有以下两种。

① 直接计数。凡是属于可数性状，调查后均可折算成某一调查单位内的虫数或植株受害数。如调查稻纵卷叶螟幼虫量、卵量等。

② 级别计数。凡是数量不宜统计的，可将一定数量范围划分为一定的等级，一般只要粗略计数，然后以等级表示即可。如大多数病害发生程度计数、蚜虫调查计数等（表 1-8）。

表 1-8　蚜虫调查计数法

级别	0	1	2	3	4
数量	0	1~10	11~50	>50	
危害	无	叶正常	叶皱缩	叶半卷	叶全卷呈圆形

(三) 测报调查基本要求

1. 代表性与准确度　调查的目的之一是用一些数值代表实际情况，或通过抽样调查和数理统计获得相对可靠的代表值。调查数据和实际发生情况（真值）之间都会有一定的误差，而误差的反面就是准确度。要提高监测的准确度，就必须讲究取样方法、取样数量和不断提高自己的观察判断能力。

2. 可比性与规范化　多次或多点调查结果之间要进行比较，通过多次对比才能做出评价和找到规律，因此调查方法的标准化是病虫资料质量的保证之一。为此，国家和部门制定了一系列"规范"，必须遵守。

3. 完整性　由于病虫害发生发展受到多方面因素的综合影响，要做好预测工作就需要尽可能详尽地掌握有关情况。调查病虫害时一定要注意观察它们所处的环境，包括气象、土壤和栽培管理，也要注意它们在时间上的搭配。

4. 经验和直观判断能力　病虫害监测大多是通过肉眼观察和仪器测量获得估计值和测量值。由于植物病虫害是一种生物现象，病虫害流行又涉及整个生态系统的复杂关系，所以要求监测者具备一定的专业知识和智力。在识别病虫害症状，评估病虫害严重度、发生病虫面积、极端值取舍等方面，监测者的直观判断能力都具有十分特殊的意义。为此，需要稳定测报队伍，并且不断培养和提高其素质。

(四) 数据的整理和统计

通过抽样调查，获得大量的资料和数据，必须经过整理、简化、计算和比较分析，才能提供给病虫预测预报使用。一般统计调查数据时，常用算数法计算平均数。平均数是数据资料的集中性代表值，可以作为一组资料和另一组资料相差比较的代表值。其计算方法可视样本的大小或代表性采用直接计算法和加权计算法。

1. 调查数据记载 田间调查记载多采用表格形式。记载表格一般根据调查病虫害对象和调查内容设计，当前对主要作物病虫害的田间调查均有规范的表格，见表1-9。调查时将直接调查数据填入表格，归档保存。

表1-9 褐飞虱、白背飞虱田间虫卵量调查记载表

调查日期	类型田	飞虱类别	调查面积（m²）	长翅成虫（头）	短翅成虫（头）	若虫（头）	百株卵量（粒）	667 m² 虫量（万头）	667 m² 卵量（万粒）

2. 数据整理与计算

（1）算术平均数 一般用于小样本资料。若样本含有 n 个观察值为 X_1、X_2、X_3、$\cdots$、X_n，其计算公式为：

$$\overline{X} = (X_1 + X_2 + \cdots + X_n)/n$$

式中：$\overline{X}$——算术平均数。

n——一组数值的总次数。

如调查某田地下害虫，查得每平方米蛴螬数为 1、3、2、1、0、4、2、0、3、3、2、3头，求平均每平方米蛴螬头数。

据题：$n=12$

X_1、X_2、X_3、$\cdots$、$X_n = 1、3、2、\cdots、3$

代入公式 $\overline{X} = (1+3+2+\cdots+3)/12 = 2$头

（2）加权平均数 如样本容量大，且观察值 X_1、X_2、X_3、$\cdots$、X_n 在整个资料中出现的次数不同。出现次数多的观察值，在资料中占的比重大，对平均数的影响也大；出现次数少的观察值，对平均数的影响也小。因此，对各观察值不能平等处理，必须用权

衡轻重的方法——加权法进行计算,即先将各个观察值乘自己的次数(权数,用 f 表示),再经过综合后,除以次数的总和,所得的商为加权平均数。其公式如下:

$$\overline{X} = \sum x(i)f(i)/\sum f(i)$$

加权法常用来求一个地区的平均虫口密度或被害率、发育进度等。

如虫口密度的加权平均计算。查得某村 3 种类型稻田的第二代三化螟残留虫口密度:双季早稻田每 667 m² 30 头;早栽中籼稻田每 667 m² 100 头;迟栽中粳田每 667 m² 450 头,求该村第二代三化螟每 667 m² 平均残留虫量为多少?

如果用直接法计算残留虫量,则

$$\overline{X} = (30+100+450)/3 = 193.3 \text{(每 667 m² 头数)}$$

但是实际上这 3 种类型田的面积比重很不相同,双季早稻田为 60×667 m²;早栽中籼稻为 100×667 m²;而迟栽中粳田为 10×667 m²;应当将其各占的比重考虑在内,则用加权法计算该队的平均每 667 m² 残留虫量为

$$\overline{X} = (30 \times 60 + 100 \times 100 + 450 \times 10)/(60+100+10)$$
$$= 33.4 \text{(每 667 m² 头数)}$$

两种方法计算结果几乎差 6 倍,显然用加权法计算是反映了实际情况。

(3)发病率 表示植物被害虫侵害的普遍程度,又叫普遍率。计算方法如下:

发病率(%)=发病株(叶、穗、丛)数/调查总株(叶、穗、丛)数×100

(4)病情指数 又称感染指数,为病害发生的普遍程度和严重程度的综合指标。常用于植株局部受害,且各株受到的病害不同。计算方法如下:

病情指数=∑(病害级别代表值×该级别样本数)/(最高级代表值×调查总样本数)

（五）病虫害预测的基本方法

1. 以生物学为基础的预测法　这类方法都以生物的生长发育、生存、繁殖、侵染循环、生活史等生物学特性为基础，结合环境因素的影响或相互关系，并分析出一定的生物学参数或关系式。又可分为经验预测和实验预测两大类。

经验预测一般有发育进度预测法、分龄分级预测法、物候预测法、气候图预测法、经验预测法等短期预测，准确性很高，至今仍为基层测报系统最常用的基本方法。

实验预测法是应用实验生物学方法，求出某些生物学参数，进而进行预测的方法。

2. 数理统计预测法　统计预测大致可归为三大类：一是专家调查法；二是因果关系分析法，如回归分析、相关分析、形似分析、差别分析、模糊分析、聚类分析等；三是时间序列分析法，如自回归滑动平均、指数平滑、季节交乘、方差分析、周期外推法等。

3. 信息预测法　就是以抽象体系、物理体系和信息体系作为预测的理论基础，并且把自然科学和社会科学的预测统一起来。信息预测法能综合利用各类预测方法，例如专家系统与统计预测或决策支持系统相结合，基于人工神经网络的预测方法等都已证实为准确率很高的优秀预测方法。

4. 预测方法举例　下面以发育进度预测法为例介绍害虫发生期预测的具体方法。

发育进度预测法又称历期预测法，所谓历期是指昆虫各虫态在一定温度条件下完成其发育所要求的天数。这种预测法是通过对前一虫态田间发育进度，如化蛹率、羽化率、孵化率等的系统调查，当调查到其百分率达到始盛期（16%）、高峰期（50%）、盛末期（84%）的标准时，分别加上当时气温下各虫期的历期，即可推算出后一虫期的发生时期。

例如，某地于2000年系统调查了稻田二化螟越冬代化蛹率，4

月 16 日为 50% 左右，即越冬代化蛹高峰日为 4 月 16 日，可继续求得越冬代成虫的发蛾高峰期：

发蛾高峰期＝化蛹高峰期＋蛹期

如当时气温下的蛹期为 16 天，则越冬代发蛾高峰期为 5 月 2 日。计算出发蛾高峰期，再测知产卵前期和卵期，则又可求得第一代卵孵高峰期：

卵孵高峰期＝发蛾高峰期＋产卵前期＋卵期

如当时气温下产卵前期为 5 d，卵期为 15 d，则第一代二化螟卵孵高峰期为 5 月 22 日。依此类推，可继续测知 2 龄、3 龄幼虫高峰期。3 龄前是害虫防治的最佳时期，对钻蛀性害虫，则掌握在卵孵高峰期防治。

（六）病虫情报的撰写方法

病虫害预测结果的发布通常使用病虫情报的模式，病虫情报一般要达到三个方面的作用：一是为农业生产者提供病虫发生信息、未来趋势及防治指导意见；二是给植保科研、农资生产和经营企业提供信息，为农药等农资生产种类和数量做参考；三是给各级行政部门提供信息，以指挥决策病虫灾害防治、制定政策提供依据。

1. 病虫情报的内容 病虫情报不同一般的文学作品、科普材料。它在写作格式上除了有文字方面的要求外，对技术层面的要求更加严格。归纳起来，一是对病虫发生程度、发生期、发生面积预报要准确；二是分析要有理有据，综合性强；三是提出的防治意见要符合当地实际，切实可行；四是文字要精炼，结构要严谨。具体内容要求根据不同情报种类有所区别。

长期预测的情报对主要病虫进行全面分析预测，预报的五个重点缺一不可，即发生程度、发生面积、发生时期、发生区域、预测依据。中短期预测的情报要求对预报的病虫害后阶段发生动态、防治适期进行预测、提出防治指导意见。一般包含以下几个内容：当前发生情况，下一阶段发生趋势，防治措施或意见，注意事项。阶段性小结类情报要求在病虫发生的一定阶段性，对前阶段病虫害发生和防治情况进行小结，对当前病虫发生情况做一回顾，对下阶段病虫发生情况预测，提出防治措施。主要包括以下几部分内容：当前发生情况、防治情况、下阶段趋势、防治措施和意见、注意事项。

2. 基本格式要求

(1) 发生趋势 长期预报的发生趋势重点描述预计病虫发生程度、发生期、发生面积，发生程度由发生量和发生面积两个因素决定，以发生面积为主导因素，即当发生量与发生面积比例不一致时，发生程度级别以发生面积比例大的级别为准。发生程度用文字表示，分5级：轻发生（1级）、中等偏轻发生（2级）、中等发生（3级）、中等偏重发生（4级）和大发生（5级）。中短期预报的发生趋势重点描述发生程度、发生面积、主要虫态或病害危害阶段出现的时间等，发生期写防治虫态或防治虫态前一虫态盛期、高峰期，发生期与前一年（或历年）相比是早、是迟或是相近。发生面积指发生程度达防治指标以上的面积，预报时需要将病虫的发生范围、面积大小明确表示出来，这也是表示病虫发生程度的一个方面。

(2) 预报依据 主要是长期预测预报情报中，从所掌握的影响病虫害发生的各种因素进行分析，不同病虫害预测依据不尽相同。但一般包括：天气因素、作物栽培（如品种、生育期等）、病虫基数、历史发生规律等几个方面分析。

(3) 发生情况 用数据描述当前病虫害发生情况，与前阶段比较、与历年同期数据或上年同期数据比较。引用数据一般包括系统调查和普查的调查时间、病虫生育阶段、调查面积、抽样点数、有病虫样点数、该病虫的各项指标、重点发生区作物情况等。

(4) 防治意见 根据对病虫发生趋势的预报，结合当地实际提出防治意见，内容包括5个方面：一是防治对策。主治对象、兼治对象，需要密切注视病虫的发生动态。二是防治适期。同一作物发生的病虫以主治对象确定防治适期，次要病虫能兼治的兼治，不能兼治的，指出达到防治指标时单独防治，同一时期不同作物防治适期分开写。三是防治指标。指出对主治对象实施防治时其发生应该达到的数量。四是防治对象田。在不需要全面防治时，根据群众容易掌握的作物形态特征、生育指标指出防治对象田。五是防治措施。包括农业、生物、化学防治措施，要简单易行，群众容易接受，推荐的农药品种要经过实践证明是高效、低毒的品种，尽量做到低残留、低成本，兼治的病虫如需两种农药混配，要列出混配的农药名称。

（5）注意事项　主要指防治中应注意的问题。

由于各级病虫测报机构发布的病虫情报读者对象不同，在格式上有所区别。一般来说，省市级植保机构所写病虫情报主要写发生趋势，预报依据；市、县级，尤其是县级病虫测报机构所写病虫情报面向广大农民，直接为生产服务，针对性强，需要写出防治意见和注意事项。

3. 情报写作中常见问题

（1）调查中的问题　一是最基本的调查没有开展，没有第一手调查数据。二是采用的调查方法不正确。调查田块的选择、抽样方法不正确，选点不能代表当地的情况；调查时间不连续、调查不全面，对象太单一等。

（2）撰写中的问题　一是过于简单，看完后给人没有综合印象，如"全区普查有虫株率 5％，百株虫量 3 头"。二是没有普查的点数，没有普查代表面积，没有重点发生地点。三是把调查数据简单的罗列，没有任何汇总分析；只有实况，没有预测。四是长期预报只有发生程度，没有发生量和发生时间；中短期预报，只预报发生时间，不预报发生量和发生程度及发生地点等。

4. 注意事项和技巧　首先，要钻研业务，熟练掌握病虫发生规律、影响病虫发生的因素等多方面知识。其次，要规范调查。按照国家标准或者当地地方标准做好调查。没有规范的调查结果及系统的历史资料，即使业务再好，也是巧妇难为无米之炊。所以，要写好病虫情报，必须按测报调查方法开展调查，积累系统可比的资料，这样才能写出内容充实、准确及时的病虫情报。第三要认真对待。写好病虫情报是植保测报人员应尽的职责。测报人员平时要多看高质量的病虫情报。多练、多写。要认真对待每一期病虫情报，不能马虎了事。在此基础上写出的病虫情报一定更具有指导意义。

二、综合防治

（一）综合防治的概念

综合防治是对有害生物进行科学管理的体系。它从农业生态系总体出发，根据有害生物和环境之间的相互关系，充分发挥自然控制因素的作用，因地制宜协调应用必要的措施，将有害生物控制在经济受害允许水平之下，以获得最佳的经济、生态和社会效益。国外的"有害生物综合治理"（简称 IPM）与国内提出的"综合防治"的基本含义是一致的，都包含了以下主要观点。

1. 经济观点　综合防治宗旨是将有害生物的种群数量控制在经济受害允许水平之下，而非彻底消灭。一方面，保留一些不足以造成经济损害的低水平种群有利于维持生态多样性和遗传多样性，如允许一定量害虫存在，就有利于天敌生存；另一方面，这样做符合经济学原则，在有害生物防治中必然要考虑防治成本与防治收益问题，当有害生物种群密度达到经济阈值（或防治指标）时，才采取防治措施，达不到则不必防治。

2. 综合协调观点　有害生物的防治方法多种多样，但没有一种方法是万能的，因此必须综合应用。综合协调不是各种防治措施的机械相加，也不是越多越好，必须根据具体的农田生态系统，有针对性地选择必要的防治措施，有机地结合，辩证地配合，取长补短，相辅相成。要把病虫的综合治理纳入到农业可持续发展的总方针之下，从事病虫害防治的部门要与其他部门如农业生产、环境保护部门等综合协调，在保护环境、持续发展的共识之下，合理配套运用农业、化学、生物、物理的方法，以及其他有效的生态学手段，对主要病虫害进行综合治理。

3. 安全观点　综合防治要求一切防治措施必须对人、畜、作物和有益生物安全，符合环境保护的原则。尤其在应用化学防治时，必须科学合理地使用农药，既保证当前安全、毒害小，又能长期安全、残毒少。在可能的情况下，要尽量减少化学农药的使用。

4. 生态观点 综合防治强调从农业生态系统的总体观点出发，创造和发展农业生态系中各种有利因素，造成一个适宜于作物生长发育和有益生物生存繁殖，不利于有害生物发展的生态系统。特别要充分发挥生态系统中自然因素的生态调控作用，如作物本身的抗逆作用、天敌控害作用、环境调控作用等。制定措施首先要在了解病虫及优势天敌依存制约的动态规律基础上，明确主要防治对象的发生规律和防治关键，尽可能综合协调采用各种防治措施并兼治次要病虫，持续降低病虫发生数量，力求达到全面控制数种病虫严重危害的目的，取得最佳效益。

（二）综合防治的特点

1. 允许有害生物在经济受害允许水平下继续存在 以往有害生物防治的目的在于消灭有害生物，即有害生物一旦存在就必须进行防治，也就是"有之必灭"的观点。IPM 的哲学基础是容忍。它允许少量害虫存在于农田生态系统中。事实上，某些有害生物在经济受害允许水平以下继续存在是合乎需要的，它有利于维持生态多样性和遗传多样性，它们为天敌提供食料和中间寄生，使有害生物天敌得以共存，加强和维持自然控制。反之，如果把它们消灭干净，必将会带来有害影响。

2. 以生态系统为管理单位 有害生物在田间并不是孤立存在的，它与生物因素和非生物因素共同构成一个复杂的、具有一定结构和功能的生态系统。改变系统中任何基本成分都可能引起生态系统的扰动。当对某一些有害生物进行防治时，任何措施都有可能影响另一些有害生物。在某种作物或作物群体的农田生态系统中，更换品种、轮作、改变栽培措施或更换化学药剂的类型都可能引起有害生物地位发生激烈的变化。一项控制措施只能对某种有害生物产生影响，同时也可能导致新的有害生物体系出现，哪怕是很细微的措施也可能影响整个生态系统。

综合防治就是要控制生态系统，使有害生物维持在受害允许水平以下，而又要避免生态系统受到破坏。因此，只有了解生态系统中各个因素对有害生物的影响，弄清它们在生态系统中的地位，生态系统中各组成成分的功能、反应及相互之间的关系，在进行有害生物综合防治时，同时考虑杂草、考虑不同防治对象的协调防治，使不同目的的防治工作得到统一。这样才能充分利用、控制和调节与有害生物有关的自然因素，制订出最佳的防治对策。

3. 充分利用自然控制因素 在有害生物群中，存在着不同类型和同一类型不同种类的各种有害生物。例如，在占昆虫总数48.2％的植食性昆虫种类中，约有90％虽然取食植物，但并不能造成严重危害。这主要是由于大多数害虫由于自身的生物学特性和自然界存在的自然控制因子的抑制作用。有害生物综合防治应高度重视生态系统中与种群数量变化有关的自然因素的作用。在诸多自然控制因素中，天敌是一个非常普遍而重要的因素。

4. 强调防治措施间的相互协调和综合 现代综合防治的基本策略是在一个复杂系统中协调使用多种措施，把有害生物种群数量及危害控制在经济受害允许水平之下，而这些措施的具体应用则有赖于特定农业生态系统及其有关有害生物的性质。

为了尽可能地利用自然因子，首先必须强调各项防治措施与自然控制因素间的协调。一般来说，生物防治、农业技术防治等一般不与自然控制因素发生矛盾，有时还有利于自然控制，因此，是应该优先采用的方法。而化学防治往往与自然控制因素发生矛盾，它不但杀死有害生物，同时也杀死天敌。但就目前而言，非化学防治不但不能完全取代化学防治，而且多数有害生物都还必须依赖化学防治。估计90％左右的害虫主要控制手段仍是化学防治。

5. 强调有害生物综合防治体系的动态性 农业生态系统是一个动态系统，有害生物种群及其影响因素也是动态的。因此，综合防治方案应随有害生物问题的发展而改变，而不能像传统的杀虫剂防治体系那样采用"防治历"方法进行防治。

6. 提倡多学科协作 因为生态系统的复杂性，在系统的研究、信息的收集、综合防治方案的制订和实施过程中，需要多学科进行合作。如对害虫种群特性的了解，需要昆虫学方面的知识；对作物抗虫性的了解，需要作物遗传学方面的知识；对环境特性的了解，需要气象学方面的知识；要了解生态系统中各复杂因子的相关系统，需要应用系统工程方面的知识；进行综合防治效果的评价，需要有生态学、经济学和环境保护学方面的知识。

随着综合防治水平的提高，系统分析、数学模型和计算机程序对制订最佳防治方案很有帮助。在系统分析的基础上，努力发展一个计算机模型，对特定时间内（对一种作物来说从播种到收获）某一作物、森林或其他生态系统中的各种时间进行模拟，用以决定怎样控制某种有害生物（如用品种、肥料、杀虫剂联合控制等），以便获得最佳管理对策。这样一个复杂系统的完成，没有多学科进行协作是难以进行的。

7. 经济效益、社会效益、生态效益全盘考虑 防治有害生物的最终目的是为了获得更大的效益，没有一种有害生物防治策略不考虑经济效益。如果防治费用大于有害生物危害的损失，那么防治就无必要。IPM同样考虑经济效益，并且还十分强调：在有害生物危害损失小于经济阈值时不进行防治。

同时，IPM还强调有害生物防治的生态效益与社会效益，这也正是单独依赖化学药剂的防治策略所未考虑到而造成不良副作用的原因。

（三）综合防治方案的制订

农作物病、虫、草、鼠害综合防治实施方案，应以建立最优的农业生态系统为出发点，一方面要利用自然控制；另一方面要根据需要和可能，协调各项防治措施，把有害生物控制到经济受害允许水平以下。

1. 综合防治方案的类型

（1）以特定有害生物为对象 即以一种主要病害或害虫为对象，制订该病害或害虫的综合防治措施，如对水稻纹枯病的综合防治方案。

（2）以作物为对象 即以一种作物所发生的主要病虫害为对象，制订该作物主要病虫害的综合防治措施，如对油菜病虫害的综合防治方案。

（3）以整个农田为对象 即以某个村、镇或地区的农田为对象，制订该村镇或地区各种主要作物的重点病、虫、草、鼠等有害生物的综合防治措施，并将其纳入整个农业生产管理体系中去，进行科学系统的管理。如对某个乡镇的各种作物病、虫、草、鼠害的综合防治方案。

2. 基本要求 在制订有害生物综合防治方案时，选择的技术措施要符合"安全、有效、经济、简便"的原则。"安全"指的是人、畜、作物、天敌及其生活环境不受损害和污染。"有效"是指能大量杀伤有害生物或明显压低其密度，起到保护植物不受侵害或少受侵害的作用。"经济"是一个相对指标，为了提高农产品效益，要求少花钱，尽量减少消耗性的生产投资。"简便"指要求因地、因时制宜，防治方法简便易行，便于群众掌握。这其中，安全是前提，有效是关键，经济与简便是在实践中不断改进提高要达到的目标。实际方案制订中应注意以下几点。

（1）方案制订要以病虫害发生趋势预测为前提 根据病虫害的发生趋势综合应用各项有效防治措施，用最少投入、最安全的、最有效的措施将病虫长期控制在损失水平之下。

（2）科学合理使用农药 在其他措施难以有效控制病虫害的危害时应合理应用农药进行防治。选择农药药剂时应首先考虑农药的安全性、然后看防治效果和防治成本。尽量选择生物农药、环保型剂型农药。注意农药使用安全间隔期和使用次数，一般一个生产季节同一农药不超过 3 次，不连续使用 2 次。

（3）科学选择和应用不同的施药器械和方法 针对病虫害发生

特点应科学选用相应的防治器械和方法，确保防效的同时，减少生产投入成本，减少浪费和环境污染。

（4）注意对农田外生物和环境的影响　在制订综合防治方案时，要综合考虑防治作物周边环境，特别是养殖区。在选择各项防治措施时，应尽量避免对其他生物或环境的影响，选择相对较安全的防治措施。如养蜂区、水产养殖区，应保护养蜂蜜源和防治药剂的飘移。

（四）综合防治的主要措施

1. 植物检疫　植物检疫是根据国家颁布的法令，设立专门机构，对国外输入和国内输出，以及国内地区之间调运的种子、苗木及农产品等进行检疫，禁止或限制危险性病、虫、杂草的传入和输出；或者在传入以后限制其传播，防止其危害。植物检疫分对内检疫和对外检疫。对内检疫又称国内检疫，主要任务是防止和消灭通过地区间的物资交换，调运种子、苗木及其他农产品而传播的危险性病、虫及杂草。对外检疫又称国际检疫。国家在沿海港口、国际机场及国际交通要道，设立植物检疫机构，对进、出口和过境的植物及其产品进行检验和处理，防止国外新的或在国内局部地区发生的危险性病、虫、杂草的输入；同时也防止国内某些危险性病、虫、杂草的输出。

2. 农业防治　农业防治就是运用各种农业技术措施，有目的地改变某些环境因子，创造有利于作物生长发育和天敌发展而不利于病虫害发生的条件，直接或间接地消灭或抑制病虫的发生和危害。农业防治是有害生物综合治理的基础措施。它对有害生物的控制以预防为主。多数情况下是结合栽培管理措施进行的，不需要增加额外的成本，并且易于被群众接受，易推广。对其他生物和环境的破坏作用最小，有利于保持生态平衡，符合农业可持续发展要求。其不足是防治作用慢，对暴发性病虫的危害不能迅速控制，而且地域性、季节性较强，受自然条件的限制较大。有些防治措施与丰产要求或耕作制度有矛盾。农业防治的具体措施主要有以下几方面。

（1）选用抗病虫品种　培育和推广抗病虫品种，发挥作物自身对病虫害的调控作用，是最经济有效的防治措施。随着现代生物技术的发展，利用基因工程等新技术培育抗性品种，将会在今后的有害生物综合治理中发挥更大作用。在抗病虫品种的利用上，要防止抗性品种的单一化种植，注意抗性品种轮换，合理布局具有不同抗性基因的品种，同时配以其他综合防治措施，提高利用抗病虫品种的效果。

（2）使用无害种苗　生产上常通过建立无病虫种苗繁育基地、种苗无害化处理、工厂化组织培养脱毒苗等途径获得无害种苗，以杜绝种苗传播病虫害。建立无病虫留种基地应选择无病虫地块，播前选种或进行消毒，加强田间管理，采取适当防治措施等。

（3）改进耕作制度　包括合理的轮作倒茬、正确的间作套种、合理的作物布局等。实行合理的轮作倒茬可以恶化病虫发生的环境，如水旱轮作可以减轻一些土传病害（如棉花枯萎病）和地下害虫的危害。合理调整作物布局可以造成病虫的侵染循环或年生活史中某一段时间的寄主或食料缺乏，达到减轻危害的目的，这在水稻螟虫等害虫的控制中有重要作用。

（4）加强田间管理　田间管理是各种农业技术措施的综合运用，对于防治病虫害具有重要的作用。适时播种可促使作物生长苗壮，增强抵抗力，同时可避开某些病虫的严重危害期。合理密植可使作物群体生长健壮整齐，提高对病虫的抵抗力；同时使植株间通风透气好，湿度降低，直接抑制某些病虫的发生。科学管理肥水，可以减轻多种病虫的发生。如适时排水晒田，可抑制水稻纹枯病、稻飞虱的发生；春季麦田发生红蜘蛛危害时，可以结合灌水振落杀死。

3. 生物防治　生物防治就是利用自然界中各种有益生物或生物的代谢产物来防治有害生物的方法。其优点是对人、畜及植物安全，不杀伤天敌及其他有益生物，不污染环境，往往能收到较长期的控制效果，而且天敌资源比较丰富，使用成本较低。因此，生物防治是综合防治的重要组成部分。但是，生物防治也有局限性，如作用较缓慢，使用时受环境影响大，效果不稳定；多数天敌的选择性或专化性强，作用范围窄；人工开发技术要求高，周期长等等。所以，生物防治必须与其他的防治方法相结合，综合地应用于有害生物的治理中。生物防治主要包括以下几方面内容。

（1）利用天敌昆虫防治害虫　以害虫作为食料的昆虫称为天敌昆虫。利用天敌昆虫防治害虫又称为"以虫治虫"。天敌昆虫可分为捕食性和寄生性两大类。常见的捕食性天敌昆虫如瓢虫、草蛉、食蚜蝇、胡蜂、步甲、食虫蝽等，其一般均较被猎取的害虫大，捕获害虫后立即咬食虫体或刺吸害虫体液。寄主性天敌昆虫大多数属于膜翅目和双翅目，即寄生蜂和寄生蝇，其虫体均较寄主虫体小，以幼虫期寄生于寄主体内或体外，最后寄主随天敌发育而死亡。利用天敌昆虫防治害虫的主要途径有以下几种。

①保护利用本地自然天敌昆虫。通过各种措施改善或创造有利于自然天敌昆虫发生的环境条件，促进自然天敌种群增长，以加大对害虫的自然控制能力。保护利用天敌的基本措施有：帮助天敌安全越冬，如天敌越冬前在田间诱集，然后置于室内蛰伏；必要时为天敌补充食料，如种植天敌所需的蜜源植物；人工保护天敌，如采集被寄生的害虫，放在天敌保护器中，使天敌顺利羽化，飞向田间；人工助迁利用；合理用药，避免农药杀伤天敌昆虫等。农业生产中，合理安全使用农药，注意生防与化防的协调应用，是保护利用本地自然天敌昆虫的最重要措施。

②人工大量繁殖和释放天敌昆虫。在自然情况下，天敌的发展总是以害虫的发展为前提的。在很多情况下不足以控制害虫的暴发。因此，用人工饲养的方法在室内大量繁殖天敌，在害虫大发生前释放到田间或仓库中去，以补充自然天敌数量的不足，达到控害的目的就很有必要。目前国际上有130余种天敌昆虫已经商品化生产，其中主要种类为赤眼蜂、丽蚜小蜂、草蛉、瓢虫、小花蝽、捕食螨等。我国在这方面也有很多成功事例，如饲养释放赤眼蜂防治玉米螟、松毛虫、甘蔗螟虫等，在棉花仓库内释放金小蜂防治越冬

期棉红铃虫，利用草蛉防治棉蚜、棉铃虫、果树叶螨、温室白粉虱等。

③ 引进外地天敌昆虫。从国外或外地引进有效天敌昆虫来防治本地害虫，这在生物防治历史上是一种经典的方法，已有很多成功事例。如 1978 年我国从英国引进丽蚜小蜂防治温室白粉虱取得成功等。

（2）利用微生物防治害虫　又称为"以菌治虫"。这种方法较简便，效果一般比较好，已在国内外得到广泛重视和利用。引起昆虫疾病的微生物有真菌、细菌、病毒、原生动物及线虫等多种类群，目前研究较多而且已经开发应用的微生物杀虫剂主要是真菌、细菌、病毒 3 大类。

① 细菌。我国利用的昆虫病原细菌主要是苏云金杆菌（Bt），其制剂有乳剂和粉剂两种，用于防治棉花、蔬菜、果树等作物上的多种鳞翅目害虫。目前国内已成功地将苏云金杆菌的杀虫基因转入多种植物体内，培育成抗虫品种，如转基因的抗虫棉等。此外，形成商品化生产的还有乳状芽孢杆菌，主要用于防治金龟子幼虫——蛴螬。

② 真菌。我国生产和使用的真菌杀虫剂有蚜霉菌、白僵菌、绿僵菌等，应用最广泛的是白僵菌，主要用于防治鳞翅目幼虫、蛴螬、叶蝉、飞虱等。

③ 病毒。目前发现的昆虫病毒以核型多角体病毒（NPV）最多，其次为颗粒体病毒（GW）及质型多角体病毒（CPV）等。其中应用于生产的有棉铃虫、茶毛虫和斜纹夜蛾核多角体病毒，菜粉蝶和小菜蛾颗粒体病毒，松毛虫质型多角体病毒等。

此外，某些放线菌产生的抗生素对昆虫和螨类有毒杀作用，这类抗生素称为杀虫素。常见的杀虫素有阿维菌素、多杀霉素等，前者可用于防治多种害虫和害螨，后者则可用来防治抗性小菜蛾和甜菜夜蛾。

（3）利用微生物及其代谢产物防治病害　又称为"以菌治菌（病）"。植物病害的生物防治是利用对植物无害或有益的微生物来影响或抑制病原物的生存和活动，压低病原物的数量，从而控制植物病害的发生与发展。有益微生物广泛存在于土壤、植物根围和叶围等自然环境中。在生物防治中应用较多的有益微生物如细菌中的放射土壤杆菌、荧光假单胞菌和枯草芽孢杆菌等，真菌中的哈茨木霉及放线菌（主要利用其产生的抗生素）等。有益微生物主要通过以下机制发挥作用。

① 抗菌作用。指一种生物通过其代谢产物抑制或影响另一种生物的生长发育或生存的现象。这种代谢产物称为抗生素。目前农业上广泛应用的抗生素有井冈霉素和春雷霉素等。

② 竞争作用。指有益微生物在植株的有效部位定殖，与病原物争夺空间、营养、氧气和水分等的现象。如枯草芽孢杆菌占领大白菜软腐病菌的侵入位点，使后者难以侵入寄主。

③ 重寄生作用。一种病原物被另一种微生物寄生的现象称为重寄生。对植物病原物有重寄生作用的微生物很多，目前生防中利用最多的是重寄生真菌，如哈茨木霉寄生立枯丝核菌等。用木霉菌拌种可防治棉花立枯病和黄萎病等。

④ 交互保护作用。指植物在先接种一种弱致病力的微生物后不感染或少感染强致病力病原物的现象。如用番茄花叶病毒的弱毒株系接种可防治番茄花叶病毒强毒株系的侵染。

在有益微生物的应用中，一方面应充分利用自然界中已有的有益微生物，可通过适当的栽培方法和措施（如合理轮作和施用有机肥），改变土壤的营养状况和理化性状，使之有利于植物和有益微生物而不利于病原物的生长，从而提高自然界中有益微生物的数量和质量，达到减轻病害发生的目的。另一方面，可人工引入有益微生物，即将通过各种途径获得的有益微生物，经工业化大量培养或发酵，制成生防制剂后施用于植物（拌种、处理土壤或喷雾于植株），以获得防病效果。此外，利用有益微生物对病原物有抑制作用的代谢产物（即抗生素），也是植物病害生物防治的一个重要方面。

（4）利用其他有益生物防治害虫　其他有益生物包括蜘蛛、捕食螨、两栖类、爬行类、鸟类、家禽等。农田中蜘蛛有百余种，常见的有草间小黑蛛、八斑球腹蛛、三突花蛛、拟水狼蛛等。蜘蛛繁殖快、适应性强，对稻田飞虱、叶蝉及棉蚜、棉铃虫等的捕食作用明显，是农业害虫的一类重要天敌。农田中的捕食性螨类，如植绥螨、长须螨等，在果树和棉田害螨的防治中有较多应用。两栖类中的青蛙和蟾蜍，主要以昆虫及其他小动物为食，捕食的昆虫绝大多数是农业害虫。鸟类在我国约有 1 100 种，其中有一半鸟类以昆虫为食。为此，应该严禁打鸟，大力植树造林，悬挂鸟巢箱，招引益鸟栖息。此外，稻田养鸭、养鱼，养鸡食虫等都是一举两得的方法。对于其他有益生物，目前还是以保护利用为主，使其在农业生态系中充分发挥其治虫作用。

（5）利用昆虫激素和不育性防治害虫　目前研究和应用较多的昆虫激素主要是保幼激素和性外激素，后者又称性信息素。人工合成的性外激素通常叫性诱剂，其在害虫防治及测报上有很大的应用价值。我国已合成利用的有二化螟、甜菜夜蛾、斜纹夜蛾、小菜蛾、梨小食心虫、苹果小卷叶蛾、棉铃虫、玉米螟等性诱剂。在生产上，通过大量设置性诱剂诱捕器来诱杀田间害虫（诱杀法）或利用性外激素来干扰雌雄虫交配（迷向法）控制害虫。

不育性治虫是采用辐射源或化学不育剂处理昆虫（一般处理雄虫）或用杂交方法使其不育，大量释放这种不育性个体，使之与野外的自然个体交配从而使后代不育，经过多代释放，逐渐减少害虫的数量，达到防治害虫的目的。

4. 物理防治　利用各种物理因子（如光、电、色、温度、湿度等）、人工和器械防治有害生物的方法，称为物理机械防治。此法一般简便易行，成本较低，不污染环境，但有些措施费时、费工或需要一定的设备，有些方法对天敌也有影响。

（1）捕杀法　根据害虫的生活习性如群集性、假死性等，利用人工或简单的器械捕杀。如人工挖掘捕捉地老虎幼虫，振落捕杀金龟甲，用铁丝钩杀树干中的天牛幼虫等。

（2）诱杀法　利用害虫的趋性或其他习性诱集并杀灭害虫。常用方法如下。

① 灯光诱杀。利用害虫的趋光性进行诱杀。常用黑光灯或与日光灯进行诱杀，新型的如频振式杀虫灯等对害虫诱集效果比黑光灯好。

② 食饵诱杀。利用害虫趋化性诱杀，如用糖醋液诱杀黏虫、甘蓝夜蛾成虫，田间撒毒谷诱杀蝼蛄等。

③ 植物诱杀。利用某些害虫对植物取食、产卵的趋性，种植合适的植物诱杀，如在棉田种植少量玉米、高粱以诱集棉铃虫产卵，然后集中消灭。

④ 黄板诱杀。利用蚜虫、白粉虱等的趋黄习性，可在田间设置黄色粘虫板进行诱杀。

（3）汰选法　利用健全种子与被害种子在形态、大小、比重上的差异进行分离，剔除带有病虫的种子。常用的有手选、筛选、风选、盐水选等方法。

（4）温汤浸种　利用室外日光晒种能杀死潜伏其中的害虫。用开水浸烫豌豆种 25 s 或蚕豆种 30 s，然后在冷水中浸数分钟，可杀死其中的豌豆象或蚕豆象，而不影响种子发芽。

（5）阻隔法　根据害虫的生活习性，设置各种障碍物，防止病虫危害或阻止其活动、蔓延。如利用防虫网防止害虫侵害温室花卉和蔬菜，果实套袋防止病虫侵害水果，撒药带阻杀群迁的黏虫、草地螟幼虫等。

5. 化学防治　化学防治就是利用化学农药防治有害生物的方法。其优点是：防治对象广，几乎所有植物病虫草鼠均可用化学农药防治；防治效果显著，收效快，尤其能作为暴发性病虫害的急救措施，迅速消除其危害；使用方便，受地区及季节性限制小；可以大面积使用，便于机械化操作；可工业化生产、远距离运输和长期保持。因此，化学防治在综合防治中占有重要地位。

但化学防治存在的问题也很多，其中最突出的是：由于农药使用不当导致有害生物产生抗药性；对天敌及其他有益生物的杀伤，破坏了生态平衡，引起主要害虫的再猖獗和次要害虫大发生；污染环境，引起公害，威胁人类健康。

为了充分发挥化学防治的优势，逐步克服和避免存在的问题，目前，一方面要注意化学防治与其他防治方法的协调，特别是与生物防治的协调；另一方面应致力于对化学防治本身的改进，如研究开发高效、低毒、低残留并具有选择性的农药（包括非杀生性杀虫剂的研制、植物源农药的开发等），改进农药的剂型和提高施药技术水平等。

第二章
主要病虫草害

第一节　水稻主要病害

一、稻瘟病

稻瘟病是我国水稻的重要病害。上海郊区每年都有不同程度的发生，其危害程度因水稻品种、栽培技术及气候条件不同而有差异，流行年份一般减产 10%～20%，严重的达 40%～50%。水稻整个生育期都能发病，按发病时期和不同部位，可分为苗瘟、叶瘟、节瘟、穗颈瘟、枝梗瘟和谷粒瘟等。

（一）发病症状

1. 苗瘟　一般在 3 叶期前发生，初在芽和芽鞘上出现水渍状斑点，后基部变成黑褐色，并卷缩枯死，如图 2-1 所示。

2. 叶瘟　发生在 3 叶期以后的秧苗和成株的叶片上，如图 2-2所示。病斑随水稻品种和气候条件的不同，可分为 4 种类型。

（1）慢性型　又称普通型病斑。病斑呈梭形或纺锤形，边缘褐色，中央灰白色，两端具有沿叶脉伸入健部组织的褐色坏死线。天气潮湿时，病斑背部产生灰绿色霉状物。

（2）急性型　病斑暗绿色，水渍状，椭圆形或不规则形。病斑正反两面密生灰绿色霉层。此病斑多在嫩叶或感病品种上发生，它的出现是叶瘟流行的预兆。当天气转晴或经药剂防治后，可转变为慢性型病斑。

（3）白点型　田间很少发生。病斑白色或灰白色，圆形，较小。多发生在感病品种的嫩叶上，病菌侵入后恰遇天气干燥、强光照射时出现。如气候适宜，可迅速转为急性型。

图2-1 苗期苗瘟　　　　图2-2 大田水稻叶瘟

（4）褐点型　病斑为褐色小斑点，局限于叶脉之间。常发生在抗病品种和老叶上，不产生孢子。适温、高湿时，有的可转为慢性型病斑。

3. 节瘟　一般发生在剑叶下第一、第二节，病节初生黑褐色小斑点，逐渐呈环状扩展，最后整个节部变成黑褐色，易折断。

4. 穗颈瘟和枝梗瘟　发生在穗颈、穗轴和枝梗上（图2-3），对水稻产量影响最大。初期出现小的淡褐色病斑，边缘有水渍状褪绿症状。以后逐渐围绕穗颈、穗轴和枝梗向上向下扩展，最后变黑折断。早期侵害穗颈，常造成白穗；发病迟的则秕谷增加、千粒重下降、米质变劣。

5. 谷粒瘟　发病早的，病斑呈椭圆形，中部灰白色，后使整个谷粒变成暗灰色的秕谷；发病迟的，常形成不规则的黑褐色斑点。

图2-3 穗颈瘟

（二）发病规律

稻瘟病的病菌以菌丝体和分生孢子在病稻谷和病稻草上越冬，成为翌年的初侵染来源。并借助空气的流动进行传播。水稻品种抗病性差异很大，存在高抗至感病各种类型。同一品种不同生育期抗性也有差异，以 4 叶期、分蘖盛期和抽穗初期最易感病。在水稻分蘖和孕穗前期，气温在 24～30 ℃，尤其在 24～28 ℃，相对湿度 90％以上时，易引起稻瘟病严重发生。孕穗后植株抗病能力下降，遇到 20 ℃左右的气温，连续阴雨 3 d 以上，易引起穗颈瘟流行。天气时晴时雨或晒田过重，土壤太干旱或长期灌深水，或污水灌溉，或重施或过迟偏施氮肥，有利于病害流行。

（三）预测预报

1. 稻叶瘟发生趋势预测　当田间出现发病中心后，如果感病品种的稻苗生长嫩绿，天气预报将有连续阴雨或重雾，温度在 20 ℃以上，隔 7 d 左右，大田将普遍发病，10～14 d 后病情加重。但稻叶瘟是否流行蔓延，将与病斑型密切相关。如果为急性型病斑，病情会急剧加重，稻叶瘟迅速流行。

2. 稻穗瘟发生趋势预测　利用气象资料预测 根据温度、湿度（雨日、雨时、雾、露）等因子与稻穗瘟发病的关系，通过多年的资料统计分析，求出不同地区的预测式进行预测。

利用后期稻叶瘟发病率预测孕穗期稻叶瘟发病率与稻穗瘟损失率的关系比较稳定。可根据抽穗前 10 d 左右调查的植株上部 5 片叶的平均发病率与稻穗瘟损失率的关系，求出当地稻穗瘟预测式进行预测。

3. 发生程度分级指标　稻瘟病的发生程度以当地发病盛期的平均病情指数及其发生面积占种植面积的百分比例来确定。划分为 5 级，各级指标如表 2-1。

表 2 - 1　稻瘟病发生程度分级指标

级别		1 级	2 级	3 级	4 级	5 级
程度		轻发生	偏轻发生	中等发生	偏重发生	大发生
叶瘟	病情指数（I）	$I{\leqslant}3$	$3{<}I{\leqslant}5$	$5{<}I{\leqslant}10$	$10{<}I{\leqslant}20$	$I{>}20$
	该病情指数的发生面积占种植面积的%	≥90	≥10	≥10	≥10	≥10
穗瘟	病情指数（I）	$I{\leqslant}2$	$2{<}I{\leqslant}4$	$4{<}I{\leqslant}6$	$6{<}I{\leqslant}10$	$I{>}10$
	该病情指数的发生面积占种植面积的%	≥90	≥10	≥10	≥10	≥10

（四）防治方法

稻瘟病的防治应采取以栽培高产抗病品种为基础，加强肥水管理为中心，发病后及时喷药的综合防治措施。

① 选用高产抗病的品种。因地制宜地选用高产抗病品种，同时注意品种的合理布局，防止单一化种植，并注意品种的轮换、更新。

② 及时处理带病稻草。妥善处理带病的稻草、病谷壳、病区杂草等，不在秧田附近堆积带病稻草，不用病稻草作催芽覆盖物或扎秧，以免将病菌带入稻田。

③ 种子处理。选用80%乙蒜素乳油按 1∶2 000 倍配成药液浸种。

④ 加强肥水管理。氮、磷、钾合理搭配，增施有机肥，掌握"基肥足、追早肥"的原则，防止后期过量施用氮肥，注意适当增施磷、钾肥。

水稻生长前期坚持浅水勤灌，分蘖末期适时搁田，后期灌好跑马水，湿湿润润到成熟，促使稻苗壮秆旺根，以增强抗病力，减轻发病。

⑤ 药剂防治。防治苗瘟和叶瘟应掌握在发病初期用药，及时

消灭发病中心；防治穗颈瘟应在孕穗末期至破口初期施药 1 次，然后根据天气情况在齐穗期施第二次药。每 667 m² 使用 20％三环唑可湿性粉剂 100 g 或 25％咪鲜胺水剂 80～100 mL、40％稻瘟灵乳油 75～115 mL。

二、纹枯病

纹枯病俗称"花足秆"，是水稻重要病害之一。近年来由于栽培管理水平和施肥量的提高，纹枯病发生日趋严重。轻者影响谷粒灌浆；重者引起植株枯萎倒伏，不能抽穗，或抽穗不结实；严重田块减产可达五成以上。

（一）发病症状

水稻纹枯病是一种高温、高湿的病害，一般在分蘖末期开始发病，圆秆拔节到抽穗期盛发。发病初期，先在近水面的叶鞘上发生椭圆形暗绿色的水渍状病斑，以后逐渐扩大成为云纹状，中部灰白色，潮湿时变为灰绿色（图 2‑4）。病斑由下向上扩展，逐渐增多。叶上病症与叶鞘病斑相似。穗颈受害变成湿润状青黑色，严重时全穗枯死。高温高湿时，病部的菌丝在表面集结成团，先为白色，以后变成黑褐色的菌核，成熟后易脱落，掉入土中。

图 2‑4　水稻纹枯病茎秆基部症状

（二）发病规律

病菌主要以菌核在土壤中越冬，也能以菌丝体和菌核在病稻草和其他寄主残体上越冬。第二年菌核随灌水漂浮在水面上，附着于稻株上，在温度适宜时生出菌丝，侵入叶鞘，引起发病；然后病部生出的菌丝向稻株上部或邻近稻株蔓延。

高温高湿的环境下纹枯病发生严重，田间小气候在 25～32 ℃时，又遇连续阴雨，病势发展特别快。

过度密植，过多或过迟追施氮肥，水稻徒长嫩绿；灌水过深、排水不良，造成通气透光差，田间湿度大，加速菌丝的伸长和蔓延，都有利于发病。

矮秆多穗的品种因分蘖多，叶片密集，容易感病。

（三）测报方法

1. 根据菌源及病情预测　以稻田残留菌核量及前期病情调查结果，比较历年同期发病情况，参考近期气象预报，估计病害发生发展趋势，发布病害短期发生程度预报。

2. 相关回归预测　根据病害与前期温度、湿度、雨日、蒸发、日照等气象因子关系，应用多年数据资料，进行相关统计分析，推导出预测模式，发布长期、中期定性或定量预报。

3. 发生程度划分标准

大发生：发病面积占水稻面积 80％以上，病情指数大于 15。

偏重发生：发病面积占水稻种植面积 50％～80％，病情指数大于 10，小于 15。

中等发生：发病面积占水稻种植面积的 30％～50％，病情指数大于 5，小于 10。

偏轻发生：发病面积占水稻种植面积的 15％～30％，病情指数大于 2.5，小于 5。

轻发生：发病面积占水稻种植面积的 15％以下，病情指数小于 2.5。

（四）防治措施

纹枯病的防治要以农业防治为基础，特别是注意肥水管理，对有严重发病趋势的田块要使用农药保护。

① 减少菌源。稻田深耕，将病菌的菌核深埋土中，稻田整地灌水后，捞去浮渣以减少发病来源。结合积肥，铲除田边杂草，消

灭病菌的野生寄主。

②加强栽培管理。以合理密植为中心，采取相应肥水管理措施，施足基肥，根据苗情适时施追肥，增施磷钾肥；生长前期，浅水勤灌，中期适时搁田，后期干干湿湿，使水稻稳长不旺，后期不贪青、不倒伏，增强植株抗病力。

③药剂防治。一般掌握在分蘖盛期发病之初进行第一次用药，以后每隔 10 d 左右再喷 1 次，具体应根据当时天气及病情发展趋势而定。每 667 m² 可选用 15％井冈霉素 A 可溶性粉剂 70 g 或 20％井冈·蜡芽菌悬浮剂 100 g，根据水稻不同生育期对水 40～50 kg 喷雾。对于发病严重的田块，可选择 240 g/L 噻呋酰胺悬浮剂 20 mL 或 125 g/L 氟环唑悬浮剂 30～45 mL 喷雾防治。

三、稻曲病

稻曲病又称假黑稻病、绿黑稻病、青粉病等。通常在晚稻上发生，糯稻和杂交粳稻发病重于其他品种。水稻多在抽穗、扬花阶段感病，形成穗部病害，对产量影响因品种、气候条件和肥水管理等条件的不同，其发病程度有明显差异；有的年份在个别品种上发生较重，严重的发病率可达 60％以上，每穗有病谷 1～5 粒，多的可达 20～30 粒，引起较大的损失。

（一）发病症状

病菌危害稻穗上的部分谷粒，先在颖壳的合缝处露出淡黄绿色的小菌块，逐渐膨大，最后包裹全颖壳，形状比健谷大 3～4 倍，墨绿色或橄榄色，表面平滑，最后开裂（图 2-5）；表面布满墨绿色粉末（为病菌的厚垣孢子）。切开病粒，

图 2-5　稻曲病症状

中心白色，其外围分为 3 层，外层为墨绿色或橄榄色，第二层橙黄色，第三层淡黄色。

(二) 发病规律

稻曲病的侵染循环比较复杂，一般病菌以厚垣孢子附着在种子表面和落入田间越冬，菌核则落于田间越冬。第二年厚垣孢子萌发产生分生孢子，菌核萌发产生子座，子座形成子囊壳和子囊孢子，子囊孢子和分生孢子在水稻孕穗期（主要在破口前 6～10 d，即花粉母细胞减数分裂期到花粉形成期）借气流、雨、露传播进入叶鞘内侵染花器和幼颖，引起籽粒发病。初侵染来源主要是菌核产生的子囊孢子，厚垣孢子产生的分生孢子也起主要的侵染作用。

水稻生长后期过于嫩绿茂盛，开花期又遇降雨和高温，有利于病菌的发育（病菌生长适宜温度为 26～28 ℃），容易诱发此病。氮肥施得过多，或田水落干过迟，或在稻株接近成熟时叶片仍保持浓绿，则发病较重。此外，品种对发病轻重关系也较大。

(三) 预测预报

1. 预测式预测法　根据历年稻曲病稳定后的病穗率（病粒率），从水稻破口前一段时期内的温度、雨日、雨量、光照、湿度等气象因素中筛选出与稻曲病发病密切相关的因子组建预测式进行预报。

2. 经验预测法　根据当地气象部门对水稻破口前 20 d 至破口期的天气预报，结合当地水稻品种的抗性情况，综合分析，做出预报。如水稻破口前 20 d 至破口期间阴雨天气多、光照少，温度适宜，且主栽品种抗病性差，则稻曲病有重发的可能。

(四) 防治方法

① 选用抗病丰产品种。

② 避免在病田留种，发病田的秕谷及早处理，以免病菌传播。

③ 选用无病种谷；实行种谷消毒，当气温在 20 ℃ 以下时，可用 1% 硫酸铜液浸种 1～2 h，或用 2% 的福尔马林液浸种 2～3 h。

④ 在水稻破口前 6 d 左右，每 667 m² 选用 15％井冈霉素 A 可溶性粉剂 70 g 或 20％井冈·蜡芽菌悬浮剂 100 g，对水 50 kg 喷雾。对于往年发病严重的田块，可选择 75％肟菌·戊唑醇水分散粒剂 10～15 g 对水喷雾，药液重点喷在植株上部。

⑤ 加强栽培管理，注意增施磷钾肥，防止迟施、偏施氮肥；进行合理灌溉，增强水稻抗病力，防止倒伏以减轻发病。

四、恶苗病

恶苗病是上海郊区常见的水稻种传病害。受害植株一般很快就枯死，即使个别能抽穗结实，也是穗小粒少，谷粒不饱满。

(一) 发病症状

恶苗病在水稻各个生育期均可发生。

1. 种子期 受害严重的不能发芽，即便发芽，几天后也会枯死。

2. 秧田期 受害后的植株淡黄绿色，根系发育不良，分蘖少，甚至不分蘖，植株长得又细又长，约比正常植株高出 1/3（图 2-6）。

3. 大田期 移栽 1 个月左右开始出现症状，病株高而纤细，叶色淡黄绿色（图 2-7），节间加长，产生大量的不定须根，尤其是基部节更多，这是本病明显的特征。病株常在节部弯曲，使节间露出叶鞘外面，生有倒生的须根。剥开叶鞘，可见茎秆上有暗褐色的条纹病斑。以后茎秆逐渐腐烂，根部变黑，病株到孕穗期多数枯死，并在茎上产生淡红色的霉层，后期出现黑色小粒（子囊壳）。谷粒也会受害，严重的变褐色不饱满或在颖壳上产生淡红色霉层。该病的常见症状是稻株徒长，但也有呈现矮化或外观正常的现象。

(二) 发病规律

恶苗病菌以分生孢子或菌丝体在种子上越冬。播种后，病菌随着种子的萌发而繁殖，进行危害。所播稻种受机械损伤，或秧苗根部受伤严重的，插秧后发病就重。

图 2-6　恶苗病病株与健株　　　　图 2-7　田间恶苗病病株

(三) 预测预报

水稻恶苗病的预测预报，主要是根据上年秧苗期的发病情况、留种或调引种情况、种子处理以及水稻生长期间的温度等因素综合分析。如果上年发病重、调引种频繁、种子处理面不大或处理效果差，秧苗期气温适宜，则恶苗病可能发生较重。

(四) 防治方法

种子处理是防治恶苗病的重要措施。

首先应在无病田留种，选用无病种子。然后应对种子进行消毒。每 667 m² 种子用 17% 杀螟·乙蒜素可湿性粉剂 30 g 或 25% 咪鲜胺水乳剂 1.5~3 mL 配制浸种液后浸种。在日平均气温 18~20 ℃时浸种 60 h，23~25 ℃时浸种 48 h，7 月播种的假单季稻也要浸 36 h。

勿用带病的稻草覆盖秧田，特别是不能用病稻草作催芽用的保温保湿物，以免传播病害。

五、条纹叶枯病

水稻条纹叶枯病是由病毒引起，经灰飞虱传播的病毒性病害，也称"假枯心"，上海地区常年都有发生。发病严重田块产量损失达 30%以上，甚至绝收。

（一）发病症状

水稻条纹叶枯病全生育期均能发病。其典型症状是"心叶显症，老叶健康"，即水稻发病后首先在心叶上出现褪绿或黄色条斑，进一步发展至整个叶片黄化、枯死，最终造成死苗，老叶在稻株发病初期仍保持正常绿色。

水稻不同生育期发病症状不同：苗期至分蘖期，发病后心叶或心叶以下 1~2 张叶片上出现褪绿黄白斑，后扩展成与叶脉平行的黄绿色或黄白色短线条纹，条纹间仍保持绿色；分蘖期表现为心叶黄白、柔软、卷曲下垂而成"假枯心"，心叶呈黄白色（图 2-8）；分蘖至拔节期，表现为上部叶片边缘出现褪绿的黄条斑；穗小呈苍白色，穗畸形不结实。有的不能正常抽穗形成"枯孕穗"，有的即使抽出也为瘦小、畸形穗，不灌浆或灌浆不足形成"白穗"。

图 2-8　水稻条纹叶枯病

（二）发病规律

病毒在小麦、杂草及传毒介体灰飞虱若虫体内越冬。灰飞虱是条纹叶枯病的主要传毒昆虫，一旦获毒可终生经卵传毒，并在体内增殖。灰飞虱在上海地区 1 年发生 5~6 代，不带毒灰飞虱可从发病的小麦、杂草上获毒。带毒的越冬灰飞虱在 3 月上中旬羽化后，在麦田或休闲田杂草上产卵、孵化成一代若虫，于 5 月下旬羽化成一代成虫后大量转移到单季稻秧田或早栽单季稻本田危害，为水稻初侵染源，形成秧田及早栽大田第一个传毒高峰；通常间隔 15~20 d，6 月底至 7 月上旬出现第一次显症高峰。6 月中下旬，二代灰飞虱若虫和成虫一般在水稻本田刺吸传毒，形成第二次传毒高峰，并在 7 月下旬至 8 月上旬出现第二个显症高峰。三代灰飞虱成虫与若虫侵染传毒形成第三个传毒高峰，8 月中下旬出现第三次显症高峰。四代灰飞虱若虫和成虫虽然能传毒，但一般不形成发病高峰。9 月下旬天气凉爽时再繁殖一代（第五代）转移至麦田及周边杂草上越冬。水稻条纹叶枯病随灰飞虱的迁移而在水稻、小麦、杂草和灰飞虱不同代次间相互传递。

水稻的苗期到分蘖盛期最易感病，秧苗越小，感染病害的可能性越大，在水稻幼穗分化期后则很难感染并导致发病。一般移栽稻重于直播稻；早栽田块重于迟栽田块；农田环境不洁的田块发病重；过渡寄主作物多的田块发病重；稻麦共生田块发病重。

（三）预测预报

1. 发生期预测

（1）一代成虫迁入秧田高峰期　一般年份，小麦收割高峰期前后就是灰飞虱迁入秧田及早栽大田的高峰期，因此，一代灰飞虱迁入秧田高峰期，可通过预测当地二麦收割高峰期来确定。

（2）本田二、三代灰飞虱发生期　依据历期法，由一代灰飞虱成虫高峰期及产卵高峰期推算二代灰飞虱低龄若虫高峰期，依此法推算三代灰飞虱低龄若虫高峰期。

2. 发生量预测　秧田一代灰飞虱成虫发生量可根据麦田一代成虫数量进行推测。麦田一代灰飞虱虫量与秧田高峰期虫量比例系数，同一地区年度之间相对稳定。麦田面积较小的地区比例系数一般为 0.3～0.5，麦田面积较大的地区一般为 0.3～2.9。可根据麦田后期调查虫量推算迁入秧田高峰期虫量，进行一代灰飞虱发生量的中长期预报。

3. 发生程度预测　根据灰飞虱带毒率测定结果、田间发育进度与发生量调查结果，结合水稻品种抗感性，做出水稻条纹叶枯病发生程度及趋势预报。一般灰飞虱带毒率大于 3％，一代灰飞虱迁入高峰期与秧苗期比较吻合，品种又较感病，水稻条纹叶枯病流行的可能性较大，带毒率达到 12％则为大流行趋势。

4. 防治适期预报　秧田防治适期为灰飞虱迁入高峰期，可根据当地麦收高峰期，通过历期法推算。本田二、三代灰飞虱防治适期为二、三代低龄若虫高峰期，可依据历期法，由一代或二代成虫高峰期推算。

水稻条纹叶枯病发生程度分级标准如表2-2所示。

表2-2　水稻条纹叶枯病发生程度分级标准

项目		轻发生	偏轻发生	中等发生	偏重发生	大发生
分级标准		1级	2级	3级	4级	5级
每667 m² 带毒虫量（万头）	秧田	<0.40	0.40~0.60	0.61~1.00	1.01~2.00	>2.00
	大田	<0.20	0.20~0.50	0.51~1.00	1.01~2.00	>2.00
发生面积占种植面积比例（%）		<20	20~30	30~50	50~70	>70

（四）防治方法

贯彻"切断毒链，治虫控病"的防治策略，以"压低基数，重防一代"为重点，采取农业、物理、化学等综合措施，多环节地控制灰飞虱迁入稻田的数量和减少稻田的发生量，避免灰飞虱传毒危害。坚持以农业防治为基础、化学防治为主线的防治策略，充分发挥农业防治措施的作用。

1. 农业防治

① 选用抗病品种。据调查，目前大面积种植的粳稻多数不抗病，特别是优质水稻品种。不同品种的抗病性有一定差异，一般情况下抗病性的强弱顺序为籼稻＞中粳＞糯稻＞晚粳。

② 合理轮作。尽量避免稻麦茬，实施稻－蔬菜轮作。

③ 适当推迟播期。单季晚稻主栽区可结合栽培避螟，适当推迟播期，减少麦田灰飞虱向水稻田的迁入量。

④ 清除杂草。减少中间寄主，恶化食料条件。

⑤ 耕翻灭茬。小麦、油菜收获后，及早耕翻灭茬晒垡，杀灭

灰飞虱成、若虫。

2. 化学防治　由于本病是由灰飞虱传播，治虫控病是条纹叶枯病防治的有效措施。防治的最佳时间为一代成虫迁入高峰期和二代若虫盛孵高峰期。在防治对象上二代若虫的防治与一代成虫的防治同等重要。

① 冬春防治。结合小麦穗期病虫害防治，每 667 m² 加 25％吡蚜酮可湿性粉剂 25 g，对灰飞虱进行兼治。

② 药剂浸种。每 667 m² 所用稻种选用 10％吡虫啉可湿性粉剂 10 g 浸种。

③ 一代灰飞虱防治。移栽稻在水稻秧苗立针期每 667 m² 使用 25％吡蚜酮可湿性粉剂 20 g，进行第一次防治，秧苗移栽前用 25％噻嗪酮可湿性粉剂 60 g 进行第二次防治。直播稻在 1 叶 1 心期，使用 25％吡蚜酮可湿性粉剂 20 g，进行第一次防治，以后视情况进行防治。

④ 二代灰飞虱防治。二代灰飞虱是水稻大田期传毒的主要媒介，也是导致水稻拔节及孕穗期第二或第三个发病高峰的主要原因，因此抓好大田初期二代灰飞虱的防治十分重要。二代灰飞虱防治要在水稻移栽活棵后，灰飞虱卵孵高峰至低龄若虫高峰期进行防治。每 667 m² 用 30％混灭·噻嗪酮乳油 100 g 或 25％噻嗪酮可湿性粉剂 80 g、25％吡蚜酮可湿性粉剂 20 g。

对发病较重地区，在秧田、大田初期防治灰飞虱同时，配合使用防病毒药剂，提高水稻抗病能力，进一步提高控制效果。

注意同时连片用药，统防统治确保防效。

六、黑条矮缩病

水稻黑条矮缩病由病毒侵染引起，俗称矮稻。个别年份危害严重，特别是 2008 年以来在部分地区有加重危害的趋势。该病除危害水稻外，还危害大麦、小麦、玉米、高粱，以及稗、看麦娘等。

（一）发病症状

病株明显矮缩，叶色浓绿，叶片僵硬，叶背、叶鞘及茎秆的脉上常有蜡白色，后来变黑褐色的条状突起。根系为"翘胡须"状，须根粗短，黄褐色，根毛稀少。感病早的不能抽穗，早期枯死；感病迟的抽穗结实不良，穗颈缩短，剑叶较短宽。本病易与稻普通矮缩病混淆，一般以具有蜡白色突起而与后者相区别。

（二）发病规律

该病主要由水稻灰飞虱传毒，土壤、种子、病草及病汁液都不能传病。灰飞虱在病株上吸食 1 h 即可以带毒；吸食 1 d 有 60％～70％的灰飞虱带毒；吸食 3 d 以上，灰飞虱带毒率达 90％以上。但这时灰飞虱还不能传毒，必须经过 7～35 d（多数为 15～24 d）才有传毒力，通常称这段时间为病毒在虫体内的循回期。灰飞虱经过循回期后，在健全稻苗上只要吸食 30 min 就可以引起 20％的稻苗发病；吸食时间越长，稻苗发病的比例越高。健全稻苗被病毒侵染后一般需经过 15 d 左右才表现症状，这段时间叫做病毒在稻体内的潜育期。

灰飞虱不能将病毒经过卵传给后代，只有在病源植物如矮稻、矮麦上吸食后才能带毒。所以，稻黑条矮缩病是通过灰飞虱在水稻、小麦上反复转移而进行传播的。灰飞虱在上海郊区 1 年发生 5～6 代，以第五代，第六代的 3～4 龄若虫越冬。带毒的越冬灰飞虱将晚稻上的病毒传至小麦上造成矮麦；第二年，第一代灰飞虱从矮麦上获得病毒，5 月中下旬起从小麦迁飞到早稻，造成矮稻；6 月下旬、7 月中下旬，第二代、第三代分别从早稻迁入晚稻秧田和大田，传病危害；以后晚稻上的越冬灰飞虱又将病毒传至小麦上，如此循环反复。

（三）预测预报

水稻黑条矮缩病发生的轻重，取决于病源矮麦和传毒昆虫灰飞虱的数量这两个因素。其中，灰飞虱是主要的因素。一般根据灰飞虱种群基数、虫口密度和灯诱数量，结合水稻品种与生育期、气象资料和历年发生资料，分析灰飞虱发育进度以及带毒率检测，预测当年灰飞虱和水稻黑条矮缩病发生危害趋势。

1. 灰飞虱发生预测

（1）发生期预测 可通过虫态历期预测法、期距预测法和物候预测法预测。灰飞虱成虫迁移期是水稻黑条矮缩病的传毒关键期，一般大、小麦旺收期后 5～10 d，即为第一代成虫迁移盛期。早稻旺收期即为第二、三代成虫迁移盛期。

（2）发生量预测

观测区总成虫量＝上一代若虫稳定期各类型平均每公顷虫量×
（1－虫口死亡率)×（观测区寄主作物种植面积＋休闲田面积)

观测区总卵量＝总成虫量×雌成虫百分率×每头雌虫产卵量

每公顷卵量＝总卵量/分布种植寄主作物面积

每公顷存活虫量＝每公顷卵量×自然孵化率×成活率

2. 黑条矮缩病发生趋势预测 如果冬季气温较高，秋冬治虫不力，越冬虫口数量多，春季矮麦发生普遍，发病就有严重的趋势。根据上海郊区历年测报情况，如矮麦发生极少，多数田块灰飞虱在每平方米 2 头以内，少数田块少于 5 头，并且春季气温回升缓慢，灰飞虱发育进度不快，则灰飞虱不会大发生，稻矮缩病也不会流行。反之，当矮麦发生重，灰飞虱在每平方米为 10 头上下，甚至达 20 头以上，且春季气温回升早，灰飞虱发育进度快，羽化高峰出现早，那么不仅灰飞虱可能大发生，而且稻黑条矮缩病也会流行。

（四）防治方法

贯彻"切断毒链，治虫控病"的防治策略，以"压低基数，重防一代"为重点，采取农业、物理、化学等综合措施，多环节地控制灰飞虱迁入稻田的数量和减少稻田的发生量，避免灰飞虱传毒危害。

坚持以农业防治为基础、化学防治为主线的防治策略，充分发挥农业防治措施的作用。

1. 农业防治

① 选用抗病品种。不同品种的抗病性有一定差异，一般情况下抗病性的强弱顺序为籼稻＞中粳＞糯稻＞晚粳。

② 合理轮作。尽量避免稻麦茬，实施稻一蔬菜轮作。

③ 适期播种。单季晚稻主栽区可结合栽培避螟，适当推迟播期，减少麦田灰飞虱向水稻田的迁入量。

④ 清除杂草。减少中间寄主，恶化传毒飞虱的食料条件。

⑤ 耕翻灭茬。小麦、油菜收获后，及早耕翻灭茬晒垡，杀灭灰飞虱成、若虫。

2. 化学防治　由于本病是由灰飞虱传播，治虫控病是黑条矮缩病防治的有效措施。防治黑条矮缩病的最佳时间为一代成虫迁入高峰期和二代若虫盛孵高峰期。在防治对象上二代若虫的防治与一代成虫的防治同等重要。

① 冬春防治。结合小麦穗期病虫害防治，每 667 m² 加 25％吡蚜酮可湿性粉剂 20 g，对灰飞虱进行兼治。

② 药剂浸种。每 667 m² 所用稻种，可选用 10％吡虫啉可湿性粉剂 10 g。

③ 一代灰飞虱防治。移栽稻在水稻秧苗立针期每 667 m² 使用 25％吡蚜酮可湿性粉剂 20 g，进行第一次防治。秧苗移栽前用 25％噻嗪酮可湿性粉剂 40 g 进行第二次防治。直播稻在 1 叶 1 心期，使用 25％吡蚜酮可湿性粉剂 20 g，进行第一次防治，以后视情况进行防治。

④ 二代灰飞虱防治。二代灰飞虱是水稻大田期传毒的主要媒介，也是导致水稻拔节及孕穗期第二或第三个发病高峰的主要原因，因此抓好大田初期二代灰飞虱的防治十分重要。二代灰飞虱防治要在水稻移栽活棵后，灰飞虱卵孵高峰至低龄若虫高峰期进行防治。每 667 m² 用 30％混灭·噻嗪酮乳油 100 g 或 25％噻嗪酮可湿

性粉剂 80 g、25％吡蚜酮可湿性粉剂 20 g。

对发病较重地区，在秧田、大田初期防治灰飞虱同时，配合使用防病毒药剂，提高水稻抗病能力，进一步提高控制效果。注意同时连片用药，统防统治，确保防效。

七、南方水稻黑条矮缩病

该病毒于 2001 年在我国广东首次发现，2008 年被正式鉴定为南方水稻黑条矮缩病毒新种，目前全国已有湖南、江西、广东、广西、海南、浙江、福建、湖北和安徽 9 个水稻主产省（自治区）明确发生。2009 年全国发生面积约 33.3 万 hm^2，基本失收面积 6 667 hm^2。另外，该病毒不仅侵染水稻引起发病，也可侵入玉米危害，2009 年海南、广东、广西等南方玉米上出现不同程度的发病，在山东省嘉祥县玉米中也检测到了该病毒。近年来，该病害在我国南方稻区和越南发生面积迅速扩大、危害程度明显加重，尤其是 2009 年造成了多点成片田块绝收，农业生产损失巨大，对我国水稻生产安全的潜在威胁巨大。

（一）发病症状

南方水稻黑条矮缩病毒在水稻各生育期均可感病显症。秧苗期感病的稻株严重矮缩（不及正常株高 1/3），不能拔节，重病株早枯死亡；大田初期感病的稻株明显矮缩（约为正常株高 1/2），不抽穗或仅抽包颈穗；拔节期感病的稻株矮缩不明显、能抽穗，但穗型小、实粒少、粒重轻。

稻株发病症状因染病时期不同而异，但感病后的稻株局部也存在部分共性特征：一是发病稻株叶色深绿，上部叶片的叶面可见凹凸不平的皱折（多见于叶片基部）；二是病株地上数节节部有倒生须根及高节位分枝；三是病株茎秆表面有乳白色大小在 1～2 mm 的瘤状突起，手摸有明显粗糙感；四是瘤突呈蜡点状纵向排列成条形，早期乳白色，后期褐黑色；五是病瘤产生的节位，因感病时期不同而异，早期感病稻株，病瘤产生在下位节，感病时期越晚，病瘤产生的节位越高；六是感病植株根系不发达，须根少而短，严重时根系呈黄褐色。

（二）发病规律

南方水稻黑条矮缩病毒是由我国科学工作者首先发现鉴定和命名的危害农作物的病毒新种，属于斐济病毒属。该病害主要由远距离迁飞的白背飞虱持久性传毒，且在水稻各生育期均能感病受害，因此其具有流行扩散快、监测防控难、危害损失大的显著特点。据初步研究调查，水稻苗期、分蘖前期感染发病后基本绝收，拔节期发病产量损失一般50％左右，孕穗期发病产量损失约30％；玉米苗期发病可造成绝收，后期感染发病也能引起一定的产量损失。

（三）预测预报

南方水稻黑条矮缩病的发生危害与白背飞虱的虫源基数和带毒率、耕作制度、气候条件、白背飞虱迁入期与水稻敏感期的吻合度等关系密切（表2-3），生产上一般通过白背飞虱虫量和带毒率等进行预测。

表2-3 南方水稻黑条矮缩病发生程度分级指标

类型田	发生程度				
	轻发生（1级）	偏轻发生（2级）	中等发生（3级）	偏重发生（4级）	大发生（5级）
秧田	<1.0％	1.1％～3.0％	3.1％～10.0％	10.1％～20.0％	>20.0％
本田	<1.0％	1.1％～3.0％	3.1％～10.0％	10.1％～20.0％	>20.0％

注：发生程度以病丛率（％）来确定。

（四）防治方法

以农业防治为基础，"治虱防矮"为重点，应急补救为补充的防治策略。加强白背飞虱监测调查力度，及时准确测定关键传毒时期白背飞虱带毒率，为治虱防矮提供依据；抓住水稻 7 叶期前这一关键时期，做好单季稻和双季晚稻秧田和本田初期稻飞虱防治；对已发生南方水稻黑条矮缩病的病田，根据田间发病程度分别采取不同的应急补救措施。

1. 农业防治

① 选育抗病品种。目前应注意避免种植本地区上年度南方水稻黑条矮缩病重发品种。

② 推广合理施肥，适当增施磷、钾肥、加强肥水管理、提高植株抗病能力等水稻健身栽培措施。

③ 南方水稻黑条矮缩病重发地区，应适当加大播种量，合理密植，或预留备用苗，以备水稻分蘖期间田间发病时"掰蘖补苗"之需。

④ 推行集中育秧，统一病虫防治管理，培育无病壮秧。

2. 化学防治

① 种子拌种处理。拌种处理要求在种子催芽露白后用吡蚜酮有效成分 0.5 g 或高含量吡虫啉有效成分 1 g，先与少量细土或谷糠拌匀，再均匀拌 1 kg 种子（以干种子计重）播种。

② 秧苗期治虱防矮。要根据田间稻飞虱虫情监测情况，适时进行防治。经过上述药剂拌种的，秧苗移栽前 1 周要施药 1 次；没有经过拌种的，要施药 2 次，即秧苗 2 叶 1 心喷药 1 次，第二次在抛栽前 3～5 d，施药时秧田附近杂草必须同时施药。

③ 对于早稻，在分蘖期统筹兼顾安排好飞虱和其他害虫的防治，以减少当代白背飞虱带毒成虫的数量。6 月中旬，白背飞虱若虫盛发期做好大面积飞虱防治，努力压低白背飞虱迁移到中稻和晚稻秧田的虫口基数。对于中、晚稻，在移栽后 7～10 d 施用药剂 1 次。以后飞虱防治按照常年防治策略进行。

大田防治飞虱应选用高效对口药剂，如吡蚜酮、高含量吡虫啉、烯啶虫胺、噻虫嗪、噻嗪酮等药剂，要用足药剂量及药液量，确保防治效果。要交替用药延缓抗药性的产生。

3. 适时采取应急补救措施　一是对发病秧田，要及时剔除病株。二是对大田分蘖期发病株，及时直接踩入泥中，然后从健丛中掰蘖补苗，同时要加强肥水管理，促进早发。三是对发病特别严重的田块，建议及时翻耕改种下茬水稻或其他作物。

八、水稻烂秧

烂秧是水稻苗期的重要病害，它是水稻种子、幼芽和幼苗腐烂的总称，其中包括 1 叶 1 心前的烂种、烂芽及 2～3 叶期的死苗。上海郊区在种早稻时，秧苗上常有发生，危害较大。由于烂秧造成秧苗不足，影响移栽时间和栽插面积。

（一）发病症状

1. 生理性烂秧　主要由不良气候和秧田管理不好而引起。通常幼芽和幼根发生卷曲，以后转为黄褐色，病重的幼根腐烂，幼芽变褐枯死或向下弯曲成钩状。另外常见的是发生"黄枯"和"黑根"现象。

2. 病菌引起烂秧　在不良的外界环境和栽培管理不当时，秧苗生长衰弱，易遭受病菌侵害引起烂秧。病菌可以在土壤和病株残体上生活，由灌溉水和空气传播。常见有以下两种。

（1）绵腐病　病菌多在土壤和水中生活，播种后，危害秧苗，并依靠它们继续传播。发病时，先在幼芽部位出现少量乳白色胶状物，以后长出白色绵毛状物。最后常常变成泥土色或褐色、绿色等，开始时零星发生，很快向四周蔓延，严重时成块、成片死亡。

（2）立枯病　病菌在土壤或植株残体内越冬。依靠气流传播，侵害秧苗。发病时，在谷壳或秧苗颈基部，产生赤色绒毛状霉层，发病秧苗枯萎，基部腐烂，拔时易断。

（二）发病规律

水稻烂秧发生与环境有较大关系。

① 低温和缺乏氧气，使秧苗生长弱，抵抗力差，是引起烂秧的主要原因。寒流之后又逢连续阴雨、低温，秧田深水灌溉过久或

低洼地常淹水的秧苗，都容易引起烂秧。低温后转晴，温度上升，有利于病菌的繁殖，绵腐病、立枯病即迅速扩展。

②谷种质量差。催芽时，温度过高，芽过长，抵抗力降低；同时播种时易损伤，又撒不匀，常致腐烂。

③秧田位置不当，光照不足；秧田泥土过烂，整地时又未适当搁硬，容易使谷种深陷泥中；或秧板不平，低处积水妨碍幼芽的呼吸作用，高处的秧苗易遭霜冻和阳光晒伤，都可造成秧苗生长不良而引起烂秧。

④施用未腐熟的有机肥料，绿肥茬秧田翻耕过迟，或用污水灌溉作肥料，也都容易引起烂秧。这种情况，加上深水灌溉过久，土中可产生大量有毒物质，"黑根"现象就严重。

另外，有害生物如藻类大量繁殖，阻碍了秧苗的生长；红蚯蚓、锥实螺、红丝虫（稻摇蚊幼虫）等大量活动时，阻碍了种子扎根或把种子深埋土内，以及秧苗得了胡麻斑病等，都可造成秧苗的死亡。

（三）防治方法

水稻烂秧主要是因为秧苗衰弱，不能抵抗外界不良气候或病菌的侵袭。因此，培育壮秧，加强栽培管理，增强秧苗抗病能力，是预防烂秧的主要办法。

1. 预防措施

①选择避风向阳、土质好、灌溉便利、田面平整的田块作秧田。秧田整地质量高，地一定要整平，整地后适当搁硬。同时要做到秧田清洁，施用充分腐熟的肥料，避免污水灌秧，对防止烂秧有显著作用。

②播前做好选种工作，同时进行浸种催芽（80%乙蒜素乳油4 000~5 000倍液浸种2~3 d，对培育壮秧效果好）。催芽不宜过长，以免遇到恶劣天气时，容易发生烂芽；并应注意防止烧芽。芽催好后，摊开晾1 d，增强抗寒能力。

③抢寒流的冷尾暖头适时播种，使播后有3~5个晴天，利于

幼芽扎根现青。同时注意播种不宜过密，要均匀；播后进行"塌谷"，以利秧苗扎根，上面再盖上一层草木灰，既保暖又增加肥力，使种子发芽整齐，出苗快，生活力强，增强抗病力。

④ 加强秧田水浆管理，播种后 7～10 d 保持秧板湿润，促使扎根生长。以后灌"跑马水"；3 叶期后浅水勤灌。雨天排水，遇大风、雷阵雨或低温寒潮，需灌水护秧。

⑤ 早播的双季早稻采用"塑料薄膜育秧"，抢季节，早育秧，防止低温侵袭，预防由于低温引起的烂秧。

2. 急救措施

① 长期灌水秧田发生烂秧后，立即排水落干，使种子幼芽与阳光空气充分接触，促使秧苗迅速扎根。发生"黑根"为主的秧田，可采用小水勤灌，冲淡毒物，促使幼苗恢复健康。

② 药剂防治。用药前排水落干，留下一层浅水（0.5～1 cm 即可）。秧田发生绵腐病或青苔时，喷施硫酸铜或杀毒矾 1 000 倍液，或每 667 m² 施 15～25 kg 草木灰。防治立枯病，用 70% 敌磺钠可溶性粉剂 1 000 倍液，于下午 5 时后进行喷药，用药 2 d 后上水。

九、水稻白叶枯病

水稻白叶枯病是由细菌侵害引起的病害，水稻从苗期到抽穗期都会发生，但以分蘖末期至抽穗前期发病为多。水稻发病后，一般秕粒增多，危害严重则影响抽穗灌浆，造成重大损失。

（一）发病症状

水稻白叶枯病症状有以下几种类型：叶枯型、急性型、凋萎型、黄叶型。其中叶枯型是最常见的典型症状。病斑先从叶尖或叶缘发生，最初为黄绿色或暗绿色斑点，后沿叶脉扩展为长条状病斑枯死，枯死部分为黄白色或灰白色，枯死部和健全部界限明显，交界处有时显波浪状。湿度大时，病叶上分泌出蜜黄色小珠状细菌流胶，流胶的量比细菌性条斑病少。

白叶枯病与生理性叶片枯死症状容易混淆，应注意区别。区别时，除了根据病害发展情况进行判断之外，生理性病害的主要特点是叶片里不产生致病细菌。鉴别时，可在初期病斑处剪一小块叶片，放在滴有净水的载玻片上，盖上盖玻片，约停 1 min 后，在光照不太强烈处用肉眼观察，如在与叶脉垂直的切口处见有浑浊的液体不断流出，即说明叶片里有细菌；反之，就是生理性枯死。

(二) 发病规律

带菌种子、带病稻草和残留田间的病株稻桩是主要初侵染源。李氏禾等田边杂草也能传病。细菌在种子内越冬，播种后，细菌可通过幼苗的根和芽鞘侵入，引起发病。发病时，一般先出现中心病株，然后在病株上分泌包含细菌的细菌流胶（又叫菌脓），借风、雨、露水、灌溉水、昆虫、人为等因素传播。一般自分蘖末期起至抽穗阶段最易感病。

白叶枯病的发生、流行与气候、肥水管理、品种等，都有密切关系，尤其与水的关系极为密切。

① 高温高湿、多雾和台风暴雨的侵袭都能引起病害严重发生。最适宜于白叶枯病菌发病温度是 26～30 ℃，当气温高于 33 ℃或低于 20 ℃时病害发展受到抑制。由于病菌的侵染和传播与风雨、洪涝、雾露等都有关系，因此，不同年份降水量的多少和空气湿度高低，是决定发病轻重的主要原因。

② 凡灌深水或稻株受淹，发病就重，尤以拔节期以后更加明显；浸淹时间越长，次数越多，则病害越重。偏施氮肥，尤其是偏施硫酸铵、硝酸铵等都有助长发病的作用；追肥过迟、过多，稻株生长过旺的田块，病害往往也重。

③ 一般籼稻重于粳稻，矮秆阔叶品种重于高秆窄叶品种，早稻和晚稻比中稻抗病，中稻中以杂交稻易感病。

(三) 预测预报

1. 发病趋势预测　根据上年及上季水稻的病源基数，以及当季水稻的感病品种种植比例、感病生育期出现期和气象部门台风暴雨、洪涝灾害预测等，对当季水稻白叶枯病的发病趋势做出长期预报，并在洪涝、台风等灾害性天气出现期，再做出发病趋势的中、短期预报。

2. 发生期预报　当早、中稻田水测得到噬菌体量达到一定数量时，根据历年测得的噬菌体量与始病期的期距相关性，做出发生期预报。中、晚稻可根据水稻感病生育期出现期、病源基数、气象预报以及历年观测圃与各品种间的始病期出现的期距，做出中期预报。在观测圃始见发病后以及观测圃每次病情回升期，做出防治适期的短期预报。

3. 白叶枯病发生程度分级标准　病害流行预测指标为：
轻发生：发病面积占水稻面积5％以下，损失率10％以下。
中发生：发病面积占水稻面积5％～10％，损失率10％～20％。
重发生：发病面积占水稻面积10％以上，损失率20％以上。

（四）防治方法

水稻白叶枯病属于细菌性病害，发病后较难治疗，所以要加强预防措施，并辅以药剂保护，防止病害的扩散蔓延。

① 实施植物检疫。建立无病留种田，调运种子时严格执行检疫制度。

② 选种。培育抗病良种，淘汰感病品种。

③ 种子处理。用85％三氯异氰脲酸粉剂500倍液浸稻种24 h，洗净药液后催芽播种。

④ 加强栽培管理。施肥要注意氮、磷、钾的配合，基肥应以有机肥为主，后期慎用氮肥；绿肥或其他有机肥过多的田，可施用适量石灰和草木灰。要浅水勤灌，适时适度搁田，严防秧苗淹水，铲除田边杂草。这些都有减轻发病的作用。

⑤ 药剂防治。每667 m² 用20％噻菌铜悬浮剂100～130 mL对水45 kg防治。一般在淹水秧苗排水后立即用药，秧苗3叶期及移栽前各喷药1次。大田于发病初期重点防治发病中心，根据病情发

展情况，每 5～7 d 喷药 1 次，连续防治 2～3 次。

第二节 水稻主要虫害

一、二化螟

二化螟是水稻上的主要害虫，如图 2-9 所示。随着耕作制度和品种布局的改变，如杂交稻、单季晚稻和单株繁殖的种子田及茎粗、叶阔型品种扩大种植，它的发生量也有了变化，在有些地区危害程度已经超过三化螟。它还危害茭白，越冬幼虫可转害麦类、玉米、油菜和蚕豆等作物。喜在秆高、叶片宽大、叶色浓绿的植株上发生危害。

图 2-9 二化螟危害状

（一）形态特征

成虫翅展 20～25 mm，灰黄褐色，前翅长方形，淡灰褐色，外缘有 7 个小黑点（图 2-10、图 2-11）。卵块长椭圆形，卵粒作不规则鱼鳞状排列，有透明胶质覆盖。幼虫淡褐色，背面有 5 条棕褐色纵线（图 2-12）。蛹圆筒形，尾端稍尖；雌蛹腹部末端的肛孔离前方的生殖孔较远，相隔的距离是肛孔裂口长度的 2 倍以上；雄蛹腹部末端的肛孔离生殖孔较近，相隔的距离约等于肛孔裂口的长度。

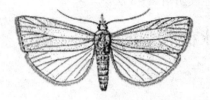

图 2-10　二化螟雌成虫

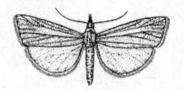

图 2-11　二化螟雄成虫

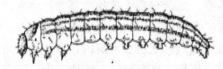

图 2-12　二化螟幼虫

（二）发生规律

二化螟的生活习性复杂。成虫产卵的部位因水稻不同生育期而变动，圆秆拔节前多产在叶片上，圆秆拔节后多产在叶鞘上。1 头雌蛾可产卵 200 多粒。蚁螟孵出后，先在叶鞘内危害。如秧苗尚小，叶鞘狭窄，则幼虫危害叶鞘的集中性不很明显。如秧苗粗壮，叶鞘很宽，则蚁螟和 2 龄初期幼虫集中在叶鞘内。蚁螟孵化后经过 7～14 d，幼虫进入 2 龄末期或 3 龄，开始蛀入稻茎，并转株危害。严重的时候，1 头幼虫能危害 8～10 株水稻。老熟幼虫在水稻茎秆内或在茎秆与叶鞘之间化蛹。

在上海郊区 1 年发生 2～3 代，以幼虫在稻草、稻桩和茭白内越冬。越冬幼虫的生活力很强，能耐旱、耐寒，在春暖后还有不少幼虫钻入小麦、油菜和蚕豆等植株内危害。因越冬场所和钻入作物补充取食的情况不同，春暖后幼虫的化蛹进度差别很大。化蛹以在茭白内的越冬幼虫最早，以后顺次为稻桩、稻草、夏熟作物等内的幼虫，堆在室内的稻草里幼虫化蛹最迟。越冬代的发蛾期很长，从 4 月下旬至 7 月中下旬，前后长达 80 d 以上，并有三四个集中发蛾的高峰日。第一代发蛾盛期在 8 月上中旬，发蛾期与越冬代的发蛾期相衔接，时常不易截然划分。

卵的历期：第一代9~11d，第二代6~7d。幼虫期30d以上。蛹期：越冬代12~16d，第一代7~8d。发生期的测报也用蛹级推算羽化日期。

水稻在不同生育期受害，出现枯鞘、枯心、枯孕穗、白穗或虫伤株。卵块孵化后，蚁螟先在叶鞘内群集危害，造成枯鞘。以后幼虫分散危害，造成枯心和虫伤株。全年中以第一代幼虫危害最重。

（三）预测预报

1. 发生期预测　二化螟的发生期，一般根据各虫态所出现的量的百分比。按16％、50％、84％分别划分为始盛、高峰、盛末三个主要发生时期。各虫态发生时期的预测可采用历期法、期距法、回归法进行。

（1）历期预测法　就是根据不同温度下的各龄幼虫历期、各级蛹的历期和产卵前期、卵的历期等，做出成虫发生期和卵块孵化期的预测。

① 成虫发生期预测。自蛹壳向前累加达到始盛、高峰、盛末的标准，即可由该龄幼虫或该级蛹到羽化的历期，推算出成虫羽化盛期、高峰、盛末期。

成虫发生始盛、高峰、盛末期＝检查日期＋达到始盛、高峰、盛末期标准的虫龄或蛹级的1/2历期＋下一虫龄或下一蛹级到羽化的历期

② 卵块孵化期预测。根据成虫发生期，产卵前期和卵的历期，推算出卵块孵化始盛、高峰、盛末期。

卵块孵化始盛、高峰、盛末期＝成虫始盛、高峰、盛末期＋产卵前期＋卵的历期

（2）期距预测法　根据上一代某一虫态发生期，预测下一代相应的虫态发生期。

下一代虫态发生期＝上一代相应虫态发生期＋常年平均期距或相似年期距

（3）回归预测法　根据上一代虫口残留量，预测下一代田间卵块密度。

观察区总虫量＝上一代残留活虫总量×（1－调查后的死亡率）

观察区总卵量＝观察区总虫数×雌虫％（一般加 50％）×每头雌蛾产卵块数

观测区平均每公顷卵块密度＝观测区总卵量÷分布面积

2. 发生程度预测　根据田间上代虫量、当代卵量系统调查结果，计算加权平均上代虫量、当代卵量，参照下表划分程度，并做出预报，见表 2-4。

表 2-4　二化螟发生程度预测分级表

发生程度	轻发生	中偏轻	中等	偏重	大发生
分级	1 级	2 级	3 级	4 级	5 级
按上代加权平均残虫量（头）	<200	200~400	401~700	701~1 000	>1 000
按当代加权平均累计卵量（块/hm²）	<900	900~1 800	1 801~2 700	2 701~4 500	>4 500

3. 防治适期预测　二化螟防治一般掌握在卵孵高峰期用药，中期预报可根据历期法推算，短期预报可根据卵块密度和孵化进度调查结果预测。

（四）防治方法

二化螟第一代幼虫危害比第二代严重，狠治第一代既能控制当代危害，又能压低第二代发生基数，所以防治上采取狠治一代、挑治二代的策略。

1. 越冬防治

① 处理有虫的稻草。二化螟危害严重的田块，稻草内有大量越冬二化螟幼虫。因此，必须在未进入发蛾盛期以前处理完有虫的稻草，决不用虫多的稻草盖屋或长期堆放。

② 浅耕灭茬，把在稻桩中越冬的二化螟幼虫消灭掉。

③ 烧毁茭白残株，铲除田边杂草，消灭越冬幼虫。

④ 适期春耕灌水，在二化螟大量化蛹期间，凡能翻耕灌水的田块，都应及时抢耕抢灌。

2. 农业防治

① 灌水灭蛹。二化螟有在茎下部近水面处化蛹的习性。在将要化蛹时结合搁田或灌水，使其化蛹部位降低。到化蛹达高峰时立即灌深水，使蛹浸在水内，保持3～4 d，可大量杀蛹。

② 适时播种，栽培避螟。在种植单季晚稻的上海地区，直播稻5月25日以后播种，移栽稻5月20日播种，6月15日后移栽，可避开80%以上的越冬成虫。

③ 及时处理早稻草。早稻要随割、随挑、随脱粒、随晒稻草。二化螟危害重的地区，早稻收割时在茎秆内有大量幼虫和蛹，应将割下的稻株立即挑出稻田，并及时脱粒，脱粒后的稻草放在烈日下翻晒，即可避免幼虫爬到邻近晚稻上危害，又可杀死蛹和幼虫；晒场爬出的幼虫，也会被鸡鸭、癞蛤蟆、蚂蚁等捕食，达到集中消灭的效果。

3. 药剂防治　二化螟越冬场所复杂，发蛾时期有先有后，每批蛾子集中产卵危害的对象田块不同。因此，必须把虫情、苗情摸透，分别进行防治。

防治枯心苗，每667 m² 选用20%甲维·毒死蜱可湿性粉剂100 g或25.5%阿维·丙溴磷乳油60～80 mL、40%毒·辛乳油150 g、20%氯虫苯甲酰胺悬浮剂10 g对水均匀喷雾。应在产卵高峰后7 d，或蚁螟孵化始盛期用药；防治虫伤株、枯孕穗和白穗，应在蚁螟孵化盛期或提前1～2 d施药。

二、三化螟

三化螟俗称钻心虫，只危害水稻，以幼虫危害，造成枯心苗和白穗，影响水稻产量。20世纪60年代以前发生量大。60年代中后期，由于单季稻改为双季稻，三熟制栽培的面积逐年扩大，三化螟因食料与生态环境的变化，发生量曾逐年减少，在纯双季稻地区降为次要害虫。在纯单季稻晚栽区，三化螟发生也相对较轻。

（一）形态特征

成虫翅展 23～28 mm，淡黄色，前翅为三角形。雌蛾前翅黄白色，中央有 1 个黑点，腹部末端在产卵前有 1 丛明显的黄褐色绒毛；雄蛾体较小，前翅淡灰褐色，翅顶有 1 条黑色斜带纹，中央有 1 个小黑点，沿外缘有 7 个小黑点。卵块椭圆形，表面盖有黄褐色绒毛，像半粒发了霉的黄豆。幼虫乳白色或淡黄绿色，背面有一条透明的纵线。蛹圆筒形；雌蛹的触角末端在前足末端之前，中足不伸出翅芽，后足伸出翅芽的长度不到腹部长度的一半；雄蛹的触角末端在前足末端之后，中足稍伸出翅芽，后足伸出翅芽很长，直到腹部末端附近。

1 龄幼虫（蚁螟）：初孵出的蚁螟，除第一腹节背面白色外，其余的都是黑色。以后头变灰棕色，身体的黑色部分渐变成灰黄色。

2 龄幼虫：在前胸和中胸交界处可以透见 1 对纺锤形的隐斑，连接在头壳的后缘上。

3 龄幼虫：在前胸背板后半部有 1 块半圆形的暗斑。

4 龄幼虫：在前胸背板后部有 1 对新月形的褐斑。头壳宽不到 1 mm。

5 龄幼虫：前胸背板与四龄幼虫相同，头壳宽度多在 1 mm 以上。

幼虫在稻茎内危害，到老熟就向下钻到稻株基部，在近地或土面下 1～2 cm 的稻茎内化蛹。化蛹前幼虫预先在稻茎上咬一羽化孔，便于成虫羽化后爬出稻茎。幼虫的化蛹进度和蛹的发育进度是当前发生期预测上的重要依据。从蛹的色泽变化，可将蛹的发育进度划分为 7 个蛹级，再根据当时不同的温度，可以推算螟蛾的羽化日期（表 2 - 5）。

表 2 - 5　三化螟蛹级的色泽区别

级别	体色	复眼色泽	翅点	雌蛹尾节
1 级	淡黄绿色	透明，眼点蓝紫色，眼表皮有褐斑	无	淡黄绿色
2 级	淡黄绿色	1/2 面淡褐色，表面褐斑大，色泽深	无	淡黄绿色
3 级	淡黄绿色，转乳白色	全呈深褐色，眼点消失	无	蜡白色
4 级	乳白色	乌黑色	无	银白色
5 级	头胸和翅基淡褐色	乌黑色，外包乳白色薄膜	不明显	银灰色
6 级	头、胸和翅基金褐色；翅芽外缘和腹部背面橘黄色；腹面渐显金色光泽	外包金色薄膜	明显	金褐色
7 级	全体金黄色，有光泽	外包金色薄膜，薄膜加厚	不明显	金褐色

（二）发生规律

成虫夜间活动，在气温达 20 ℃以上、风小而无月的夜晚，趋光性强，以上半夜扑灯的成虫最多。雌蛾喜在生长茂盛、嫩绿的稻株上产卵，在秧田内多产在叶片近尖端处，在大田内多产在叶片的中上部的反面。1 头雌蛾可产卵 1～7 块，平均 2～3 块，每块卵有 40～100 粒。初孵出的蚁螟在稻株上爬行，或吐丝下垂，随风飘到邻近的稻株上。稻苗易受蚁螟蛀入危害，造成枯心。凡稻苗处在分蘖盛期、叶色嫩绿的田块，遇上成虫盛期，受害就重。正在破口抽穗的稻株，也易受蚁螟的蛀入危害，造成白穗。如在灌浆后期受幼虫危害，就造成虫伤株。

上海地区 1 年发生 3～4 代，以老熟幼虫在田间稻桩内越冬。越冬幼虫化蛹羽化成为越冬代的蛾。各代成虫盛期是：越冬代 5 月下旬，第一代 7 月上中旬，第二代 8 月中下旬。有的年份在 9 月中旬至 10 月上旬还可出现第三代成虫的高峰，即有部分第四代幼虫发生，在幼虫阶段如遇气温高，则发育快，当代成虫日期就提早。上海郊区全年中以第三代危害最严重。

成虫羽化后，第二天开始产卵。卵的历期：第一代 11～12 d，第二、第三代平均 7～8 d，幼虫一般 4 龄，少数有 5 龄，幼虫各个龄态的发育进度可作测报上的依据。

（三）预测预报

1. 发生期预测　发生期按各虫态发育进度划分为始见期、盛发期和终见期。盛发期分为以 16％、50％、84％为始盛、高峰、盛末期。

（1）应用化蛹进度预测法　根据田间幼虫、蛹发育进度调查结果，参考气象预报，加以相应的虫态历期预测发蛾期。方法是幼虫分龄、蛹分级，计算各龄幼虫数及其占总数的百分率，然后从最高级发育级向下一次逐龄（级）累加，计算累加百分率，做出发蛾始盛期、高峰期和盛末期预报。再加上产卵前期和常年当代卵历期，即为孵化始盛、高峰和盛末期。

（2）期距预测法　积累有多年历史资料的测报站，可采用期距预测，根据当地多年的历史资料，计算出两个世代或两个虫态之间的间隔天数（即期距），计算历年期距的平均值时，还要计算这一平均值的标准差，以衡量平均数的变异大小，并找出早发、中发和迟发的期距。在环境条件变化较大时，除参考历年期距平均值外，结合选用历史上气象、苗情等相似年期距，做出预报。

2. 发生量预测

（1）计算法预测　根据虫口基数，常年始盛蛹后的死亡率，虫源田面积和下代分布田面积，卵块寄生率，以及每一有效卵块造成枯心苗（白穗）数等资料，可预测下一代蛾量、卵发生量与危害程度。计算方法如下：

观测区内总发蛾量 ＝ $\sum$（某种类型田蛹始盛期时公顷活虫数×面积）×（1－蛹始盛期后的死亡率）

观测区内总卵量＝总发蛾量×雌蛾％×每雌蛾产卵块数

$$每公顷分布田平均卵块密度（块/hm^2） = \frac{总蛾量}{分布田面积}$$

此外，如果积累有多年历史资料，可用上一代活虫密度，计算出上一世代每100头残虫产生乱块数，推算出下一代卵块发生量。方法如下：

$$每公顷分布田受虫量 = \frac{初盛蛹期活虫密度 \times 虫源田面积}{分布田面积}$$

$$每公顷分布田发生卵块数 =$$
$$\frac{每公顷分布田受虫量 \times 百头虫产生卵块数}{100}$$

（2）有效基数法预测 根据上一代有效虫口基数，推算下一代发生量和危害程度。通常采用下列公式计算：

$$卵块密度（块/hm^2） =$$
$$\frac{\sum（各类型田有效虫口基数） \times 0.5 \times 每头雌蛾产卵量}{受卵田面积}$$

（3）经验指标法预测 根据历史资料统计，找出和螟虫发生轻重有密切相关的因子，分析得出经验性预测指标，当某一因子达到某一指标时，就可分析未来的发生危害趋势。

（4）统计法预测 三化螟田间发生数量消长，与虫源基数、水稻栽培制度和品种布局、气候等密切相关。各地可根据历史资料，找到影响发生量的主导因子。通过相关显著性测试，建立回归预测式，综合分析后做出预测。

3. 三化螟发生程度分级 三代螟发生程度分级指标见表2-6。

表2-6 三化螟发生程度分级指标

分级 指标	轻发生 （1级）	偏轻发生 （2级）	中等发生 （3级）	偏重发生 （4级）	大发生 （5级）
卵块（块/hm²）	750以下	750～2 249	2 250～4 499	4 500～7 499	7 500以上
面积比例	80%以上	25%～50%	20%～50%	20%～50%	50%以上

（四）防治方法

三化螟是一种繁殖力强、危害性很大的害虫。在防治上要提高警惕，协调地采取农业防治、化学防治以及保护天敌等综合措施，以控制螟害的发生。

1. 农业防治

① 春耕灌水，压低越冬虫口基数。越冬是螟虫一年发生过程中最薄弱的环节，而越冬螟虫的数量多少又是来年螟害发生轻重的基数。因此，采取各种措施压低越冬虫口基数，对减轻来年螟虫威胁有重要作用。主要方法：一是适期春耕灌水。栽插早稻的绿肥田或冬季休闲田，要在越冬代螟蛾尚未盛发前，及时抢耕、抢灌。如能在谷雨前耕灌，可基本消灭绿肥田稻桩内的全部三化螟幼虫。元麦、大麦田和蚕豆田，应尽量做到成熟一块，收获一块，耕灌一块。二是绿肥留种田短期春灌。留种绿肥田，如果螟虫较多，可以从越冬螟虫化蛹高峰到盛末期春灌 3～4 d，水深以淹没稻桩为度，杀螟效果好，且对绿肥留种无影响。

② 种植纯双季稻地区有利于控制三化螟的发生，在一个地区内，不安排早稻、中稻和单季晚稻的混栽，可减少三化螟发生的桥梁田。

③ 通过栽培措施，调整水稻的生长发育，使水稻易受螟害的生育期避开蚁螟发生最集中的时期。利用三化螟单食性的特点纯单季稻区选择适期播种，使越冬代三化螟成虫找不到适当的产卵场所，以压低害虫基数。

④ 合理安排茬口，尽量将绿肥留种田和迟熟春花田，如小麦、油菜等安排在无螟虫或螟虫少的田里。

2. 药剂防治

（1）防治策略

单季稻栽培地区：第一代螟虫主要集中在秧田和早栽的杂交稻田块危害，有利于集中扑灭。可采用狠治一代，挑治二代，重点防三代的策略。

双季稻为主的地区：第二代集中在面积小的单季晚稻田和后季稻秧田危害，这些田块成为三化螟发生的桥梁田，有利于防治。可采用挑治第一代，狠治第二代，重点防治第三代的策略。在纯双季稻地区，后季稻秧田是唯一的桥梁田，更有利于防治。

（2）防治适期　在中等发生年份，一、二代三化螟应在卵孵盛期，三代应在水稻破口初期；在大发生年份，各代均应在卵孵始盛期，且在药后 4～5 d 须防第二次。

（3）药剂选用　每 667 m² 选用 25.5％阿维·丙溴磷 60 g，或 31％甲维·丙溴磷乳油 60 g，或 30％甲维·毒死蜱可湿性粉剂 60～80 g，根据水稻不同生育期对水 30～50 kg 喷雾。对重发生田块建议选用 20％氯虫苯甲酰胺悬浮剂 10 g，或 10％阿维·氟酰胺悬浮剂 30 mL 对水 30～50 kg 喷雾。

三、大螟

大螟又名稻蛀茎夜蛾，也是水稻和玉米上的重要害虫之一。它还危害棉花、麦类、油菜、蚕豆、向日葵和茭白等作物。

（一）形态特征

成虫灰黄色，翅展 27～30 mm，前翅长方形，从翅基到外缘有 1 条深灰褐色纵纹，如图 2-13 所示。卵块带状，排成 2～4 行，

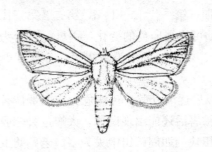

图 2-13　大螟成虫

初产时乳白色，以后逐渐变为淡黄、淡红和灰褐色。幼虫较粗大，背面淡紫红色。蛹棕色，头胸部常附有白粉，翅芽在腹面左右相接，如图2-14所示。

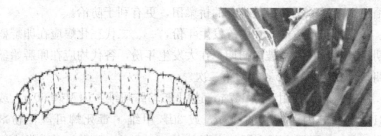

图2-14 大螟幼虫

（二）发生规律

上海郊区1年发生3～4代，以幼虫越冬。各代的发蛾盛期为：越冬代5月上中旬，第一代7月中旬，第二代8月下旬，第三代9月下旬。越冬代的发蛾期很长，从4月上旬延续到6月上旬，在水稻田外寄主如茭白、玉米等产卵危害，因而给春播玉米带来严重威胁。春玉米收获后大量转害水稻，近年来上海地区大螟比例上升很快，给水稻生产带来很大威胁。

成虫夜间活动，有趋光性，越冬代羽化的成虫扑灯较多。羽化后2～4 d内是雌蛾产卵高峰期，这期间的产卵数占总卵数的80%以上。卵多产在玉米植株基部第二、第三张叶片的叶鞘内侧，在水稻上也产在叶鞘内侧。卵的历期：第一代13～14 d，第二、第三代6～7 d。测报第一代幼虫发生期可根据卵色的变化：由乳白色变为淡黄色、由淡黄色变为淡红色、由淡红色变为灰褐色，各需3 d，此后再过1～2 d，卵块就孵化。

初孵幼虫群集危害，2龄以后逐渐分散，转株危害。玉米被害后造成枯心苗和虫伤株；水稻被害后还能出现白穗。大螟危害一般在近路边的田块发生较多，在田块的四周较田中央为多。老熟幼虫在玉米的枯叶、叶鞘和茎秆内化蛹，危害水稻的大多在近地面的叶鞘内侧化蛹。各代蛹的历期为：越冬代 25 d 左右，第一代 10～11 d，第二代 9～10 d。

（三）预测预报

根据大螟越冬后和各代防治后的残留虫口密度、幼虫和蛹发育进度、水稻栽插进度、生育状况、气候、天敌等因子，参考历史资料，进行综合分析，做出发生期、发生量的预报。

1. 发生期预测　可采用虫态历期预测法和期距预期法。可参照二化螟预测预报。

2. 发生量预测　一般可根据虫口密度、死亡率、成虫产卵量、幼虫危害状等参数，以及苗情、天气状况和天敌情况，参考历史资料，进行综合分析，预测各类型田的发生量。

（四）防治方法

在稻区种春播玉米的地方，越冬代羽化的成虫在春播玉米苗上大量产卵，后期羽化的成虫在早栽水稻上产卵，不但春播玉米受第一代幼虫危害严重，而且大大增加了以后发生的基数，使晚稻受到严重威胁。因此，必须在玉米上狠治第一代，既能保障玉米丰收，又能压低虫口基数。

① 越冬防治。结合防治三化螟、二化螟，拾毁受害严重田块的稻桩，并彻底铲除田埂和沟边杂草，消灭越冬幼虫。

② 点灯诱杀。点灯诱杀越冬代羽化的成虫。

③ 药剂防治。稻田的四周 5～6 行稻苗上易遭大螟危害，要用药剂防治。一般在卵块孵化高峰期和盛末期，各用 1 次药。每 667 ㎡ 选用 20％甲维·毒死蜱可湿性粉剂 100 g 或 25.5％阿维·丙溴磷乳油 60～80 mL、40％毒·辛乳油 150 g、20％氯虫苯甲酰胺悬浮剂 10 g。

四、稻纵卷叶螟

稻纵卷叶螟又叫稻纵卷叶虫，上海郊区俗称白叶虫。它是一种迁飞性害虫，全国许多稻区普遍发生，常造成危害，严重时造成成片白叶，是水稻上的主要害虫之一。在自然条件下，其寄主除水稻外，很难发现取食完成世代的其他植物。以幼虫吐丝纵卷叶尖危害。危害时幼虫躲在苞内取食上表皮和绿色叶肉组织，形成白色条斑（图 2 - 15），受害重的稻田一片枯白，严重影响水稻产量。

（一）形态特征

成虫翅展 12～18 mm，灰黄色，前后翅外缘均有暗灰色宽带纹，翅面有 2 条纵线，前翅在 2 条纵线中间夹一短纹，雄蛾在短纹上有瘤状毛块突起，如图 2 - 16 所示。卵较小，扁平椭圆形，初产时乳白色，将孵化时米黄色。幼虫有 5 龄，黄绿色，老熟后为橘黄色或橘红色；中、后胸背面各有 8 个毛瘤，周围有黑纹；腹部也有毛瘤，但无黑纹。蛹黄褐色后转红棕色，近羽化时带金黄色，如图 2 - 17 所示。

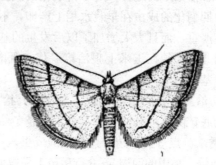

图 2 - 15　稻叶被害状　　图 2 - 16　稻纵卷叶螟雌成虫　　图 2 - 17　稻纵卷叶螟蛹

（二）发生规律

上海郊区 1 年发生 4～5 代，不能在本地越冬，初见虫源由南方迁入。第一代成虫 5 月底在早稻田产卵，到 6 月中旬田间出现零星白叶，虫量很少，一般都不防治；第二代成虫 6 月下旬至 7 月中旬由南方大量迁来，而且第二代幼虫危害盛期，正遇上早稻抽穗孕穗阶段，特别容易受害，需重点防治；但此时单季晚稻正值分蘖期，稻受害后再生补偿能力极强，除第二代幼虫大发生的年份和田块，一般可不单独施药防治；第三代成虫于7月下旬至8月中旬大量羽化，主要以本地虫源为主，但在7月下旬至8月初也可有外来虫源迁入，此时单季晚稻正值圆秆拔节期和部分早中熟品种进入幼穗分化期，后季稻处在秧田期，第三代幼虫对其危害影响很大，亦需重点防治；8月下旬至9月中旬第四代成虫盛发，以本地虫源为主，一般会大量迁出，但如此时气温较高，阴有小雨，成虫会滞留本地，并有利成虫产卵和卵的孵化，部分迟栽单季晚稻和后季稻，易受第四代幼虫危害；10月上旬第五代成虫羽化，如气温偏高，少数迟栽生长嫩绿的后季稻仍能遭到第五代幼虫的危害。但一般成虫都向外迁出。

在成虫盛期，如遇阴有小雨天气，卵粒孵化率高，往往大发生；如碰上长期高温、干燥或在卵孵盛期遇大风暴雨或几种赤眼蜂和纵卷叶螟绒茧蜂多时，则成虫量虽大，也不致造成严重危害。成虫白天停息于稻株下部或草丛，夜间活动，有趋光性。卵散产在嫩绿的稻叶上，1头雌蛾可产卵80～90粒，幼虫行动活泼，有转叶危害的习性，1头幼虫可危害3～6张叶片。在分蘖期，初孵幼虫常爬入心叶、叶鞘内啃食叶肉，形成白色斑点，2龄开始吐丝纵卷成小虫苞；而第三、第四代初孵幼虫则大多数先在老虫苞内取食，不久爬到叶尖上吐丝卷叶危害，以后逐渐下移到叶片中部做成纵卷的圆筒状单叶苞，也有极少数做成3～5叶的多叶苞，在苞内啃食叶肉，仅留表皮，形成白色条斑，严重时全叶枯白。在傍晚、阴雨天危害加重。老熟幼虫在稻丛基部枯叶或叶鞘中作薄茧化蛹，也有少数在稻叶上结苞化蛹。

（三）预测预报

1. 发生期预测

（1）世代划分法　稻纵卷叶螟遍布全国稻区，各地发生代数自北至南发生 1～11 代。为便于异地预报，以成虫为起点统一制定了全国代别发生标准。同时，为了便于省间交流和考虑各省习惯，世代划分采用"双轨制"，即标明世代，可以用中文数字标出全国统一世代，后面括号内以阿拉伯数字标出地方代，见表 2-7。

表 2-7　世代划分法

世代	起止日期（月/日）	世代	起止日期（月/日）
一	4/15 以前	五	7/21～8/20
二	4/16～5/20	六	8/21～9/20
三	5/21～6/20	七	9/21～10/31
四	6/21～7/20	八	11/1～12/10

（2）历期法　由田间赶蛾查得成虫高峰日，加上当时的产卵前期（外来虫源为主世代或峰次不加产卵前期）、卵期和 1 龄幼虫历期，预测 2 龄幼虫期。

2. 发生量预测　发生趋势预测，根据虫源地的残留量及发育进度，结合本地雨季和高空大气流场的天气预报，分析迁入虫源多少。如虫源地防治后残虫量多，羽化盛期当地气候对迁入有利，则迁入量可能偏多。

在本地虫源为主时，可根据残留量多少，分析下一代发生趋势。

根据当地历史资料，以成虫、卵、幼虫间的相关性，建立预测式。

根据田间蛾量，雨季的长短、雨日、雾露、温度、湿度情况，结合水稻生育期和长势等，进行综合分析预测。

根据卵量，考虑气候、天敌等影响因子，运用稻纵卷叶螟生命表研究成果，进行分析，做出预报。

3. 发生程度分级标准　稻纵卷叶螟发生程度分级标准见表2-8。

表 2-8 稻纵卷叶螟发生程度分级标准

发生程度	轻发生 （1级）	中等偏轻发 生（2级）	中等发生 （3级）	中等偏重发 生（4级）	大发生 （5级）
2~3龄幼虫盛期虫 口密度（万头/hm²）	<15	15~30 （不含30）	30~60 （不含60）	60~90 （不含90）	>90
该虫量面积占适生 田面积比例（%）	>90	>10	>30	>30	>30

（四）防治方法

在进行药剂防治前必须注意：天敌发生数量，尤其是稻螟赤眼蜂和稻纵卷叶螟绒茧蜂的发生量；在卵大量孵化或蚁螟阶段有否大风暴雨，雨后的幼虫量多少；在成虫盛期，如逢久旱对产卵和孵化的影响等。

药剂防治的时间：如使用化学农药，应掌握在幼虫2龄高峰期；若使用生物农药，如Bt制剂、阿维菌素系列，应在幼虫初孵期。常用的农药品种和用量：每667 m² 可用1%甲维盐可湿性粉剂100 g或0.1%阿维·苏云菌可湿性粉剂100 g、20%甲维·茚虫威悬浮剂15 mL、15%茚虫威悬浮剂16 mL、30%茚虫威水分散粒剂8~10 g。当错过防治适期或者田间害虫以高龄为主时，可用20%氯虫苯甲酰胺悬浮剂10 g，防治时要注意施药质量，用水量要足，用药时田间需保持3~5 cm薄水层4~5 d，同时防止漏治。

五、稻飞虱

稻飞虱是水稻的主要害虫，上海郊区普遍发生的有褐飞虱、灰飞虱和白背飞虱，主要危害水稻、小麦、玉米等作物，是近年来间歇性大发生的害虫，以成、若虫群集在稻株基部吸汁，分泌蜜露，诱发纹枯病、小球菌核病和烟煤病，严重时可造成水稻烂秆倒伏。灰飞虱还传播水稻、玉米和麦类的病毒病，如水稻条纹叶枯病。

（一）形态特征

稻飞虱和稻叶蝉体型小，都像微小的蝉，口成针状，成虫有半透明的翅 2 对，能跳能飞。稻飞虱的头部一般较尖，触角粗短，并在末端有 1 根刚毛，后足胫节末端内侧有粗距刺，容易与稻叶蝉相区别，见表 2 - 9、表 2 - 10 和表 2 - 11。

表 2 - 9　3 种稻飞虱成虫的主要特征

种类	褐飞虱	白背飞虱	灰飞虱
体长（mm）	雄虫：4.0 雌虫：4.5～5.0 短翅雌虫：3.8	雄虫：3.8 雌虫：4.5 短翅雌虫：4.3	雄虫：3.5 雌虫：4.0 短翅雌虫：2.6
体色	褐色、茶褐色、灰褐色	雄虫灰黑色，雌虫和短翅雌虫灰黄色	雄虫灰黑色，雌虫黄褐色或黄色、短翅雌虫淡黄色
主要特征	雄虫：小盾片黑褐色 雌虫：茶褐色 短翅雌虫：小盾片黄褐色 短翅雄虫：小盾片深褐色	雄虫：小盾片中间淡黄色，两侧黑色 雌虫：小盾片中间姜黄色，两侧黑褐色 短翅雌虫：小盾片中间黄白色，两侧淡灰色	雄虫：小盾片黑色 雌虫：小盾片中间黄褐色，两侧各有半月形黑褐色斑 1 个 短翅雌虫：小盾片黑色 短翅雌虫：小盾片中间豆浆色，两侧各有半月形淡褐色斑 1 个

表 2 - 10　3 种稻飞虱卵的主要特征

种类	褐飞虱	白背飞虱	灰飞虱
形状	初、前期丝瓜形，中、后期弯弓形	初、前期新月形，中、后期尖辣椒形	初、前期香蕉形，中、后期长茄子形
颜色	初、前期淡黄褐色，中、后期锈黄形	初、前期乳白色，中、后期淡黄形	初、前期乳白色，中、后期淡黄形
排列方式	前部单行，后部挤成双行	前、后部都是单行	前部单行，后部挤成双行

（续）

种类	褐飞虱	白背飞虱	灰飞虱
产卵痕中卵帽露出程度	和产卵痕相平，细看像小方块	不露出，外面看不出卵帽	稍露出，细看像鱼子

表 2-11　3 种稻飞虱若虫的主要特征

种类	褐飞虱	白背飞虱	灰飞虱
1 龄	腹背黑褐色，中间镶嵌 1 个淡色 T 形斑纹，无翅芽	腹背灰褐色，各节间和中线淡色，无翅芽	腹背乳白色或豆浆色，斑纹不明显，无翅芽
2 龄	腹背淡黄褐色，第三、四节两侧各有 1 对乳白色斑纹，无翅芽	腹背灰褐色，第三、四节淡褐色，无翅芽	腹背黄白色，两侧淡灰褐色，斑纹较模糊，无翅芽
3 龄	腹背黄褐色，第三、四节两侧斑纹扩大，变成白色，5～7 节各有几个 "△" 形深黄色斑纹，翅芽较明显	腹背灰黑色，第三、四节两侧各有 1 对乳白色斑纹，无翅芽	腹背黄褐色，两侧深灰褐色，第三、四节两侧各有 1 个淡褐色 "八" 形斑纹，翅芽较明显
4 龄	同上，斑纹清楚，翅芽明显	同上，斑纹清楚，翅芽明显	同上，斑纹清楚，翅芽明显
5 龄	同上，斑纹清楚，翅芽最明显	同上，斑纹清楚，翅芽最明显	同上，斑纹清楚，翅芽最明显

　　三种稻飞虱都有长翅型和短翅型两种成虫，长翅型成虫能飞，能扑灯，能迁移；短翅型成虫不能作长距离迁飞，不能扑灯但产卵多，如图 2-18 所示。

　　一般成虫羽化后 3～5 d 开始产卵，7～10 d 内产卵达到高峰，一生可产卵 200～600 粒。卵多立在叶鞘肥厚部分的脉间，少数产在叶片基部中脉两侧的脉间；外留短线状产卵痕，初为水渍状暗绿

长翅型成虫　　　　短翅型雌成虫　　　　短翅型、长翅型

图 2-18　褐飞虱

色，渐变淡黄色，最后为深褐色，剥开产卵痕，可见成条状排列"卵条"。一般有卵 10～20 粒，卵粒颜色变化可分四期：初期乳白色，中期出现黄斑，后期侧看有红点，末期红点变红斑。

（二）发生规律

1. 褐飞虱　褐飞虱是一种迁飞性害虫，在上海地区不能越冬，1 年在本地发生 4～5 代，初见虫源由南方迁飞而来。危害水稻盛期在 8～10 月。第一代成虫于 5 月下旬迁入，主要危害秧苗和早播的直播稻。第二代成虫于 6 月下旬至 7 月上旬迁入稻田产卵，7 月中旬第三代若虫进入孵化盛期，常和白背飞虱混合发生。8 月中下旬第四代若虫大量孵化，这时中稻正在抽穗前后，单季晚稻正值拔节孕穗期，虫量增多，危害加重。9 月下旬第五代若虫大量孵化，此时单季晚稻和后季稻进入乳熟期，虫量激增，对水稻威胁很大。10 月中旬第五代成虫羽化，陆续向外迁出。

长翅型成虫具趋光性，闷热夜晚扑灯更多。成、若虫一般栖息于阴湿的稻丛下部。成虫喜产卵在抽穗扬花期的水稻上，产卵期长，有明显的世代重叠现象。卵多产于叶鞘中央肥厚部分，少数产在稻茎、穗颈和叶片基部中脉内。每头雌虫一般产卵 300～700 粒，短翅型成虫产卵量比长翅型多。

褐飞虱喜温暖高湿的气候条件，在相对湿度 80％以上，气温 20～30 ℃时，生长发育良好，尤其以 26～28 ℃最为适宜，温度过高、过低及湿度过低，不利于生长发育，尤以高温干旱影响更大，故夏秋多雨，盛夏不热，晚秋暖和，则有利于褐飞虱的发生危害。

2. 白背飞虱　近年来发生数量明显上升，在上海郊区也不能越冬，初见虫源由南方迁飞而来。1 年在本地发生 4～5 代。6 月下旬迁入稻田。7 月上中旬第二代若虫大量孵化，可造成大量危害，7 月下旬至 8 月上旬，第二代成虫羽化，8 月中下旬第三代若虫大量孵化，9 月上旬第三代成虫羽化，9 月下旬第四代若虫大量孵化，10 月中下旬第四代成虫羽化，并陆续外迁，同时伴有第五代若虫，稻收获后均死亡。

白背飞虱对温度的适应范围比褐飞虱广，在 15～30 ℃范围内都能正常生长发育，凡夏初多雨，盛夏干旱，发生危害较重。

3. 灰飞虱　灰飞虱在上海地区一般 1 年发生 5～6 代。越冬灰飞虱在 3 月上中旬羽化后，在麦田或休闲田杂草上产卵、孵化成一代若虫，于 5 月下旬至 6 月上旬羽化成一代成虫后大量转移到单季稻秧田或早栽单季稻本田危害，6 月下旬至 7 月上旬，二代灰飞虱成虫羽化，9 月下旬天气凉爽时再繁殖一代（第五代）转移至麦田及周边杂草上越冬。

冬春田间有小麦有利于灰飞虱越冬危害；免耕栽培有利于提高灰飞虱种群基数。冬季气候干燥有利于灰飞虱安全越冬，夏季雨水偏多，气温偏低有利于灰飞虱发育繁殖。

（三）预测预报

根据灯下、田间系统调查结果，结合历年当地稻飞虱发生情况，对稻飞虱发生期、发生量和防治适期进行预报。

1. 发生期预测　根据灯下成虫消长情况，结合水稻生育期和田间虫、卵发育进度系统调查结果，用历期法分别对稻飞虱产卵高峰期、孵化高峰期、3 龄若虫盛期、成虫高峰期进行预期。

若虫盛孵高峰期＝成虫高峰期＋成虫产卵前期＋卵发育历期

3龄若虫盛期＝若虫盛孵高峰期＋1～2龄若虫发育历期

成虫高峰期＝3龄若虫盛期＋4～5龄若虫发育历期

下代产卵高峰期＝田间成虫高峰期＋成虫产卵前期

2. 发生量预测 根据田间虫量、卵量系统调查结果，计算各类型田加权平均虫、卵量，参照表2－12划分发生程度，并做出预测预报。

表2－12 稻飞虱发生量预测

发生程度级别	1级	2级	3级	4级	5级
	轻发生	偏轻发生	中等发生	偏重发生	大发生
危害损失率（%）	<1	1.1～3	3.1～5	5.1～7	>7
加权平均百丛虫量（头）	≤250	251～700	701～1 200	1 201～1 600	>1 600

3. 防治适期预测 主害代的防治适期，应掌握在低龄若虫高峰期用药防治。根据主害代的上一代田间各虫态比率，用发育历期推算低龄若虫盛期，做出防治适期预测预报。

（四）防治方法

防治策略是治上代，压下代，及早控制在露头阶段，控制后期暴发。第一阶段在7月上中旬，把白背飞虱控制在第二代2龄若虫前，控制当代危害，防止第三代暴发。第二阶段在8月上中旬，把褐飞虱控制在第三代2龄若虫前，控制当代危害，减少四代发生量；同时兼治第三代稻纵卷叶螟初龄幼虫，达到一药多治。第三阶段在8月下旬至9月上旬主治第四代褐飞虱，兼治第三代三化螟。

1. 农业防治 加强肥水管理，减轻危害。如：浅水勤灌，不深水漫灌，不长期积水；适时搁田，控制无效分蘖，防止倒伏；合理施肥，防止前期披叶，后期猛发迟熟。

2. 药剂防治 对稻飞虱的防治适期应掌握在若虫孵化高峰至2

龄盛期。

每 667 m² 可选用 25％吡蚜酮可湿性粉剂 20 g 或 25％吡蚜酮悬浮剂 20 mL、30％混灭·噻嗪酮乳油 100～120 mL、50％烯啶虫胺水分散粒剂 8 g，对水 50 kg 喷雾。

六、稻苞虫

稻苞虫在上海郊区主要是直纹稻苞虫、直纹稻弄蝶，又称一字纹稻苞虫，以沿海芦苇多的新开垦的稻区发生数量较多。幼虫卷叶成苞，危害叶片，影响产量。

（一）形态特征

成虫翅展 36～40 mm，是黑褐色的蝴蝶，触角棒状，末端有小钩；前翅有 8 个白斑，排成半圆形；后翅有 4 个白斑，排成一直线。卵半球形，初产时乳白色，后为褐色，将孵化时为紫黑色。幼虫有 5 龄，初孵化时灰黑色，以后变成青绿色，纺锤形，头部有 W 形褐纹，老熟时第四至第七腹节两侧各有 1 块白色蜡质分泌物。蛹淡黄褐色，将羽化时紫黑色，表面常附有白粉。

（二）发生规律

稻苞虫 1 年发生 4～5 代，以幼虫或蛹在田边、河沟边的茭白、芦苇、李氏禾等杂草上结苞越冬。上海郊区危害严重的是第三代（7 月下旬至 8 月上旬），主要是单季晚稻受害。倘若 6～7 月高温而且时晴时雨，则危害更重。成虫白天活动，喜食棉花、瓜类、芝麻、向日葵、大豆等植物的花蜜。卵多散产在嫩绿的稻叶背面，1 片叶上有卵 1～2 粒，多时 6～7 粒。1 头雌虫可产卵约 120 粒。1～2 龄幼虫多在叶尖或边缘纵卷成单叶苞，3 龄后能卷成多叶苞，白天在苞内取食危害，晚上或阴雨天外出危害，叶片被害成缺刻，危害严重时稻叶被吃光。老熟幼虫在稻丛基部作薄茧化蛹，或在新结的叶苞内化蛹。

（三）预测预报

利用成虫嗜食花蜜习性，重点测报站可设置花圃诱集成虫。花圃内选种引诱力强的植物，如千日红、马缨丹、芝麻等。群众性测报在 2、3 代成虫发生期，选当地开花的蜜源植物，如棉花、瓜类等，在成虫白天活动时间内，每天定时观察 0.5～1 h 内飞翔成虫数，以成虫出现高峰期加产卵高峰前期，再加卵和 1～2 龄幼虫历期，预测幼虫防治适期。

花圃中成虫出现高峰至田间产卵高峰的期距，6 月下旬 4～5 d，7 月下旬为 2 d，8 月中下旬为 3～6 d。

（四）防治方法

1. 农业防治 压低越冬虫源，结合冬季积肥，铲除田边、沟边、塘边杂草及茭白残株，压低越冬幼虫或蛹的基数。

2. 生物防治 从成虫产卵始盛期起，释放拟澳洲赤眼蜂，每次 1 万～2 万头，连续 3～4 次。或每 667 m² 用杀螟杆菌 100 g，对水 40～50 kg 喷雾。

3. 药剂防治 可结合稻纵卷叶螟防治进行兼治，但若发生期与稻纵卷叶螟错开时要进行单独防治。药剂可每 667 m² 选用 16000IU/mL 的 Bt 可湿性粉剂 100～200 g，或 5％甲维盐水分散粒剂 18～20 g，或 1％甲维盐可湿性粉剂 100 g，或 30％甲维·毒死蜱可湿性粉剂 60～80 g，或 25％阿维·毒死蜱乳油对水 30～50 kg 喷雾。

药剂防治应掌握在幼虫 3 龄前，田间受害稻叶开始出现少数多叶苞时进行。傍晚用药效果较好。

七、稻叶蝉

稻叶蝉又称稻叶跳虫，俗称浮尘子。危害水稻的主要是黑尾叶蝉，其次还有大青叶蝉和电光叶蝉等。黑尾叶蝉除危害水稻外，还危害麦类等作物，并能传播水稻普通矮缩病和黄矮病。

（一）形态特征

稻叶蝉的头部一般较平直，触角细短，从基部向末端渐细，形如刚毛，后足胫节末端的内侧无粗刺，容易与稻飞虱相区别。

黑尾叶蝉成虫连翅体长 4.5～6 mm，黄绿至鲜黄色，雄虫较小，翅端黑色；雌虫翅端淡褐色。卵块条状，产于叶鞘边缘组织内侧。卵粒香蕉形。若虫黄绿色。

（二）发生规律

上海郊区 1 年发生 5 代，世代重叠，以若虫和成虫在河边、沟边的看麦娘、李氏禾等杂草及紫云英上越冬。3～4 月羽化为成虫，在麦田及杂草上繁殖一代，第二代起即迁入稻田危害。成虫有趋光性，扑灯能力很强，白天栖息在稻株下部，早晚到叶片上取食，受惊动后，横行或斜走甚至飞逃。一头雌虫可产卵 200 粒，产卵部位高低与稻田水层密切相关，水深则产卵部位高。初孵若虫有群集稻茎下部危害的习性。

成虫和若虫均以口针插入稻叶或叶鞘组织内吸取汁液。受害严重时，每丛稻上可群集数十头至数百头。被害稻苗茎下部变黑，上部枯萎而死，状似火烧；抽穗灌浆期的稻株被害后，稻秆下部组织破坏，造成倒伏，谷粒不饱满，对产量影响很大。

另外，还有二点黑尾叶蝉、四点叶蝉、黄褐角顶叶蝉、白翅叶蝉、黄绿短头叶蝉、光绿菱纹姬叶蝉、稻叶蝉、紫叶蝉、黑带田叶蝉、电光叶蝉和大青叶蝉等，要仔细辨别，认准主要危害种类，及时用药防治。

（三）预测预报

1. 发生期预测　可用虫态历期预测法、期距预测法和稻叶蝉类迁移盛期预测。稻叶蝉类种群第一次迁移期预测，主要根据越冬后种群基数调查，结合虫态分析，一般羽化率达 80％后 1 周即为迁移高峰期。迁移数量还受气温影响，日平均气温 17 ℃以上才大量迁移。第二次迁移期预测,即为第二、三代成虫羽化迁移期,一般为早稻黄熟期。

2. 发生量预测

(1)全年发生趋势预测 根据越冬后种群基数、气象情报分析。凡越冬后基数大,冬、春气温偏高,尤其 3～4 月气温较高,雨量较少,田间产卵量大,药剂防效差,成活率和转化率高,以及 7～8 月干旱,则预示全年有大发生趋势。

(2)早稻发生趋势预测 根据越冬后虫口基数调查,推测早稻秧田虫口密度。凡越冬后基数大,羽化盛期气温高,且雨日、雨量少,则早稻秧田的成虫密度高。结合年份之间进行比较分析,可做出早稻秧苗期发生趋势预测。

(3)晚稻发生趋势预测 晚稻前期是主害期,可根据早稻收割前稻叶蝉虫口密度,推测晚稻大田初期虫口密度,结合历年测报资料和气象预报进行趋势预报。

(四)防治方法

1. 农业防治 选用抗(耐)虫水稻品种,进行科学肥水管理,创造不利于叶蝉孳生繁殖的生态条件。结合冬春积肥铲除田边杂草,减少越冬虫源。

2. 生物防治 保护利用好天敌,控制其发生危害。

3. 药剂防治 根据水稻品种类型和叶蝉发生情况,采取重点防治主害代低龄若虫高峰期的防治对策,或结合飞虱的防治进行兼治。

药剂可每 667 m^2 选用 25％噻嗪酮可湿性粉剂 60～80 g 或 10％醚菊酯悬浮剂 50～60 mL、30％混灭・噻嗪酮乳油 100～120 mL、50％烯啶虫胺可溶性粒剂 8～12 g、20％烯啶虫胺水剂 20～30 mL。注意轮换用药,延缓抗性的产生。

八、稻象甲

稻象甲又称水稻象鼻虫。主要危害水稻,有时也危害棉花等作物,是直播稻生长前期的主要害虫之一。

（一）形态特征

成虫暗褐至黑色，密生灰黄至黄褐色毛。喙细长，略向下弯。前胸背板有许多小刻点，两侧有黄毛形成的纵条。鞘翅近末端有一个灰白斑点。卵圆形，初产时乳白色，后变淡黄色，半透明。老熟幼虫体白色肥胖，弯曲多横皱，无足。

（二）发生规律

上海郊区 1 年发生 1 代，主要以幼虫在土面以下的稻根中越冬。成虫在 4～6 月出现。成虫有假死性，趋光性不强。能游水，白天躲在稻丛间、叶背和残留麦秸、土缝等处，黄昏开始活动；产卵时，于稻茎上距土表 3.3 cm 左右处咬一个小孔产卵，每孔有卵 2～10 粒。幼虫孵出后沿稻茎入土，以水稻须根为食料，一丛稻根中多的有几十头幼虫，被害水稻叶尖发黄，甚至谷粒空秕或不能抽穗。幼虫老熟后作土室化蛹，成虫食秧苗茎叶，被害心叶抽出后出现排孔，甚至造成断茎或断叶。

近年稻象甲回升的主要原因是与推广免耕种麦，双季改单季晚稻和直播种植水稻等栽培措施有关。

（三）预测预报

1. 发生期预测 可采用期距法，也可根据历年灯下诱虫高峰期（日）与本田成虫盛发期的相关性，预测田间越冬代成虫高峰期，或根据早稻田成熟前排水后天数与化蛹羽化进度的相关性预测田间第一代成虫发生期。

2. 发生量预测

（1）有效基数推测法 根据春季春耕前成虫密度和一代成虫转化率调查，按下面公式推算早、晚稻田成虫密度。

早稻田成虫（头/hm²）＝观察区春耕前各冬作类型田每公顷

成虫量×各类型田总面积÷早稻面

积×春耕前到移栽后成虫减少率

晚稻田成虫（头/hm²）＝观测区幼虫稳定期每公顷虫量×早稻成虫转化率×成虫羽化至晚稻本田初期成虫存活率

（2）回归相关法

① 越冬代成虫预测。可根据年份间或春季翻耕前草把成虫诱虫量与早稻移栽后5～7 d田间调查的实际成虫量的相关性建立的预测模型预测，或根据灯下成虫诱集量与田间实际成虫发生量的相关性建立预测式进行预测。

② 第一代成虫预测。根据各地年份间或田块间早稻田后期幼虫密度与晚稻移栽后成虫密度的相关性建立观测式进行预测。

（四）防治方法

1. 农业防治

① 减少虫源。实行深耕轮换和减少免耕种植，减少越冬虫源。

② 灌水灭蛹。麦收后及早灌水，耕翻灭蛹。

③ 甜物诱捕。用糖醋液（酒：水：糖：醋＝1：2：3：4加适量的90%晶体敌百虫）浸渍草把诱杀成虫。

2. 药剂防治　在成虫盛发期、水稻叶被害在10%或株断苗（茎）率在1%时进行，施药前灌深水，用药后排水。药剂防治可用90%晶体敌百虫2 000倍液，或10%吡虫啉可湿性粉剂2 000倍液喷雾，也可用吡虫啉浸、拌稻种，不但能杀死稻象甲成虫，对预防稻蓟马也有明显作用。

九、稻蓟马

水稻蓟马在上海郊区主要有稻蓟马、稻管蓟马两种，是水稻秧苗和分蘖期主要害虫。除危害水稻外，还危害麦、玉米、烟草等。

（一）形态特征

蓟马一生要经过成虫、卵、若虫三个虫态；若虫共 4 龄，3

龄、4龄若虫有翅芽，不取食，称为前蛹和蛹。

1. 稻蓟马　成虫体长1.2～1.3 mm，黑褐色。卵肾脏形，散产于叶脉间表皮下，用肉眼直接检查稻叶，只能见到针头大小的白色圆点，对光透视，为乳黄色，半透明状，边缘清晰；孵化后，卵痕轮廓不清晰，为白色透明状。若虫初孵时乳白色；2龄若虫体色乳白到淡黄，腹内可透见绿色食物，无单眼和翅芽；3龄若虫有较短的翅芽，触角有时向两边分开；4龄触角折向头后，翅芽伸长达腹部第七节，出现在3个单眼。

2. 稻管蓟马　成虫体长2 mm，腹部末端管状。卵白色，短椭圆形，后期稍带黄色，似透明状，产于植物组织表面或颖壳间。若虫身体淡黄色或橘黄色。

（二）发生规律

上海郊区1年发生12代左右，以成虫越冬；越冬寄主有旱熟禾、李氏禾、茭白、慈姑、小麦、大麦、看麦娘等。稻蓟马常营孤雌生殖，有较强的趋嫩绿性，喜在嫩绿的稻苗上产卵。开始在2叶期稻苗上产卵，3叶期卵量突增，以3～5叶期卵虫量最多，10叶以后，组织老健，卵量明显下降。分蘖期的稻株心叶下第一、第二叶，特别是第二叶上产卵最多；圆秆后，以第一叶产卵最多。被害叶叶尖枯黄卷缩，渐而全叶枯焦，严重时，成片秧苗枯焦，如火燎状。在穗期还会潜入颖壳危害，造成秕谷

（三）预测预报

1. 发生量预测　稻蓟马发生量及危害程度的趋势估测，主要看早春及水稻生育期间的气候条件，其次是稻田外的寄主覆盖面。3月中下旬至4月气温回升早，旬平均气温高于常年，有利于越冬代成虫活动、产卵和繁殖，增加早春虫源的累积；游草等早发的寄主植物分布面广，则预示早稻秧田和本田有较大的虫源基础。5～6月气温偏高，23～25 ℃时间长，且多阴雨日，预示发生量大；反之，则发生量偏少。6月下旬至7月上中旬，气温偏低，少日照，

多阴雨，会导致晚稻秧苗和单季中、晚稻的发生量增加。7～8 月高温、干旱明显，预示轻发。

2. 发生期预测

① 秧田查到成虫高峰日后，按当地气温下的卵历期，推算卵孵高峰期，参考秧苗叶龄，预报各类型秧田的防治适期。

② 本田查到卷叶株率达 5％以上，初卷叶尖平均每叶总虫量 4～5 头时，应根据历史资料，估计防治类型田和适期，发出预报，指导防治。

（四）防治方法

1. 农业防治　避免水稻早、中、晚混栽，以减少稻蓟马的繁殖桥梁田和辗转危害的机会；结合冬春积肥，铲除田边、沟边杂草，消灭越冬虫源；栽插后加强管理，促苗早发，适时晒田、搁田，提高植株耐虫能力。

2. 药剂防治　对水稻蓟马的防治，应根据苗情、虫情，主攻若虫，药打盛孵的原则。但对杂交稻的秧田、大田和后季稻田则药打成虫盛发期为宜。

秧田一般以卷叶率达到 10％～15％、百株总虫量为 100～200 头时打药；大田一般以卷叶株率达 20％～30％、百株虫量为 200～300 头时，即进行防治。

药剂可每 667 m^2 选用 90％晶体敌百虫 20～30 g 或 10％吡虫啉可湿性粉剂 15～20 g、50％马拉硫磷乳油 30～40 mL 倍液喷雾。此外，对受害秧苗及时增施速效肥，可帮助恢复生长。

第三节　麦类、油菜主要病虫害

一、麦类赤霉病

赤霉病俗称烂麦穗头，是上海地区麦类最主要的病害。本病严重影响小麦的产量和面粉质量，而且人、畜吃了病麦，还会引起中毒，出现头昏、呕吐、腹泻等症状；怀孕母畜中毒后会引起流产。

（一）发病症状

此病自小麦苗期到穗期都有发生。可引起苗枯、基腐、穗腐和秆腐等症状，其中以穗腐危害最大。

1. 苗枯　幼苗受害后芽鞘与根变褐枯死。

2. 基腐（脚腐）　从幼苗出土到成熟都可能发生。初期茎基变褐软腐，以后凹缩，最后麦株枯萎死亡。

3. 穗腐　发病初期，在麦壳上或小穗基部出现小的水渍状淡褐色病斑，逐渐扩大成枯黄色。以后病部生出一层黏胶状的粉红色霉（分生孢子）（图2-19）；末期出现黑色小粒（子囊壳）。麦穗得病后，造成麦粒干瘪，严重时全穗枯腐。

图2-19　麦类赤霉病症状

4. 秆腐　初期剑叶的叶鞘基部变成棕褐色，接着扩展到节部，以后上面长出一层红霉。病株易被风吹断。

（二）发病规律

病菌以菌丝体或子囊壳在土表的稻桩、玉米等残株及种子上越冬。带菌种子播种后，引起麦苗发病。春天，大量病菌（子囊孢子）从稻桩等残株上飞散出来，主要侵害正在扬花灌浆的麦穗，以后，在病麦上不断繁殖病菌（分生孢子），借风、雨传播，继续侵害健康的麦株。

①小麦在开花灌浆阶段，碰上病菌大量发生，同时天气闷热、连续阴雨、潮湿多雾，这是病害流行的主要原因。

②地势低、开沟排水不良的田块，田间湿度大，有利于病菌繁殖。氮肥施用过多或过迟，使小麦贪青徒长倒伏，抽穗成熟期延迟，都可使病害加重。

③ 如播种期过迟，抽穗成熟期晚，最易感病的开花灌浆期碰上病害流行季节，往往发病严重。

（三）预测预报

1. 长期预测 如上年 7、8 月份均温低于 26 ℃，9、10 月份总降水量大于 200 mm，水稻、玉米秸秆带菌率大于 5%，晚播麦面积占 15%，小麦长势旺，天气预报 3～5 月降水量高于常年，则可预报赤霉病将严重流行。最晚在小麦抽穗前 1 个月，对发生趋势做出的估计，以作为制订防治方案、准备防治药械的依据。

2. 中期预测 4 月中旬初小麦抽穗前做出。如 4 月上中旬雨日 6 d 以上，平均相对湿度大于 70%，水稻、玉米秸秆带菌率大于 15%，子囊壳成熟早，天气预报 4 月下旬至 5 月中旬降水量在 13 d 以上，并有 3 d 以上连阴雨日，降水量大于 100 mm，相对湿度大于 80%，可预报赤霉病将严重流行。

3. 短期预测和校正预测 防治活动前 3～10 d 做出的预报，对中期预报作校正，确定防治田及防治时间。一般于 4 月下旬根据子囊壳成熟指数及空中孢子捕捉数量、小麦抽穗扬花进度进行分析预报。如果雨量大，或 10 d 内雨日超过 5 d，立即发出严重发生的预报，迅速进行分类防治。

根据近期天气和病情，做出校正短期预报，以指导第二次防治。

4. 发生程度分级指标 小麦赤霉病发生程度以当地最终的病穗率为主要指标、参考发病面积比率确定。发生程度划分为 5 级，即轻发生（1 级）、偏轻发生（2 级）、中等发生（3 级）、偏重发生（4 级）、大发生（5 级），各级指标见表 2 - 13。

（四）防治方法

本病在防治上要贯彻农业防治为基础，药剂保护穗部为重点，结合控制菌源等综合防病措施。

1. 农业防治 开沟排水，降低地下水位，达到雨停无积水；开春后要及时清理沟系，这是防治赤霉病的重要措施。

表 2 - 13 小麦赤霉病发生程度分级指标

指标	1 级	2 级	3 级	4 级	5 级
程度	轻发生	偏轻发生	中等发生	偏重发生	大发生
病穗率（X,％）	$0.1 < X \leqslant 10$	$10 < X \leqslant 20$	$20 < X \leqslant 30$	$30 < X \leqslant 40$	$X > 40$
发病面积比率（Y,％）（参考指标）	$Y > 30$	$Y > 30$	$Y > 30$	$Y > 30$	$Y > 30$

适时早播，合理施肥，达到"冬壮、早发、早熟"，可以减少发病。

选用早熟丰产抗病品种；播种前进行选种、种子消毒工作。

深耕灭茬，结合治螟拾除稻桩、玉米秸等前茬残株，及时烧毁或沤肥。

2. 药剂防治 一般喷药 2 次保护穗部。第一次在扬花初期，第二次在第一次喷后 1 周。喷药次数和先后可以根据天气、苗情、病情而决定。喷药期往往是雨多病重的时候，这时要抢雨停间隙打药，细雨照常防治（可适当提高浓度）。

药剂可每 667 m² 选用 25％多·酮可湿性粉剂 100～160 g 或 50％多菌灵可湿性粉剂 100～150 g、25％氰烯菌酯悬浮剂 100～200 mL，对水 75 kg 喷雾。

二、麦类白粉病

麦类白粉病是一种常见病害。1981 年上海郊区小麦白粉病大发生，造成严重减产，轻病田产量损失 10％～20％，重病田损失 30％～50％。

（一）发病症状

该病主要危害叶片，严重时，叶鞘、茎秆及穗部也会发生。

发病初期叶片上出现白色霉点，逐渐扩大成圆形或椭圆形的病斑，上面长出白粉状的霉层（分生孢子），以后变成灰白色至淡褐色。后期在霉层中散生黑色小粒（子囊壳）。最后病叶逐渐变黄褐色而枯死。

（二）发病规律

病菌以子囊壳在被害残株上越冬。春天，放出大量病菌（子囊孢子）侵害麦苗。以后在被害植株上大量繁殖病菌（分生孢子），借风传播再次侵害健株。

病害一般在温度 5～25 ℃均能发展，但以 20 ℃左右发展最快；湿度较高，有利病害发展；25 ℃以上时，病情开始抑制。如低温高湿或施氮肥过多，磷钾肥不足，使麦株生长过旺，麦株过密、通风透光不良，容易发病。

（三）预测预报

1. 长期预测　根据越夏、越冬（上年发病程度）或秋苗及早春发病早迟、发病程度，冬季的气候状况，感病品种的栽培面积和作物长势，结合天气预报综合分析预测。如果上年发病重，秋苗或早春发病早且重，冬季和早春气温较常年偏高，感病品种面积大于50％，肥水条件好，小麦长势旺，长期预测 4 月份阴雨日多，气温正常偏高，则可预报白粉病将发生重；反之则发生轻。

2. 中期预测　根据春季发病早迟及病情上升快慢，3 月天气状况及气象预报 4 月的雨量、气温情况，感病品种面积大小和小麦长势等分析预测。如果春季发病较早，病情上升快，3 月份稳定通过10 ℃的时间偏早，阴雨日较多，雨量适中，日照少；感病品种大面积连片种植，小麦长势旺，田间通风透光条件差，则可预测病害流行；反之偏轻。

3. 短期预测　小麦发病后，特别是拔节至孕穗期的病情增长速度快，期间温、湿度又有利发病，此后天气预报 4 月下旬至 5 月上旬阴雨高湿（相对湿度 70％以上），无大于 25 ℃的连续高温天气，小麦长势较嫩，田间荫蔽，白粉病将大流行。

4. 发生程度分级指标 小麦白粉病的发生程度以当地发病盛期的平均病情指数来确定，划分为 5 级（表 2 - 14）。

表 2 - 14 小麦白粉病发生程度分级指标

指标	1	2	3	4	5
程度	轻发生	偏轻发生	中等发生	偏重发生	大发生
病情指数（I）	$I \leqslant 10$	$10 < I \leqslant 20$	$20 < I \leqslant 30$	$30 < I \leqslant 40$	$I > 40$

（四）防治方法

1. 农业防治 选用丰产抗病品种。结合深耕，深埋病株残体。合理密植；合理施肥，注意氮、磷、钾的配合，使植株生长健壮，提高抗病力。

2. 药剂防治 每 667 m² 用 25％三唑酮可湿性粉剂 30～35 g 或 12.5％腈菌唑 1 500 倍液、12.5％烯唑醇可湿性粉剂 5 000 倍液喷雾，连喷 2～3 次。也可结合赤霉病的防治进行兼治。

三、麦类纹枯病

麦类纹枯病俗称花秆病、白穗头，是 20 世纪 80 年代后期发展起来的一种麦类病害，发病严重的田块减产二成以上。

（一）发病症状

小麦的各个生育期均可受纹枯病菌侵害，分别造成烂芽、病苗、死苗、花秆烂茎、枯孕穗和枯白穗等不同危害症状。

1. 烂芽 小麦发芽后受病菌侵染，芽鞘变褐，烂芽枯死。

2. 病苗 麦苗 3 叶以后，基部叶鞘发病，出现椭圆形褐色病斑，有坏死线，叶片失水枯死，严重的病苗不抽新叶而死。

3. 花秆烂茎 麦苗拔节，叶鞘上病斑扩展到茎秆，有明显的云纹状斑纹，同时蔓延到节间，引起茎壁失水坏死。

4. 枯孕穗或枯白穗　由于花秆烂茎，主茎和分蘖常不能抽穗成为枯孕穗。即使抽穗，终因得不到必要的养分、水分，最后造成枯白穗。

（二）发病规律

小麦纹枯病是一种担子菌引起的病害，土壤中的菌核、病残株是病害的初次侵染来源。常年发病重的田块，田间遗留菌核多，发病重。感病品种和早播麦发病重。冬季气温高，有利病菌侵染；春季温湿度偏高，病情升期提早；降雨持续期长，病情严重。密植、多肥、杂草多的麦田发病重。

田间病害的发展，大致可分为秋苗发病期（3 叶期后，病株率增加），春季发展期（返青后至 5 月上旬，病株率迅速增高，病菌侵茎，病情加重）和夏季平稳期（5 月中旬后病情稳定）。

（三）预测预报

主要根据本地区品种布局、栽培肥水条件、小麦播期、越冬菌源（秋苗病情）、冬春气候因素及病情增长速度、主要感病危害阶段（拔节到抽穗期）的气象预报等综合分析预报。

1. 长期预报　于小麦返青前进行。根据菌源基数（上年发病程度）、稻麦连作年限及当年所占比例，冬麦播种期、秋冬苗期病情、气温及春季长期预报等做出发生趋势预测。若上年秋苗发病重，稻麦连作面积大（占 50％以上），播种期正常偏早，秋冬温暖，天气预报春季气温回升快，雨日多，湿度大，病害有可能流行；反之则轻。

2. 中短期预报　在 3 月上中旬进行。可根据早春病情，气温回升情况，病情增长速度，小麦长势，结合中短期天气预报综合分析预测。若早春发病重，气温回升快（10 ℃以上），小麦长势好，病情发展迅速，气象预报 3、4 月份雨水偏多，光照不足，病害将大流行；反之则轻发生。

3. 发生程度分级指标　小麦纹枯病发生程度以当地发病高峰期平均病情指数表示，划分为 5 级（表 2－15）。

表 2－15　小麦纹枯病发生程度分级指标

指标	1 级	2 级	3 级	4 级	5 级
程度	轻发生	偏轻发生	中等发生	偏重发生	大发生
病情指数（I）	$I \leqslant 5$	$5 < I \leqslant 15$	$15 < I \leqslant 25$	$25 < I \leqslant 35$	$I > 35$

（四）防治措施

1. 农业防治　选用抗病品种；施足基肥，及时除草。

2. 药剂防治

（1）种子处理　用 2％戊唑醇拌种剂 10～15 g，加少量水调成糊状液体与 10 kg 麦种混匀，晾干后播种；或用种子重量 0.15％～0.2％的 20％三唑酮。

（2）大田防治　小麦返青后拔节期是药剂防治小麦纹枯病最关键时期。病株率达 15％～20％时，用第一次药，隔 7～10 d 视病情用第二次药。药剂可每 667 m² 选用 5％井冈霉素水剂 100～150 mL。

四、小麦锈病

锈病俗称黄疸病、雄黄病。小麦发病后轻者麦粒不饱满，重者麦株枯死，不能抽穗。锈病包括秆锈、叶锈和条锈 3 种。上海地区以秆锈为主，其次为叶锈。

（一）发病症状

锈病主要危害植株叶片和叶鞘，严重时可侵染穗部。3 种锈病田间发病症状各有特点。"条锈成行叶锈乱，秆锈是个短褐条"，这是区别 3 种锈病的口诀。详细比较见表 2－16。

表 2-16　条锈、叶锈和秆锈的识别

项　目	种　　类		
	条　锈	叶　锈	秆　锈
发生时期	最　早	较　晚	晚
发生部位	叶片为主，叶鞘、茎及穗上也有	叶片为主，极少在叶鞘	秆和叶鞘为主，叶及穗上也有
症状（夏孢子堆）	最小，卵圆形，黄色，排列成行，被害部撕裂不明显	大小中等，近圆形，橘红色，排列散乱，被害部撕裂一圈	最大，短条形，锈褐色，排列散乱，被害部大片撕裂

（二）发病规律

病菌（主要以夏孢子和菌丝体）在小麦和禾本科杂草上越夏和越冬。越夏病菌可以使秋苗发病。开春后，越冬病菌（夏孢子）直接侵害小麦，或者靠气流从远方传来病菌，使本地区小麦发病。以后，病菌在病麦上不断繁殖，多次侵害小麦，造成病害流行。

锈病发生轻重与品种有密切关系，易感品种与迟熟的品种发病重。冬季温暖，早春温度回升早，连续多雨，是造成病害流行的重要原因；如后期高温，秆锈会特别严重。栽培上，地势低湿、排水不良，偏施氮肥或追肥过迟，都会加重病情的发生与发展。

（三）预测预报

主要根据本地或异地菌源量、本地区病害流行关键因素，如抗病性品种布局，结合当地气象预报等进行综合分析，预测发生程度和发生期。

1. 冬前预测　根据秋苗发病普遍程度、感病品种种植面积，主要越冬区气温和降雪条件及第二年 3～5 月降雨情况的气象预报，经过专家会商，进行综合分析，在年底之前完成第二年锈病流行程度的预测。

2. 早春预测　根据主要越冬区锈病冬季发展情况（即春季菌

源量），主产麦区感病品种种植面积，春季气温稳定回升的快慢和降水条件，进行当年锈病春季流行程度的预报。

3. 发生程度分级指标　小麦锈病发生程度以普查田块的加权平均病情指数为主要指标，以地区内的病田率为参考指标确定。发生程度划分为5级，即轻发生（1级）、偏轻发生（2级）、中等发生（3级）、偏重发生（4级）、大发生（5级），各级指标见表2-17。

表 2-17　小麦锈病发生程度分级指标

指标	1级	2级	3级	4级	5级
程度	轻发生	偏轻发生	中等发生	偏重发生	大发生
病情指数（I）	$0.001<I\leqslant5$	$5<I\leqslant10$	$10<I\leqslant20$	$20<I\leqslant30$	$I>30$

（四）防治方法

防治锈病，必须采取选用抗病、耐病或避病品种，紧密配合栽培及药剂防治等一系列综合措施，才能达到控制病害、减轻危害的目的。

1. 农业防治

① 选用抗病早熟丰产品种。

② 加强田间管理。铲除杂草，结合冬季施肥浇施河泥浆，把秋苗病叶埋入土中，减少田间菌源。做好开沟排水和清沟、理沟工作，降低田间湿度。施足基肥，早施追肥，增施磷、钾肥。在分蘖到拔节期追施草木灰、钾肥，在拔节到抽穗期喷施磷肥，增强植株抗病能力。

2. 药剂防治　小麦孕穗到开花期加强田间普查，如发现病害有扩展流行趋势，即开始用药防治，每7～10 d喷1次，共喷2～3次，每667 m² 喷液75～100 kg。药剂可每667 m² 选用25%三唑酮可湿性粉剂50 g或125 g/L氟环唑悬浮剂45～60 mL。也可用有效浓度为种子重量0.1%的2%戊唑醇湿拌种剂拌种。

五、大麦条纹病

大麦条纹病是大麦常见的种传病害，是我国大麦重要病害之一，在大麦栽培区多有发生，尤以长江流域发生普遍，重病田块植株死亡率可达 20％以上。主要危害叶片和叶鞘，茎上偶有发生，严重时造成植株枯死。

（一）发病症状

幼苗叶片上初生淡黄色小点或短小条纹，后随叶片长大，病斑逐渐扩展。至分蘖期，发展成为黄色细长条纹或断续相连的条纹，从叶片基部延伸到叶尖，与叶脉平行。部分幼苗心叶变灰白色而枯死。拔节以后叶片上的条纹由黄色变褐色，大多数老病斑中部黄褐色，边缘黑褐色，有的周围有黄晕。叶片可沿条纹开裂，呈褴褛状，高湿时条纹上生灰黑色霉状物。最后病叶干枯、纵裂、萎蔫或脱落，常引起全株枯死。叶鞘和茎秆上的条纹较小，产生分生孢子数量也较少。病株通常生长矮小，多数不能抽穗，偶有抽穗多为畸形弯曲，不结实或结实不饱满。

（二）发病规律

大麦条纹病病原菌的休眠菌丝潜伏在种子内外，可以长期存活。播种后，随着大麦种子发芽生长，病原菌的休眠菌丝也萌发，长出芽管侵入幼芽。以后病原菌的菌丝体随植株生长而系统侵染，相继进入叶片，沿着叶脉扩展蔓延形成长条形病斑。以后病原菌又进入穗部，造成病穗不能抽出或畸形。到大病后期，病部产生大量分生孢子，随风雨传播，降落到正在扬花的健穗上，随即萌发为菌丝，侵入麦粒的种皮内，或进入到内颖与种子之间，造成种子带菌，外观无异常。残留在病体中的病原菌，经过一段时间后，多丧失生活力，不能侵染下一季大麦。

大麦种子带菌传病。春大麦早播或冬大麦晚播，播种时地温低，以及土壤湿度高，都有利于条纹病侵染。土温 5～10 ℃ 最适于发病。大麦生长期多雨低温有利于发病。此外，大麦抽穗开花期雨多露重，有利于病菌分生孢子的发生、传播和侵入，增加种子带菌率。

（三）预测预报

播种期的土壤温、湿度条件与病害发生关系密切。播种时地温低、湿度高，利于病菌侵染。春大麦早播或冬大麦晚播，生长前期气温低，湿度大发病重。适宜发病的土温为 5～10 ℃，11～15 ℃ 时发病显著减轻，20 ℃ 以上发病极少或不发病。多雨、高温有利于发病。此外，大麦扬花期间，多雨雾天气则有利于病菌分生孢子的传播和对花器的侵入，增加种子带菌率。

（四）防治方法

种子带菌是病害唯一的初侵染源，因此应重点抓好种子处理。

1. 种子处理 用 10% 二硫氰基甲烷乳油种子量的 0.03% 商品药拌种。方法是将药剂加清水稀释成 120～150 倍液，搅拌均匀后，用喷雾器均匀喷洒在大麦种上，边喷边拌。拌匀后待药液被种子吸干后在室堆闷麦种 8 h，即可播种。

2. 田间防治 常发病麦田可在发病初期喷施杀菌剂。药剂可选用多菌灵、丙环唑等。大麦抽穗后喷药，可降低种子带菌率。

3. 使用无病良种 建立大麦无病留种田，种植抗病品种，繁育无病种子。播种前精选种子，选择籽粒饱满，生活力强，发芽率高的种子。

4. 栽培措施合理 冬麦适当早播，春麦适当迟播，适当浅播以加速麦苗出土。播种前晒种 1～2 d，做好开沟排水工作，降低土壤湿度，提高土温，以提高发芽率和增强发芽势，减少病菌侵染机会。适期播种，以避免出苗期间遭遇低温，施足基肥，培育壮苗。

六、小麦腥黑穗病

小麦腥黑穗病又称腥乌麦、黑麦、黑疸，专门危害小麦。病菌致病力强，传染性极大。一旦发生，不仅造成小麦减产，而且还因病菌产生有毒物质三甲胺的污染而降低面粉品质，使面粉不堪食用。如将混有大量菌瘿和病菌孢子的麦粒作饲料，则会引起禽、畜中毒。

（一）发病症状

小麦腥黑穗病主要危害小麦穗部。罹病小麦抽穗以后，才能看到发病的症状。

感病小麦株高较健株矮，分蘖稍多。病穗稍短且直，颜色较深，初为灰绿，后为灰黄。小麦成熟时，病穗比健穗短，颖片张开，露出灰黑色或灰白色的菌瘿，外面有一层灰色薄膜，用手指微压容易破裂，散出黑色粉末（即病菌厚垣孢子）。破裂散出含有三甲胺鱼腥味的气体，故称腥黑穗病。

（二）发病规律

该病的病原主要有网腥黑穗病菌和光腥黑穗病菌两种。通常情况下病粒不破裂。脱粒时，病粒薄膜破裂，病菌（厚垣孢子）四散飞出，附着在种子表面越冬，也可在土内或粪肥中越冬。病菌传播有 3 种方式，即种子带菌，粪肥带菌和土壤带菌，远距离传播的重要途径是种子带菌。播种后种子发芽时，厚垣孢子也随即萌发，侵入麦苗，最后危害穗部。调运带病种子是传播病害的主要方式。其次，带有病菌的麦糠、麦秆喂家畜或沤肥后，把畜粪和肥料施在小麦田里也能传病。

小麦腥黑穗病菌的厚垣孢子能在水中萌发，有机肥浸出液对其萌发有刺激作用。萌发适温 $16\sim20\ ℃$，病菌侵入麦苗最适温度为 $9\sim12\ ℃$。播种时如果温度较低（$5\sim12\ ℃$）会增加病菌侵染的机会。因病菌只能侵入未出土的幼芽，所以播种越深，出土越慢，发病就重。一般含水量 40％左右的土壤、黏性土、腐殖质含量高的土壤有利于病害侵染。地下害虫发生重的田块，会加重病害发生。

（三）防治方法

1. 加强检疫　做好产地检疫，禁止将未经检疫且带有小麦腥黑穗病的种子调入未发生区，对来自疫区的收割机要进行严格的消毒处理。

2. 种子处理　种子处理是防治本病的重要措施。一是冷浸日晒，在伏天于清晨 5～6 时将麦种浸在清水里，5 h 后取出薄摊猛晒，并经常翻动。二是药剂拌种。常年发病较重地区用 2％戊唑醇拌种剂 10～15 g，加少量水调成糊状液体与 10 kg 麦种混匀，晾干后播种。也可用种子重量 0.15％～0.2％的 20％三唑酮或 0.2％的 40％福美双、0.2％的 50％多菌灵、0.2％的 70％甲基硫菌灵等药剂拌种和焖种。

3. 处理带菌粪肥　在以粪肥传染为主的地区，还可通过处理带菌粪肥进行防治。对带菌粪肥加入油粕或青草保持湿润，堆积 1 个月后再施到地里，或与种子隔离施用。

4. 栽培措施　春麦不宜播种过早，冬麦不宜播种过迟，播种不宜过深。及时更新品种，一般做到 3～5 年的品种更换，可有效控制小麦腥黑穗病的发生。

七、小麦矮缩病

小麦矮缩病是小麦上的几种病毒病的统称。个别年份危害严重。除危害麦类外，还危害水稻、玉米等。矮缩病的种类很多，常见的有黑条矮缩病和条纹叶枯病两种，另有一种黄矮病，也有发生。

（一）发病症状

1. 黑条矮缩病　传病（传毒）媒介是灰飞虱。病株矮化，分蘖增多，叶色浓绿，叶质粗硬，有的轻微扭转，心叶多有锯齿状缺裂，大麦叶片、叶鞘上蜡白色突起条斑较为明显。后期发病的，抽穗迟而小，穗颈缩在叶鞘内，结实不良。

2. 条纹叶枯病 传病媒介是灰飞虱。病株矮化不显著，分蘖减少，心叶伸长，不展开，淡黄白色，有时卷曲干枯。叶片沿叶脉处出现黄白色斑纹。麦株黄绿似缺肥状，轻病株能抽穗，重病株不能抽穗或结实不良，后期提早枯死。

3. 黄矮病 由麦蚜传毒，仅危害麦类。拔节期开始出现症状，孕穗到抽穗期盛发。植株矮化，叶片发黄，直立，叶质硬而厚。一般大麦受害重于小麦。

（二）发病规律

矮缩病是由于小麦感染病毒而发生的。病毒主要由昆虫（灰飞虱等）进行传播。如黑条矮缩病、条纹叶枯病，带毒灰飞虱危害水稻后，到麦上过冬时，把病毒传到小麦上，引起发病。以后，由这些昆虫的后代不断传毒，使病害扩展蔓延。麦熟后，灰飞虱又把病毒带到稻田，危害水稻。灰飞虱虫口密度是决定发病多少的最重要因素，特别对秋苗发病影响最大，因苗小容易感病。另外，施肥不当，肥力不足或耕作粗放，杂草丛生的麦田发病也重。

（三）预测预报

根据灰飞虱带毒情况、早播和套种小麦面积比例，以及品种抗病性和天气情况，预报灰飞虱发生趋势。一般年份，灰飞虱自然带毒率在 35％以上，田间毒源多，早播及作物田中套种小麦面积大的年份，矮缩病将大流行；灰飞虱自然带毒率在 20％～30％，田间毒源较多，有较多早搏或秋作物田中套种小麦的面积大，矮缩病将偏重流行；灰飞虱自然带毒率在 10％～20％，田间毒源较少，早播及作物田中套种小麦的面积较少的年份，矮缩病将中度流行；灰飞虱自然带毒率在 10％以下，田间毒源少，早播及作物田中套种小麦的面积少的年份，矮缩病将轻度流行。

(四) 防治方法

1. 农业防治 选用抗、耐病品种。合理施肥,施足基肥,早施追肥,提高植株抗病力。

2. 综防灭虫控病

① 水稻收割后,立即用药消灭集中在田埂四周的灰飞虱。结合冬季施肥,浇施河泥浆,粘杀传毒昆虫。

② 深耕灭茬,减少传毒昆虫的越冬场所。

③ 以黄矮病为主的地区,应着重做好灭蚜工作(具体方法同麦蚜防治)。

具体防治方法详见"水稻主要虫害"中关于稻飞虱的防治。

八、油菜菌核病

油菜菌核病又称菌核软腐病,是上海郊区油菜的主要病害,发生普遍,危害严重,影响油菜的产量和质量,已成为油菜持续增产的主要障碍。本病除危害油菜外,还可危害大白菜、甘蓝、马铃薯、番茄等多种蔬菜。

(一) 发病症状

病菌早期多侵害基部叶柄。叶柄受害,通常在近地面叶柄的两侧或与泥土接触的部分首先发病,病斑黄褐色或暗褐色,有时有不明显的轮纹,上有灰白色霉层(菌丝),严重时会造成基腐。以后病菌可侵害叶片、茎秆及花瓣等。但多数是花瓣受害后落到叶片上引起叶片发病,先出现圆形水渍状病斑,后变青褐色,有时生有轮纹,并在上面生出灰白色霉层。病叶腐烂后搭附到茎上而引起茎秆发病。病茎起初出现淡褐色水渍状病斑,后转为灰白色。湿度大时,病部软腐,表面生有白霉。干燥后,表皮破裂像麻丝,病秆常易被风吹倒。病部以上的枝叶,凋萎变黄,病茎内部被破坏,腐烂成空心,并生有白霉及黑色鼠粪状菌核(图 2-20)。果荚受害后,褪色变白，种子瘦瘪，内生细小菌核。

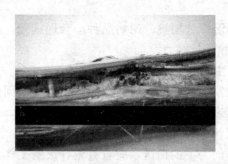

图 2-20　油菜菌核病症状（茎秆内菌核）

（二）发病规律

病菌主要以菌核散落在土中或混杂在种子、肥料中越夏和越冬。在 3～4 月，气候温暖潮湿，菌核大量萌发，产生子囊盘，放出大量病菌（子囊孢子），随风传播，侵害油菜。

上海郊区 3～4 月气温较高，雨水较多的年份，发病往往较重。尤其是在油菜谢花盛期，如遇高温多雨天气，再加以上两个条件的配合，病害就有流行的可能。连作田菌核残留量多，中耕培土等工作不及时，利于病菌生长繁殖。排水不良，种植过密，施氮肥不当，油菜生长过旺、倒伏等情况下，田间通风透光差、湿度大，也有利于病菌繁殖。油菜早春遭受冻害，抗病力减弱，容易发病。

（三）预测预报

1. 子囊盘萌发盛期的确定　累计 100 粒菌核或旱作连茬系统调查田查得的子囊盘数量占全季节子囊盘总数的 20％和 80％出现的日期，分别为子囊盘萌发的始盛和盛末期，两者之间即为子囊盘萌发盛期。

2. 发生流行程度划分标准　以两个调查日之间的日均茎病株率和病情指数增加值为病害流行速率，而最终发生程度则主要以最后一次调查的茎病株率和病情指数为划分标准。

3. 发生程度与发生期预测

（1）中、长期预测　茎病株率与上年 12 月的降水量及当年 2 月的日均温呈现正相关。最终病情指数也与上年 12 月降水量呈正相关关系。各地结合本地实测资料进行回归分析，做出中、长期预测。

（2）短期预测　菌核病发生流行程度主要受花荚期雨日、雨量影响最大。若油菜花荚期雨日多、雨量大，且时段均匀，则当年病害大流行，反之则轻发生。各地可根据当地气象预报，对当年的病害流行程度做出短期预报。

油菜菌核病严重度分级标准：

1 级：1/3 以下分枝数发病或主茎病斑不超过 3 cm。

2 级：1/3～2/3 分枝数发病或发病分枝数在 1/3 以下及主茎病斑超过 3 cm。

3 级：2/3 以上分枝数发病或发病分枝数在 2/3 以下及主茎中、下部病斑 3 cm 以上。

（四）防治方法

防治本病应以农业防治为重点，抓紧花期药剂防治。

1. 农业防治　选育早熟、高产、抗病品种，使谢花盛期与病菌孢子主要传播期尽量错开而达到防病目的，是防治油菜菌核病的根本措施。

开深沟排水，做到雨停不积水，以降低地下水位和田间湿度。

深耕深翻、深埋菌核；及时中耕松土（特别是 3 月下旬至 4 月上旬），破坏子囊盘，减少菌源，并促进油菜生长健壮，提高抗病力。

有计划地实行与小麦轮作和水旱轮作，避免连作。因菌核长期淹水容易腐烂，可减少菌源。采用高畦栽培和"宽窄行"栽种，有利通风透光，便于操作管理，提高植株抗逆力。

合理施肥，达到"冬壮春发"，稳长不旺，提高抗病力。浇施河泥能压埋菌核，有抑制发病的作用。

2. 药剂防治　初花到盛花期每 667 m² 用 50％多菌灵可湿性粉

剂 150 g 对水均匀喷雾，或 50％菌核净可湿性粉剂 1500 倍液，或
25％咪鲜胺乳油 40～50 mL，或 50％腐霉利可湿性粉剂 1 500 倍
液。施药时应注意喷在油菜中、下部茎、叶上（特别是主茎上），
以提高防治效果。对感病品种和长势过旺的田块应在第一次施药后
的 7 d 左右，施第二次药。

九、油菜霜霉病

油菜霜霉病在上海郊区发生普遍，自苗期到开花结荚期都有发
生，危害叶、茎、花和果，影响菜籽的产量和质量。

（一）发病症状

病叶初期在正面出现淡绿色小斑，逐渐扩大变成多角形或不规
则形，同时颜色由黄绿褪成黄色，一般在相应的背面长出白色霜霉
层（孢囊梗和孢子囊）。其后病斑变为褐色，严重受害的病叶整片
变黄，甚至干枯早落。

（二）发病规律

病菌主要以卵孢子、菌丝体在土壤中及病株残体内越夏、越
冬。在温度适宜时，病菌即侵害油菜，以后，在病株上产生大量病
菌，借风、雨传播，反复侵染危害。

低温、多湿适宜病菌的萌发和侵入，高温、多湿适宜病菌的发
展。因此，春季时寒时暖、多阴雨，或施氮肥偏多，及地势低洼、
排水不良的田块发病就重。

（三）预测预报

1. 发生期预报　田间从少数中心病株向四周蔓延，形成发病
中心，而后病情发展加快。田间发现中心病株时及时发出预报，以
引起注意。

2. 发生程度预报　本病从幼苗期到收获期都可发病。当病情

加快时，遇有利发生的气候条件，如阴雨天，夜温在 16 ℃以下等，应及时发出预报，以指导防治，控制病害流行。

3. 发生程度分级指标　见表 2 - 18。

表 2 - 18　油菜霜霉病发生程度分级指标

指标	发生程度				
	1 级	2 级	3 级	4 级	5 级
病情指数（I）	$I \leqslant 5$	$5 < I \leqslant 10$	$10 < I \leqslant 20$	$20 < I \leqslant 45$	$I > 45$

（四）防治方法

1. 农业防治　选用丰产抗病品种。发现有花枝肿胀时，应及时剪除，带出田外烧毁或者深埋。其他农业防治措施同油菜菌核病。

2. 药剂防治　初花期当病叶率达 10％时，进行第一次防治；隔 5～7 d 防治第二次；如阴、雨天数多，最好防治 3 次。菜株上、下部都要喷药。每 667 m² 选用 80％乙蒜素乳油 4 000～5 000 倍或 75％百菌清可湿性粉剂 600 倍液。

十、油菜病毒病

油菜病毒病又称花叶病、缩叶病，是油菜常见的病害，严重发生时对产量影响很大，同时使菜籽含油量降低。染病植株不仅抗病力低，容易被油菜菌核病、油菜霜霉病和软腐病所侵染，而且冬春也易受冻害。

（一）发病症状

因油菜品种不同，发病症状表现不一样。本地油菜（白菜型）发病，病叶叶脉透明，叶色黄绿相间，呈明显的花叶症状，所以也叫花叶病。发病严重时，叶片皱缩，植株矮缩，往往在抽薹前就枯死。

甘蓝型油菜发病，开始时在新叶上出现针头状透亮小点，以后发展为近圆形的黄斑、枯斑。病叶枯黄时，斑点仍清晰可见。发病较重的，茎上往往产生水渍状、褐色至黑褐色的枯死条斑。病荚弯曲。重病株往往早期枯死。

（二）发病规律

主要由蚜虫传染病毒引起。其发生与气候、土壤关系较大，特别是秋季比较干旱和温暖时，蚜虫发生数量多而活跃，发病就重。播种期对发病轻重影响也很大，一般播种越早，发病越重。

（三）预测预报

根据当年气候条件，蚜虫发生量及油菜播期早迟对发生程度进行预测。一般蚜量大、毒源植物发病率高、种植面积大的年份，其发病程度较重，反之较轻；油菜苗期气温 15～25 ℃，降水量明显少于常年，其发病程度重于常年，反之则较轻。一般认为油菜播种早发病重，迟播发病轻；直播田比移栽田播种期迟，发病较轻。

（四）防治方法

预防苗期感病，防止蚜虫传毒危害是防治本病关键。

1. 农业防治

① 适时播种，不宜过早。因播种过早，苗期温度较高，湿度较低，适宜蚜虫繁殖，发病就重。

② 选育早熟、丰产的抗病品种。

③ 早期拔除病株，减少蚜虫的传毒机会。

2. 药剂防治　彻底治蚜，在菜秧长出真叶后即开始用药，每 667 m² 用 10％吡虫啉可湿性粉剂 20 g 或 25％吡蚜酮可湿性粉剂 20 g对水喷雾，并于移栽前 2～3 d 再防一次，杀灭蚜虫，减少病害。

十一、油菜白锈病

白锈病在上海郊区个别年份发病严重。自苗期到开花结荚期都有发生，危害叶、茎、花和果，影响菜籽的产量和质量。

（一）发病症状

病叶初期在正面出现淡绿色小斑点，后变黄色，相应的叶背长出有光泽的白蜡状小疱斑点，破裂后散出白色粉末（孢子囊），后期病叶枯黄。

病菌危害油菜花薹，可能引起肿胀弯曲成"龙头拐"状，故通称为"龙头病"。常与霜霉病"龙头"一起发生。花器受害肥大，花瓣变成绿色，不结实。

（二）发病规律

病菌主要以卵孢子在土壤中及病株残体内越夏、越冬。秋季油菜播种出苗后，卵孢子随雨水传播。发病后病斑上产生孢子囊，借风雨不断传播蔓延。

低温高湿条件下有利发病，病菌孢子侵染适温为 10 ℃。春季油菜开花结荚期间，当寒潮频繁、时冷时暖、阴雨日多，则病害发生严重；氮肥使用过多，地势低洼、土质黏重、排水不良的田块发病重。

（三）预测预报

1. 发生期预报　田间从少数中心病株向四周蔓延，形成发病中心，而后病情发展加快。田间发现中心病株时及时发出预报，以引起注意。

2. 发生程度预报　本病从幼苗期到收获期都可发病。当病情加快时，遇有利发生的气候条件，如阴雨天，夜温在 16 ℃以下等，应及时发出预报，以指导防治，控制病害流行。

3. 发生程度分级指标　油菜白锈病发生程度分级指标见表 2-19。

（四）防治方法

1. 农业防治　选用丰产抗病品种。开深沟排水，做到雨停不

表2-19 油菜白锈病发生程度分级指标

指标	发生程度				
	1级	2级	3级	4级	5级
病情指数（I）	$I \leqslant 5$	$5 < I \leqslant 10$	$10 < I \leqslant 20$	$20 < I \leqslant 45$	$I > 45$

积水，以降低地下水位和田间湿度。及时中耕松土，减少菌源，并促进油菜生长健壮，提高抗病力。发现有花枝肿胀时，应及时剪除，带出田外烧毁或者深埋。有计划地实行与小麦轮作和水旱轮作，避免连作。采用高畦栽培和"宽窄行"栽种，有利通风透光，便于操作管理，提高植株抗逆力。合理施肥，达到"冬壮春发"，稳长不旺，提高抗病力。浇施河泥能压埋菌核，有抑制发病的作用。

2. 药剂防治

（1）苗期　用1∶1∶200波尔多液喷于叶子的背面，一般防治1～2次。

（2）初花期　当病叶率达10%时，进行第一次防治；隔5～7 d防治第二次；如阴、雨天数多，最好防治3次。菜株上、下部都要喷药。药剂可选用75%百菌清可湿性粉剂600倍液或80%烯酰吗啉可湿性粉剂2 500倍液、70%霜脲·锰锌可湿性粉剂800倍液。

十二、黏虫

黏虫俗称五花虫、麦蟥、行军虫，主要危害水稻、麦、粟、高粱、甘蔗、苜蓿、甜菜、生姜、紫云英。幼虫食叶，大发生时可将作物叶片全部食光，造成严重损失。因其具有群聚性、迁飞性、杂食性、暴食性，成为全国性重要农业害虫。

（一）形态特征

成虫体长17～20 mm，淡黄褐色或灰褐色。前翅中央前缘各有

2个淡黄色圆斑，外缘有1列黑点，顶角具一条伸向后缘的黑色斜纹。雌蛾较肥大，体色略浅。卵馒头形，卵粒粘在一起成不规则鱼鳞状卵块，初产时乳白色，其后变黄。幼虫体色多变，灰褐、红褐、黄褐，体背有多条纵线，体节生有毛瘤。蛹纺锤形，体色黄褐至红褐，尾端有粗大的刺。

(二) 发生规律

1～2龄幼虫多在麦株基部叶背或分蘖叶背光处啃食叶肉，3龄后食量大增，啃食叶片成缺刻，5～6龄进入暴食阶段，食光叶片或把穗头咬断，其食量占整个幼虫期90%左右。

1. 生活史和习性　每年3月上中旬大量成虫由南方迁飞本市。成虫昼伏夜出，傍晚开始活动。黄昏时觅食，半夜交尾产卵，黎明时寻找隐蔽场所。成虫对糖醋液趋性强，产卵趋向黄枯叶片。在麦田喜把卵产在麦株基部枯黄叶片叶尖处折缝里，常使叶片成纵卷。初孵幼虫腹足未全发育，有群集性，3龄后的幼虫有假死性，受惊动迅速卷缩坠地，畏光，晴天白昼潜伏在麦根处土缝中，傍晚后或阴天爬到植株上危害，老熟幼虫入土化蛹。

2. 发生条件　黏虫喜温暖高湿条件，发育适宜温度为10～25℃，相对湿度在85%以上。降雨一般有利于发生，但降水量过多、特别是暴雨或暴风雨会显著降低种群数量。大雨暴雨和短时间的低温，不利成虫产卵。成虫产卵期和幼虫低龄时雨水协调、气候湿润，黏虫发生重，气候干燥发生轻，尤其高温干旱不利其发生。成虫喜在茂密的田块产卵，生产上长势好的小麦、粟、水稻田、生长茂密的密植田及多肥、灌溉好的田块，利于该虫大发生。

(三) 预测预报

1. 发生期预测

（1）中短期预测

① 历期法。根据有关虫态历期资料进行预测。如预测3龄幼

虫盛期，在掌握卵的历期和幼虫孵化后发育到 3 龄的历期资料，在卵盛期后即可发出预报，即 3 龄盛期＝产卵高峰日＋卵期＋1 龄幼虫期＋2 龄幼虫期＋1/2 3 龄幼虫期。卵盛期可以根据草把诱卵和田间查卵确定。

② 期距法。根据多年历史资料，计算出从蛾盛期或卵盛期到 3 龄幼虫盛期的时间距离，并计算出平均数和标准差，作为从蛾盛期或卵盛期预测 3 龄幼虫盛期的依据。

（2）长期预测　根据迁出虫源世代的群体发育进度及生活资料，首先推算出成虫羽化进度，确定出成虫羽化的初、盛、末期，然后根据成虫迁飞速度以每夜 200～300 km 计算出迁出区到迁入区所需的时间，据此可推测出迁入区发蛾的初、盛、末期，再参考中短期预测中的虫态历期法及短期距离法即可预测出 2 龄和 3 龄幼虫盛发期。

2. 发生量预测

（1）中短期预测

① 应用诱蛾量预测幼虫发生量。根据历年黏虫发生面积、密度和诱蛾量，结合当地气象资料和作物布局、长势等因子，综合分析做出预测。

② 应用卵量预测幼虫发生量。在卵量与幼虫发生密切地区，根据卵量，结合当地气象资料和作物布局、长势等因子，综合分析做出预测。

③ 应用数学模型观测发生趋势。根据多年系统虫情和有关因子的资料，用生物统计方法，建立预测式进行预测。

（2）长期观测　根据黏虫迁飞规律、迁出区虫源基数、发育进度、迁入区气象条件、作物长势等因子综合分析，观测迁入区的发生趋势。

3. 幼虫分龄指标　黏虫幼虫分龄指标见表 2-20。

4. 发育历期　黏虫发育历期见表 2-21。

表 2-20　黏虫幼虫分龄指标（mm）

项目	1龄		2龄		3龄		4龄		5龄		6龄	
	平均	范围	平均	范围	平均	范围	平均	范围	平均	范围	平均	范围
体长	1.87	1.8~2.2	5.9	5~7.1	9.81	7~12	13.7	10~18	20.8	11~24	29.2	19~35.5
头宽	0.32	0.3~0.4	0.54	0.5~0.65	0.96	0.75~1.05	1.59	1.4~1.76	2.27	2~2.5	3.23	3~3.51

表 2-21　黏虫发育历期（d）

地区	代次	卵期	幼虫期	幼虫各龄历期						前蛹期	蛹期	成虫寿命	产卵前期
				1龄	2龄	3龄	4龄	5龄	6龄				
浙江温州	一	7.2	24	3.9	3.6	3.2	3.6	3.1	6.6	—	14.3	—	6.3
江苏扬州	一	10~20	31.3	8.4	4.1	4.3	3.6	4.2	7.0				

（四）防治方法

1. 农业防治　在成虫产卵盛期前选叶片完整、不霉烂的稻草 8~10 根扎成一小把，每 667 m² 插 30~50 把，每隔 5~7 d 更换一次（若草把经用药剂浸泡可减少换把次数），可显著减少田间虫口密度。幼虫发生期间放鸭啄食。

2. 物理防治　用频振式杀虫灯诱杀成虫，效果非常好。

3. 药剂防治　防治适期掌握在幼虫 3 龄前，每 667 m² 选用 20％哒嗪硫磷乳油 50~60 mL 或 5％甲维盐水分散粒剂 20 g，对水 50 kg 喷雾。

十三、麦蚜

麦蚜俗称翼子、伏虫、油虫，危害小麦的蚜虫主要有麦长管蚜、麦二叉蚜和禾缢管蚜三种。麦蚜成虫或若虫对幼苗到小麦成熟

前都有危害。苗期麦蚜多集中在叶背、
叶鞘及新叶，吸取汁液，抽穗后转到
穗部危害，灌浆期虫量大增。叶片可
出现黄白斑点，甚至全叶黄化枯死，
如图 2-21 所示。

图 2-21　蚜虫危害状

(一) 形态特征

麦蚜的卵为长卵形，长为宽的 2
倍，约 1 mm。刚产出的卵呈淡黄色，
后逐渐加深，5 d 左右后变为黑色。有
翅蚜体长 1.8 mm，背中线深绿色。

头、胸部黑色，腹部色浅。无翅蚜体长约 2 mm，头、胸、腹颜色
均为绿色，触角上没有明显的感觉圈。

(二) 发生规律

蚜虫为杂食性昆虫，危害禾本科植物和杂草，并能相互迁移危
害。另外，麦蚜可传播黄矮病。麦蚜在寄主作物的茎，叶及嫩穗上
刺吸危害，吸取汁液使叶片出现黄斑或全部枯黄，生长停滞，分蘖
减少，籽粒饥瘦或不能结实。对产量影响较大。麦二叉蚜还能传播
小麦病毒病。

1. 生活史和习性　秋播小麦出苗后，各种蚜虫由田外飞入麦
田繁殖，进入 11 月上旬以卵在冬麦田残茬上越冬。翌年 3 月上中
旬越冬卵孵化，在冬麦上繁殖几代后，有的以无翅胎生雌蚜继续繁
殖，有的产生有翅胎生蚜在冬麦田繁殖扩展。小麦抽穗前，大量发
生危害。到小麦成熟前，迁移到夏玉米幼苗和杂草上危害。秋季再
迁回麦田越冬，周年循环不息。麦蚜在适宜条件下，繁殖力强，发
育历期短，在小麦拔节、孕穗期，虫口密度迅速上升，常在 15～
20 d，百株蚜量可达万头以上。

2. 发生条件　影响麦蚜的气候条件主要是温湿度。麦蚜喜欢
晴朗干燥的气候，适宜温度为 16～23 ℃，适宜的相对湿度是 50%～

80%。连续 3 d 气温超过 27 ℃时，蚜量急剧下降。多阴雨天气，特别是下暴雨，也不利于蚜虫的发生。麦长管蚜及麦二叉蚜最适气温 6～25 ℃，禾缢管蚜在 30 ℃左右发育最快。麦二叉蚜怕光，多分布在植株下部和叶的背面危害。麦长管蚜则喜光，多分布在植株上部、叶的正面和麦穗上。禾缢管蚜怕光喜湿，多分布在植株下部、叶鞘内和根际，喜危害茎秆，最耐高温高湿。

（三）预测预报

1. 发生趋势预测　麦蚜发生趋势预测主要采用综合分析预测方法。麦蚜发生消长主要受温度、湿度、天敌及麦生育期等多种因素的影响。通常在暖冬、早春的条件下，麦蚜有猖獗发生可能。春季干旱麦二叉蚜发生重；春季雨水多，对麦长管蚜发生有利。

2. 防治适期预测　麦抽穗后，温、湿度适宜时，麦蚜繁殖极为迅速，乳熟期造成损失最大。当百株蚜量超过 300 头，气象预报短期内无中到大雨，应立即发出防治警报。3 d 后调查，如蚜量明显上升，百株蚜量超过 500 头，应立即发生防治警报。

（四）防治方法

① 选用抗虫品种。

② 早春耙压、清除杂草。

③ 生物防治。减少或改进施药方法，避免杀伤麦田天敌。充分利用瓢虫、食蚜蝇、草蛉、蚜茧蜂等天敌。

④ 当孕穗期有蚜株率达 50%，平均百株蚜量 200～250 头或灌浆初期有蚜株率 70%，平均百株蚜量 500 头时即应进行防治。每 667 m² 选用 25%吡蚜酮悬浮剂 20 g 或 10%吡虫啉可湿性粉剂 30 g，对水均匀喷雾。

十四、菜蚜

菜蚜在上海郊区主要有萝卜蚜（又称菜缢管蚜）和桃蚜两种，

是油菜和大白菜等蔬菜的主要害虫，特别是在苗期危害严重。它们还能传播病毒病，对生产的影响很大。

（一）形态特征

萝卜蚜和桃蚜的成虫都分无翅和有翅两种体型，在蔬菜上发生的都是孤雌胎生的雌蚜。

1. 萝卜蚜　无翅雌蚜体橄榄绿色，被有白粉；有翅雌蚜头胸部黑色，腹暗绿色。它们的腹管前各腹节两侧都有黑点，腹管较短，腹部显得宽圆。

2. 桃蚜　无翅雌蚜体色差异大，有绿色、黄绿色、橘黄色或红褐色多种，体上无白粉，也无黑点。有翅雌蚜头胸部黑色，腹部有绿色、黄绿色、褐色或赤褐色，并有明显的暗色横纹。其触角基部内侧各有一个瘤状突起，腹管细长，腹部显得狭长。

（二）发生规律

菜蚜1年发生20多代，世代重叠，主要以无翅雌蚜在菜心叶上越冬。萝卜蚜全年在白菜、大白菜、油菜、萝卜等菜株上转移危害。桃蚜除在菜株之间转移以外，还在桃、李、杏、梅等果树枝条上产卵越冬。桃蚜在4～5月从桃、李等果树迁飞到菜株上，在9～10月又从菜株迁飞到桃、李等果树上。春、秋两季气候温暖，最适于它们的生长繁殖，1头雌蚜能产70～80头小蚜虫，最多能产100头以上。出生的小蚜虫发育最快的经过5～7 d就能繁殖，数量发展很快，特别是在干旱的条件下，能引起大发生。油菜在秧苗期受害，叶片发黄卷缩，生长缓慢，形成老瘪秧，受害严重时会造成秧苗成片枯死；在抽薹开花期遇到集中危害，会妨碍结籽，嫩头枯焦。油菜、青菜和大白菜等蔬菜被传染到病毒后，造成早枯，对产量影响很大。

（三）预测预报

根据系统调查结果，当油菜苗期平均百株蚜量达到500头、抽薹现蕾期百株蚜量达到1 000头，即预示危害始盛期来临。当油菜出苗到 5 叶期，有蚜株率达到 30％时，5 叶期到抽薹阶段有蚜株率达到 60％时，开花结角期有蚜株率达到 10％时，如日均温在 14 ℃以上，7 d 内无中等以上降雨，预示蚜量将迅速上升。

（四）防治方法

1. 秧苗期　每 667 m² 用 10％吡虫啉可湿性粉剂 20 g 或 25％吡蚜酮可湿性粉剂 20 g 对水喷治。

2. 油菜抽薹开花初期　如有蚜虫集中在嫩茎和花梗上危害时，则每 667 m² 用 10％吡虫啉可湿性粉剂 20 g 或 25％吡蚜酮可湿性粉剂 20 g 防治，及早把蚜虫消灭在点片发生的阶段，防止在油菜上扩展而造成后期防治上的困难。

十五、蝼蛄

上海郊区发生的主要为非洲蝼蛄，是一种地下害虫。食性很杂，危害麦类、水稻、玉米、棉花、蔬菜等多种作物的种子和幼苗，造成缺苗、断垄。

（一）形态特征

成虫体长 30～35 mm，淡黄褐色，全身密生细毛；头圆锥形，触角丝状；前翅短小，长达腹部中部，后翅超过腹部末端；前足发达能开掘。卵椭圆形，初产时乳白色，后为黄褐色，孵化前暗紫色。若虫初孵出为乳白色，复眼淡红色，其后体色逐渐加深，成黄褐色。

（二）发生规律

蝼蛄 1 年发生 1 代，以成虫和若虫在土内越冬。上海郊区 3 月开始爬到耕作层活动，越冬若虫在 5～6 月羽化为成虫。成虫夜间活动，有强烈的趋光性。卵成堆产在隧道一端的土室中，每室有 30～40 粒，卵在 3～4 周以后孵化。若虫在卵室内生活 1～2 d，然后分散活动。成虫和若虫均能危害，在春、秋两季危害最盛。用口器和前足将作物根茎咬撕成乱丝状，造成植株枯死；或咬食发芽的种子，造成缺苗断垄。稻田搁田时，从田埂侵入稻田，集中危害边行水稻根茎，造成稻株枯死。立冬前后成虫和若虫陆续钻入土壤深层越冬。

（三）预测预报

1. 发生趋势预测 根据蝼蛄虫口密度的调查结果，结合其发生规律和天气预报综合分析，提出下一年或下一茬作物蝼蛄发生趋势预报。

2. 防治适期预测 根据蝼蛄的活动情况，结合气象因素和作物苗情，预报防治适期。春季当蝼蛄已上升至表土层 20 cm 左右，返青小麦已开始发现少数被害时，即需及时预报，开展防治。

（四）防治方法

① 平整土地，实行水旱轮作，均可减轻危害。

② 点灯诱杀成虫。

③ 毒饵诱杀。用 90% 晶体敌百虫 0.5 kg，对水 3.54 kg 稀释，拌入炒香的棉仁饼、豆饼或麦麸 20 kg 内，充分拌匀制成毒饵。在傍晚撒在田内，每 667 m² 用毒饵 4～5 kg。

十六、麦蜘蛛

上海郊区发生的主要是麦圆蜘蛛。主要危害麦类，其次是蚕豆、豌豆、紫云英、油菜等作物。春秋两季均有危害，但以春季为重。

（一）形态特征

麦圆蜘蛛一生有卵、幼虫、若虫、成虫等几个虫态。成虫略呈圆形，深红褐色，背上有一红斑，有足 4 对。由卵孵出的幼虫，有足 3 对；幼虫蜕皮后称若虫，有足 4 对，体色、体形与成虫相似。

（二）发生规律

麦蜘蛛在上海郊区1年发生2代，以成虫在麦根或看麦娘等杂草上越冬。成虫、若虫、幼虫均能危害，有群集性，喜潮湿，爬行迅速，稍受惊动即向下爬行或跌落。2月天气转暖后出土危害麦苗，3~4月温度上升到8~15 ℃时就大量地繁殖危害。麦圆蜘蛛白天潜伏土缝中，早晨和傍晚出外活动。成蛛和若蛛吸食叶片汁液。麦叶受害后，叶面布满黄白色小圆斑，严重时麦苗全部发黄，甚至不能抽穗或干枯而死。收麦前成虫在湿润的麦田土缝里产卵越夏，越夏卵孵出的幼虫在秋播麦苗上危害。

（三）预测预报

主要依据虫源基数、早春发生量大小，参考天气预报、麦长势、地势条件等进行综合分析预测。

越冬基数多，越冬虫态成螨所占的比例大，天气预报冬季气温偏高，翌年早春麦蜘蛛可能发生早，且数量多。

早春麦蜘蛛发生基数大，后期发生量相对增多。天气预报若3~4月温度正常略低，降水偏多，田间湿度将增大，将有利麦圆蜘蛛发生和危害，尤以长势好、地势低洼田块发生量多。天气预报春暖、干旱、田间湿度低，将有利麦长腿蜘蛛发生危害。

（四）防治方法

1. 农业防治　综合各地经验，破坏麦蜘蛛的发生条件，便可控制其危害。主要措施有深耕、除草、增施肥料、轮作、早春耙糖；轮作及冬季在麦田浇施河泥浆；利用麦圆蜘蛛受惊会跌落的习性，在条播麦田可进行人工捕打。一般在早晨或傍晚拍打麦叶，用涂有烂泥的畚箕接装。

2. 药剂防治

（1）种子处理　用种子量0.2%的50%辛硫磷乳油对水稀释后（种子重量10%的水），喷洒于麦种上，搅拌均匀，堆闷12 h后播种。

（2）大田喷雾　每 667 m² 选用 40％乐果乳剂 30～40 g 或 20％哒螨灵乳油 40～60 mL，对水 60 kg 喷雾。一般可与防治麦蚜结合进行。防治时人应向前行，避免麦圆蜘蛛受惊跌落逃走。

十七、麦叶蜂

危害小麦的主要是小麦叶蜂，俗称小黏虫。局部发生危害。小麦受害比大麦重。

（一）形态特征

成虫是一种黑色小蜂，体长 8～9.8 mm，翅透明，雌蜂尾端有锯刀状产卵器。卵肾形，黄色。幼虫体翠绿色，各节多横皱，胸部突起，有腹足 7 对，尾足 1 对。蛹黄褐色。

（二）发生规律

1 年发生 1 代。上海郊区在 3 月中下旬羽化，雌蜂用锯刀状产卵器，在麦叶主脉两侧锯成裂缝，产卵其中。1～2 龄幼虫日夜在麦叶上危害，3 龄后，白天躲在麦丛土隙中，夜出蚕食麦叶，危害严重时，可将叶片吃光，仅留主脉，使麦粒灌浆不足，影响产量。幼虫受惊后，有卷曲假死坠地的习性。老熟幼虫钻入土下 20～23 cm 处作土室，到 10 月蜕皮化蛹越冬。

蛹在土中 20 cm 深处越冬，翌年 3 月气温回升后开始羽化，成虫用锯状产卵器将卵产在叶片主脉旁边的组织中，成串产下。叶面下出现长 2 cm、宽 1 cm 突起。每叶产卵 1～2 粒或 6 粒。卵期 10 d。幼虫有假死性，1～2 龄期危害叶片，3 龄后怕光，白天伏在麦丛中，傍晚后危害，4 龄幼虫食量增大，虫口密度大时，可将麦叶吃光，一般 4 月中旬进入危害盛期。5 月上中旬老熟幼虫入土作茧休眠，至 9～10 月才蜕皮化蛹越冬。

（三）预测预报

麦叶蜂在冬季气温偏高，土壤水分充足，春季气温温暖、土壤湿度大，适宜发生，危害重。沙质土壤麦田比黏性土受害重。当每平方米超过 30 头时，应立即发布防治警报。

（四）防治方法

1. 农业防治 水旱轮作是防治麦叶蜂的有效农业措施。

2. 药剂防治 每 667 m² 可选用 10％吡虫啉可湿性粉剂 20～25 g 或 50％辛硫磷乳油 50～75 mL、3％啶虫脒乳油 20～30 mL 对水 60～75 kg 喷雾，也可结合黏虫、麦蚜进行兼治。

第四节 农田杂草

一、农田杂草的分类

（一）根据形态分类

根据杂草的形态特征进行分类，大致可分为以下三大类。

1. 禾草类 主要包括禾本科杂草。其主要形态特征：茎圆或略扁，节和节间区别，节间中空。叶鞘开张，常有叶舌。胚具 1 子叶，叶片狭窄而长，平行叶脉，叶无柄。

2. 莎草类 主要包括莎草科杂草。茎三棱形或扁三棱形，节与节间的区别不显，茎常实心。叶鞘不开张，无叶舌。胚具 1 子叶，叶片狭窄而长，平行叶脉，叶无柄。

3. 阔叶草类 包括所有的双子叶植物杂草及部分单子叶植物杂草。茎圆心或四棱形。叶片宽阔，具网状叶脉，叶有柄。胚常具 2 子叶。

（二）根据生物学特性分类

根据杂草的不同生活型和生长习性进行分类如下。

1. 一年生杂草 在一个生长季节完成从出苗、生长及开花结实的生活史。如马齿苋、铁苋菜、鳢肠、马唐、稗、异型莎草和碎米莎草等相当多的种类。它们多发生危害于秋熟旱作物及水稻等作物田。

2. 二年生杂草　在两个生长季节内或跨两个日历年度完成从出苗、生长及开花结实的生活史。通常是冬季出苗，翌年春季或夏初开花结实。如野燕麦、看麦娘、猪殃殃等。它们多发生危害于夏熟作物田。

3. 多年生杂草　一次出苗，可在多个生长季节内生长并开花结实。可以种子以及营养繁殖器官繁殖，并度过不良气候条件。如双穗雀稗、香附子、水莎草、扁秆藨草、野慈姑、蒲公英等。

（三）根据植物系统分类

即按植物系统演化和亲缘关系的理论，将杂草按门、纲、目、科、属、种进行的分类。这种分类对所有杂草可以确定其位置，比较准确和完整。但实用性稍差。

（四）根据生境生态分类

根据杂草生长的环境以及杂草所构成的危害类型对杂草进行的分类。此种分类的实用性强，对杂草的防治有直接的指导意义。

1. 水田杂草　水田中不断自然繁衍其种族的植物。包括水稻及水生蔬菜作物田杂草。

2. 旱田杂草　在旱作物田中不断自然繁衍其种族的植物。包括棉花、玉米、大豆、蔬菜、麦类、油菜等作物田杂草。

3. 非耕地杂草　能够在路埂、宅旁、沟渠边、荒地、荒坡等生境中不断自然繁衍其种族的植物。

二、水田杂草的识别

（一）禾本科杂草

1. 稗草　俗名稗、野稗。夏季一年生水田杂草，该草与稻苗相似。区别之处在于稗草秆直立，基部倾斜或膝曲，无叶舌、叶耳，全株光滑无毛，叶片狭长，主脉明显，叶鞘光滑柔软。圆锥花序主轴具角棱，粗糙；小穗密集于穗轴的一侧，具极短柄或近无柄；第一颖三角形，基部包卷小穗，长为小穗的 1/3～1/2，具 5脉，被短硬毛或硬刺疣毛，第二颖先端具小尖头，具 5 脉，脉上具刺状硬毛，脉间被短硬毛；第一外稃草质，上部具 7 脉，先端延伸成 1 粗壮芒，内稃与外稃等长。上海地区 4～5 月始发生，6～7 月发生高峰，8～10 月抽穗、开花结果。一株稗草可结数千粒至上万粒种子，种子细小，成熟期比水稻早。稗草主要危害水稻、部分棉花、大豆、蔬菜和果树等作物。

稗草广泛分布于全国各地。常以优势草种生于湿润农田、荒地、路旁、沟边及浅水渠塘和沼泽。对水稻、玉米、豆类、薯类、棉花、禾谷类和蔬菜等作物都有危害，近年来已经上升为水稻产区第一恶性杂草，影响水稻产量及品质。

2. 千金子　俗名水稗、白游水筋、绣花草和六月秀。夏季一年生湿生杂草。第一真叶长椭圆形，先端急尖，7 条直出平行叶脉。叶鞘甚短，边缘膜质，叶舌环状，顶端齿裂。第二片真叶带状披针形。全株光滑无毛。成株秆丛生，秆的基部呈膝状，上部直立，高 30～90 cm，茎节长出不定根和分枝。叶片扁平线形，先端渐尖，质薄而柔，叶缘有细齿，叶鞘无毛，秆顶端长出椭圆形的大圆锥花序，长达 15～30 cm，花褐紫色，细小的小穗有短柄，干干湿湿有利于千金子发生。上海地区 4 月底 5 月初开始发生，5 月中旬至 6、7 月达发生高峰。1 株可结上万粒种子，主要危害水稻、部分棉花、大豆、蔬菜、果树等作物。

3. 杂草稻　杂草稻属于形态各异的稻属种，一般认为杂草稻是栽培稻（*O. sativa*）和野生稻（*O. rufipogon* 和 *O. nivara*）的天然杂交种，但目前尚不肯定杂草稻的真正起源。杂草稻既具有栽培稻的某些特性、又具有野生特性，能够在稻田自然繁殖和延续后代，与栽培稻竞争光、水分和营养，其危害性如同杂草，故被称为杂草稻。杂草稻的共同特点是：植株高度高于或矮于栽培稻，出苗时间和成熟时间早于栽培稻，谷壳褐色或稻草色，种子有芒或无芒，种皮红色，容易落粒。稻叶色偏淡，分蘖力强，长势旺盛。

杂草稻在美国稻区已成为仅次于稗草和千金子的第三大杂草，全美由于杂草稻危害造成的经济损失每年约 5 000 万美元。意大利杂草稻的蔓延使个别地块最高减产 22%。在东南亚的一些国家，如泰国、越南、斯里兰卡、马来西亚，杂草稻造成水稻减产10%～50%，平均 20%左右。在南美受影响严重的田块，更不能继续种水稻。

中国近年来随着直播水稻面积的增加，杂草稻发生越来越普遍。在部分单作稻田，杂草稻的危害常常造成无法控制的局面，从而导致农民抛荒。上海个别严重田块覆盖率已达 50%左右。

由于杂草稻与栽培稻具有相似性，限制了利用除草剂的选择性控制作用所以当前控制杂草稻普遍采用非化学手段，主要有控制种子源法、植物形态学剔除法、轮作换茬法等。

（二）莎草科杂草

1. 异型莎草 俗名三角草、黄棵头、球花碱草。夏季一年生水田杂草。幼苗第一片和第二片真叶线状披针形，长 0.5～0.7 cm，宽0.7～0.8 mm。成株秆丛生，直立，扁三棱形，高 20～65 cm，叶基生，条形，短于秆，叶鞘淡紫色，有时带紫色。叶状苞片 2 或3，长于花序；花序长侧枝聚伞形简单，少有复生，具 3～9 条长短不等辐射枝；小穗多数，集成球形。小穗长圆形，黄褐色，具红棕色膜质鳞片。小坚果倒卵状椭圆形，具 3 棱，淡黄色，与鳞片近等长。上海地区 5 月上旬开始发生，6～8 月大量发生，6～10 月开花结果。1 株可结 5 万多粒种子。主要危害水稻，低湿地旱作物也受其害。

2. 水莎草 俗名水三棱、三棱草。多年生水田杂草。幼苗第 1片真叶呈线状披针形，具 5 条明显的直出平行叶脉，横切面形状呈近三角形，叶鞘膜质透明，叶片与叶鞘之间无明显的界线，幼苗全株光滑无毛，成株叶线状，长 10～20 cm，叶表蜡质层具光泽，秆扁三棱形，高 30～100 cm。长侧枝聚伞花序，穗状花序，紫褐色小坚果。种子和根状茎均能繁殖，上海地区于 3 月上旬开始出苗，

9月上旬至10月上中旬开花结果，并形成繁殖力极强的块茎。对水稻、茭白等水田作物危害重。

3. 萤蔺 俗名直立藨草、灯心草、水葱。夏季多年生水田杂草。针状叶，成株具短缩的根状茎，秆丛生，圆柱状，实心，坚挺，高30～60 cm，光滑无毛。基部具2～3个膜质叶鞘，口斜截形。苞片1片，为秆的延伸，长3～15 cm。2～7个小穗聚成头状，假侧生卵形或长圆卵形，淡棕色；小坚果（种子）宽倒卵形，长约2 mm，黑褐色。上海地区4月上旬开始从地下根茎处抽芽生长；种子5月上中旬发芽出苗，6～7月为发生高峰，8～10月开花结果，11月霜冻后地上部分枯死。主要危害水稻、茭白等水田作物。

4. 扁秆藨草 扁秆藨草广泛分布在东北、华北、内蒙古、江苏、浙江、云南，以及新疆的南北疆平原绿洲上；国外在欧洲、中亚细亚、高加索、西伯利亚、堪察加、蒙古、朝鲜及日本均有分布。

幼苗第一片真叶针状，横剖面近圆形；叶鞘边缘有膜质翅；第二片真叶横剖面上可见到2个大气腔，近圆形；第三片真叶横剖面呈三角形。

成株有匍匐的根状茎，顶端增粗成块茎，块茎椭圆形或球形，长1～2 cm。秆单一，高30～80 cm，扁三棱形，有多数秆生叶。叶片长线形，扁平，有长叶鞘。苞片叶状，比花序长。

长侧枝聚伞花序短缩成头状，有1～2个短的辐射枝，1～6个小穗；小穗卵形，锈褐色或黄褐色。小坚果倒卵形或广倒卵形，双凸镜状，淡褐色。当年种子处于休眠状态，寿命5～6年。

扁秆藨草属多年生草本。种子及块茎繁殖，在连作的稻田中由种子形成的实生苗仅占2%左右，而98%是由块茎形成的再生苗。越冬的块茎呈球状，有3～5节，春季当环境适宜时，顶芽萌发出土形成再生苗。长江流域3月下旬至6月上旬出土的再生苗，由于地上茎叶的生长，累积养分，在根状茎顶端逐渐膨大，形成椭圆形的块茎，称"夏果"。当地上部分始花时，夏果又可萌发再生苗，并陆续以上述方式产生新块茎。7月上旬以后由于光照逐渐缩短，温度渐低，地下根茎发育4～5个节间后，在其顶端形成新的球形的块茎（秋果），进行越冬。花期5～6月，果期7～9月。为稻田的恶性杂草，危害严重。除侵入水稻田外，常生长于湿地、河岸、沼泽等处。

（三）阔叶杂草

1. 陌上菜 俗名水白菜。夏季一年生水田杂草。茎方形，直立，高5～20 cm，基部分枝。叶无柄对生，长椭圆形或卵形，全缘，有明显弧形脉3条，叶长1.5～3 cm、宽1～4 mm，叶腋着生小花。花冠唇形，淡紫红色。蒴果卵圆形。喜生于水田和低湿地，上海地区5月初开始出苗，5月中下旬至6月上中旬为发生高峰，8～10月开花结果。种子多而细，1株可结数千粒种子。主要危害水稻。

2. 节节菜 俗名节节菜、蟹眼睛草。夏季一年生水田杂草。叶小，椭圆形，长4～17 mm，宽1.5～6 mm，对生无柄，钝头，全缘，羽状叶脉，背面叶脉凸起。茎柔弱，圆柱形，常呈红紫色，分枝多，呈纵生状。茎的下部倾伏地面成匍匐茎，节上生出白色须根，上部茎直立，高12～15 cm。叶腋着生淡红色穗状花序。蒴果椭圆形，长0.5 mm，淡黄色至青色，光滑。喜生于水田及低湿处，上海地区4月上旬开始发生，5月中下旬达发生高峰，8～10月开花结果，1株可结数千粒种子，主要危害水稻。

3. 矮慈姑 俗名瓜皮草。夏季多年生水田杂草。叶为根出丛生，半露水面，阔线状或线状披针形，先端钝，全缘，质疏松，暗绿色，方格状网脉。叶茎白色，幼苗全株光滑无毛。成株地下匍匐枝，顶端膨大成鳞茎。夏秋时，抽生长约30 cm的花茎，轮生白花，每轮3朵白花，通常2轮成总状圆锥花序。瘦果有鳞片状翅，和宿存花柱集合成球状。适生于浅水、池塘、沼泽及稻田中，主要靠地下块茎繁殖。上海地区4～5月出苗，6～9月不断产生地下茎进行无性分枝繁殖，9～10月地下根茎顶端膨大形成慈姑状块茎，

6～11月开花结果，地上部分枯死。主要危害水稻。

4. 鸭舌草 幼苗与矮慈姑相似，成株主茎海绵质，上部分枝密集丛生，绿色多汁，各着生1片阔卵形叶，全缘，叶形浅心形，长1～1.5 cm，宽约1 mm，高10～30 mm。地下部无慈姑状块茎，自叶柄基部的鞘内抽出花轴，着生3～6朵紫色花，蒴果椭圆形。适生于浅水、池塘、沼泽及稻田中。以种子繁殖，上海地区4月下旬开始出苗，5～6月大量发生，9～10月开花结果，1株可结种子数千粒。主要危害水稻和其他水田作物。

5. 鳢肠 俗名旱莲草、墨草。夏季一年生旱地杂草。高15～60 cm，茎直立或匍匐，自基部或上部分枝，绿色或红褐色，被伏毛。茎、叶折断后有墨水样汁液。叶对生，无柄或基部叶有柄，被粗伏毛；叶片披针形，全缘或有细锯齿。花序头状，腋生或顶生；边花白色、舌状，心花淡黄色、筒状，聚药雄蕊。舌状花的瘦果四棱形，筒状花的瘦果三棱形，表面都有瘤状突起，无冠毛，黑色。喜湿耐旱、抗盐耐瘠、耐阴。上海地区5月初开始出苗，5～6月达发生高峰，8～10月开花结果，1株可结上万粒种子。主要危害水稻等作物。

6. 丁香蓼 俗名假辣蓼、水杨树。夏季一年生水田杂草。初生叶对生，近菱形，叶尖钝尖，叶基楔形，全缘，1条中脉，具柄；后生叶互生，叶片披针形，长4～7 cm，宽1～2 cm，先端渐尖，基部渐狭，全缘，叶柄短。茎直立，高10～100 cm，基部倾斜，多分枝，有纵棱。秋后茎叶呈紫红色。花小，单生于叶腋，无柄。蒴果长柱形，具4棱，长约2 cm，宽2～3 mm，成熟后纵裂，种子随弹势飞出去。种子多而细，纺锤形至长圆形，长约1 mm，宽、厚各约0.5 mm，褐色。适生于水田、渠边及沼泽地。上海地区5月中下旬出苗，6～7月大量发生，7～8月迅速生长，9～10月开花结果，11月受霜冻后死亡。

7. 水苋菜 俗名眼眼红。夏季一年生水田杂草。子叶1对，淡绿色，梨形，长1～1.5 mm，宽0.5～0.6 mm，先端圆球形。叶基楔形，全缘。初生叶对生，卵形，叶尖钝尖，叶基楔形，全缘；

后生叶对生，叶片条状披针形或狭披针形，叶尖渐尖，叶基戟状耳形、全缘。茎直立，高 20～60 cm，四棱形，微紫。花腋生，具柄，每 3～15 朵花集生，红色或淡绿色。蒴果球形。种子细小，多数为椭圆形、半圆形，直径 0.2～0.3 mm，淡棕色。上海地区 5 月上旬始发生，6～7 月达发生高峰，9～10 月达开花结果，种子繁殖，1 株可结籽数千粒。

8. 空心莲子草 又名革命草、水花生、喜旱莲子草。1930 年传入中国，是危害性极大的入侵物种，被列为中国首批外来入侵物种。多生长于池沼和水沟内，属挺水型水生植物，主要在农田（包括水田和旱田）、空地、鱼塘、沟渠、河道等环境中生长危害，已成为当前亟待研究和解决的草害问题。一般簇生或大面积形成垫状物漂于水面。节间长，有时可达 19 cm 长，直径为 0.5～1.4 cm。根由茎节上形成须根，无根毛。茎基部匍匐蔓生于水中，端部直立于水面，不明显 4 棱，长 55～120 cm，节腋处疏生细柔毛；茎圆桶形，多分枝，茎秆坚实，光滑中空。叶对生，有短柄，叶片长椭圆形至倒卵状披针形，长 2.5～5 cm，宽 0.7～2 cm，先端圆钝，有尖头，基部渐狭，叶面光滑，无茸毛、叶片边缘无缺刻。叶柄长 0.3～1 cm，无毛或微有柔毛。一般斑块状或浓密的成片草垫状，节间最长 15 cm，直径 0.3～0.5 cm。叶片较水生环境中的叶片长宽度略小，厚度略厚，叶色较深，叶片与茎之间的夹角较小，较挺立。根有根毛，陆生植株的不定根次生生长可形成直径达 1 cm 左右的肉质贮藏根，即宿根，茎节可生根。

三、旱田杂草的识别

（一）油菜田杂草

1. 看麦娘 俗语名梢草、麦陀陀、麦娘娘。冬季越年生禾本科杂草。茎中空，圆柱形，淡绿色，簇生，基部往往自节处作膝曲状，下部常分枝，上部直立，高 10～45 cm。叶扁平线形而渐尖，柔软，长 6～12 cm，宽 2～6 mm，边缘有细齿，叶鞘短于节间并略现膨大。春节后，自茎顶的叶鞘内抽生紧缩为圆柱形的穗状式单生圆锥花序，淡绿色，花药橙色，颖果近半圆形。适生于潮湿的土壤和稻麦轮作区麦田。上海地区9月上旬发生，10～11月达发生高峰，4月抽穗开花，5～6月结果。1株可结2000多粒种子。主要危害小麦、油菜、蔬菜、绿肥等作物。

2. 日本看麦娘　冬季越年生禾本科杂草。与看麦娘相似，第一真叶较看麦娘稍宽长、叶尖稍往上翘成匙状，秆高30～90 cm，圆锥花序较粗大，花药白色。主要危害小麦、油菜、蔬菜、绿肥等作物。

3. 菵草　俗名大头梢草、大头稗草。冬季越年生禾本科杂草。秆直立，高40～80 cm，叶片带状。圆锥花序较窄，由多数小穗覆瓦状排列于穗轴之一侧。颖果椭圆形，黄褐色，内含2粒种子。人们常把菵草籽用作枕头芯。适生于低湿多肥土壤，上海地区9月上旬发生，10～11月达发生高峰，4月抽穗开花，5～6月结果，1株可结种子数千粒。主要危害小麦、油菜、绿肥等作物。

4. 早熟禾　俗名梢草、小鸡草、冷草、绒球草。冬季越年生禾本科杂草。绿叶簇生，全草柔嫩无毛，鲜绿色，叶片线状，长3～10 cm，宽1～5 mm。秆丛生，高8～25 cm，扁形，似绒球状，直立或稍倾斜，节上生根。圆锥花序直立于秆顶，淡绿色，分枝通常每节2个，小穗有柄，卵状长椭圆形，有小花1～10朵。颖果纺锤形。上海地区9月上旬发生，10～11月达发生高峰，翌年2～3月抽穗开花，5月死亡。1株可结种子上千粒。主要危害小麦、油菜、蔬菜、果树等作物。

5. 棒头草　俗名梢草、狗尾梢草。冬季越年生禾本科杂草。高17～70 cm，秆丛生，直立，基部膝曲，叶带状，叶鞘光滑，叶舌膜质，顶端2裂。圆锥花序，开展3.5～10 cm，宽0.5～2.5 cm。穗上有节，节上有很多分枝，枝上着生小穗。颖果纺锤形，种子种皮深肉色。适生于低湿地、路旁、水边。上海地区9月上旬发生，10～11月达发生高峰，4月抽穗开花结果，1株可结种子数千粒至近万粒。主要危害小麦、油菜、蔬菜、果树等作物。

6. 硬草 俗名梢草、冷草、耿氏碱草等。冬季越年生禾本科杂草。高 10～20 cm，秆直立或基部偃卧。叶带状，叶鞘长于节间，下部闭合，叶舌顶端截平或齿裂。圆锥花序，坚硬直立，每节有 2 个小分枝，小穗草绿色。颖果纺锤形，长约 2 mm，宽 0.5～0.8 mm，种皮深灰色至草绿色。适生于低湿的轻度盐碱地。上海地区 9 月上旬发生，10～11 月达发生高峰，4 月抽穗开花，5～6 月结果，1 株可结种子数千粒。主要危害小麦、油菜、绿肥等作物。

7. 牛繁缕 俗名河豚头、鹅肠草。冬季越年生双子叶杂草。叶对生，梭形，全缘，具长柄，叶柄疏生柔毛。成株茎直立，高 30～50 cm，多分枝，常带紫色，下部平卧，上部斜生，节间略被柔毛，节触地易生根。5～6 月开白花，聚伞花序。蒴果卵圆形。适生于湿润环境，上海地区 9 月上旬发生，10～11 月达发生高峰，4～5 月抽穗开花结果，1 株可结数千粒种子。主要危害小麦、油菜、蔬菜和果树等作物。

8. 一年蓬 俗名蓬头草、千层塔、野蒿等。冬季越年生双子叶杂草。高 30～90 cm，茎直立，上部分枝。叶互生，矩椭圆形或阔卵形，叶缘有粗齿，基生叶丛生。茎中部叶短圆状披针形或披针形，叶缘有不规则齿裂。茎上部叶条形，全缘，有睫状毛。头状花序，排列成伞房状或圆锥状，直径约 1.5 cm，头状半球形，边花舌状，白色或淡蓝色，心花管状，黄色。瘦果（种子）长扁圆形，长约 1 mm，宽 0.3～0.4 mm，淡黄色，有冠毛。适生于山坡、草地、路旁或农田中。上海地区 10 月上中旬始出苗，11 月中旬达出苗高峰，翌年早春迅速生长，5～6 月开花结果。1 株可结种子数千至数万粒。主要危害小麦、油菜、蔬菜、果树等作物。

（二）麦田杂草

1. 大巢菜 俗名野豌豆等。冬季越年生双子叶杂草。高 40～100 cm，蔓生，具纵棱。叶为由 4～8 对小叶组成的羽状复叶，小叶呈倒披针形、椭圆形或倒卵形，先端截平或微凹，主脉延伸成小尖头，叶基楔形，顶小叶变态为分枝的叶卷须。花着生于叶腋，双生或单生，花冠红色或者说紫色，花萼钟状，有柄，蝶形。荚果条形扁平，长 4～5 cm，成熟时呈黑色。种子近球形，种皮青灰色。适生于较湿润的荒地、田边、路旁和农田。上海地区 9 月下旬始发生，10～11 月达发生高峰，翌年 3～4 月迅速生长，5～6 月开花结果，1 株可结籽数百粒。主要危害小麦、油菜、绿肥等作物。

2. 猪殃殃　俗名麦蜘蛛、拉拉藤等。冬季越年生双子叶杂草。高 20～100 cm，茎四棱形，棱边有刺毛，多分枝，依附作物攀缘生长。叶 4～8 片轮生，带状披针形，叶缘及主脉上侧生小刺状毛。聚伞花序腋生或顶生，花淡黄色。小坚果密生钩刺，内含种子 2粒。种子扁圆，直径 1.5～2 mm，中间有 1 小孔，种皮黑色。适生于潮湿肥沃的土壤。上海地区 9 月中下旬至 10 月初出苗，11 月中下旬达发生高峰，翌年 4 月上旬开花，5～6 月结果。1 株可结籽数千粒。主要危害小麦、油菜、蔬菜、果树等作物。

四、综合治理策略

(一)主要防除方法

农田杂草的防治方法主要有人工防治、机械防治、化学防治、替代控制等。

1. 人工防治

(1) 控制杂草种子入田　人工防除首先是尽量勿使杂草种子或繁殖器官进入作物田，清除地边、路旁的杂草，严格杂草检疫制度，精选播种材料，特别注意国内没有或尚未广为传播的杂草必须严格禁止输入或严加控制，防止扩散，以减少田间杂草来源。用杂草沤制农家肥时，应将农家含有杂草种子的肥料经过用薄膜覆盖，高温堆沤 2～4 周，腐熟成有机肥料，杀死其发芽力后再用。

(2) 结合农事活动人工除草　如在杂草萌发后或生长时期直接进行人工拔除或铲除，或结合中耕施肥等农事措施剔除杂草。

2. 机械防治　结合农事活动，利用农机具或大型农业机械进行各种耕翻、耙、中耕松土等措施进行播种前、出苗前及各生育期等到不同时期除草，直接杀死、刈割或铲除杂草。

3. 化学防治 主要特点是高效、省工，免去繁重的田间除草劳动。国内外已有 300 多种化学除草剂，并加工不同剂型的制剂，可用于几乎所有的粮食作物、经济作物地的除草。

4. 替代控制 利用覆盖、遮光等原理，用塑料薄膜覆盖或播种其他作物（或草种）等方法进行除草。

（二）水田杂草防除措施

1. 农业防治 加强田间管理，平整田面不露泥，保持田间湿润不露白、不开裂，控制杂草的出苗、生长。对杂草发生严重田块，轮作换茬，或改直播稻为移栽稻，利用水层管理控制杂草。

2. 物理防治 在杂草出苗后采用人工拔除法清除杂草。

3. 药剂防治

（1）禾本科杂草 以稗草为主的田块，在稗草 2～3.5 叶期，每 667 m^2 可选用 2.5％五氟磺草胺油悬浮剂 50～60 mL 或 50％二氯喹啉酸可湿性粉剂 50～75 g，对水 40～50 kg 均匀喷雾杂草茎叶。施药前排干田水，药后 1 d 复水并保水 3～5 d。

以千金子为主的田块，在千金子 2～4 叶期，每 667 m^2 可用 10％氰氟草酯乳油 50～60 mL，对水 40～50 kg 均匀喷雾杂草茎叶。施药前排干田水，药后 1 d 复水并保水 3～5 d。

以千金子和稗草混合发生的田块，在稗草 2～3.5 叶期或千金子 2～4 叶期，每 667 m^2 可用 2.5％五氟磺草胺油悬浮剂 50～60 mL 加 10％氰氟草酯乳油 50～60 mL 混用，对水 40～50 kg 均匀喷雾杂草茎叶。施药前排干田水，药后 1 d 复水并保水 3～5 d。如田间草龄较大，可适当增加用药量。

（2）莎草科杂草 在莎草科杂草出苗后至杂草 5 叶期以前，每 667 m^2 可用 10％吡嘧磺隆 20～30 g，对水 40～50 kg 均匀喷雾杂草茎叶。施药前排干田水，药后 1 d 复水并保水 3～5 d。

对高龄莎草科杂草（杂草 5 叶期以后），每 667 m^2 可用 48％苯达松水剂 100 mL 加 20％ 2 甲 4 氯水剂 100 mL 混用，对水 50 kg 均匀喷雾杂草茎叶。施药前排干田水，药后 1 d 复水并保水 3～5 d。

（3）阔叶杂草　在阔叶杂草出苗后至杂草 5 叶期以前，每 667 m^2 可用 10％吡嘧磺隆 20～30 g，对水 40～50 kg 均匀喷雾杂草茎叶。施药前排干田水，药后 1 d 复水并保水 3～5 d。

对高龄阔叶杂草（杂草 5 叶期以后），每 667 m^2 可用 48％苯达松水剂 100 mL 加 20％ 2 甲 4 氯水剂 100 mL 混用，对水 50 kg 均匀喷雾杂草茎叶。施药前排干田水，药后 1 d 复水并保水 3～5 d。

对以空心莲子草为主的阔叶杂草，每 667 m^2 可加用 20％氯氟吡氧乙酸（使它隆）乳油 50 mL。

（三）旱田杂草防除措施

1. 麦田

（1）浅耕和免耕（压板）麦田　在播后苗前或麦苗 2 叶 1 心期每 667 m^2 用 50％异丙隆可湿性粉剂 125～150 g，对水 50 kg 均匀喷雾。如田间杂草基数高、草龄大的田块，在播前 3 d，每 667 m^2 先用 20％百草枯水剂 150～200 mL，对水 40～50 kg 喷雾，杀灭杂草后再进行播种。

（2）复式播种麦田　播后苗前或麦苗 2 叶 1 心期每 667 m^2 用 50％异丙隆可湿性粉剂 125～150 g 加水 50 kg 均匀喷雾。

（3）套播麦田　在水稻收获后的 3～5 d 内，每 667 m^2 用 50％异丙隆可湿性粉剂 125～150 g，对水 50 kg 均匀喷雾。

（4）补除方法　第一次化除后，对田间杂草仍然较多的田块，待杂草出齐后，在晚秋根据草龄，选择晴暖天气用药。如在早春时杂草数量较多田块，可在早春冷尾暖头时段进行施药。

小麦田以禾本科杂草为主的田块：每 667 m^2 用 69 g/L 精噁唑禾草灵水乳剂 50 mL 左右，或 15％炔草酸可湿性粉剂 15～20 g，或 50％异丙隆 200～250 g。

小麦田以阔叶杂草为主的田块：每 667 m^2 用 75％苯磺隆干燥悬浮剂 1.0～1.5 g，或 58 g/L 双氟·唑嘧胺悬浮剂 9～13 mL。也可每 667 m^2 用 20％氯氟吡氧乙酸乳油 50～60 mL，对水 40 kg 左右对杂草茎叶喷雾。

小麦田以禾本科杂草和阔叶杂草混生的田块：每 667 m^2 用 3.6％二磺·甲碘隆水分散粒剂 15～25 g，对水 40～50 kg 对杂草茎叶喷雾。

大麦田以禾本科杂草为主的田块：每 667 m^2 用 50％异丙隆 150～200 g。

大麦田以阔叶杂草为主田块：每 667 m^2 用 75％苯磺隆干燥悬浮剂 1.0～1.5 g，对水 40～50 kg 对杂草茎叶喷雾。

2. 油菜田

（1）移栽油菜田　对禾本科和阔叶杂草并发的田块，在油菜移栽前或移栽后 2 d 内趁泥土湿润时，每 667 m^2 用 20％敌草胺乳油 200 mL，对水 40～50 kg 均匀喷雾。

（2）直播油菜田　对杂草基数高、草龄大的田块，可在油菜播种前 3～4 d，先每 667 m^2 用 20％百草枯水剂 150～200 mL 加水均匀喷雾，消灭现存杂草。然后在油菜播后苗前，土壤湿润条件下，每 667 m^2 用 20％敌草胺乳油 200 mL，对水 40～50 kg 均匀喷雾。

（3）补除方法　禾本科杂草多时，在晚秋前或早春冷尾暖头时段，每 667 m^2 用 108 g/L 高效氟吡甲禾灵乳油 30 mL；阔叶杂草多时，每 667 m^2 用 50％草除灵悬浮剂 30～40 mL，对水 40～50 kg 针对杂草茎叶喷雾。

3. 注意事项

① 除草剂使用时间。宜早不宜迟，尽可能抓早、抓小、抓气温较暖时用药。

② 对土壤墒情要求。一定要湿润，遇干旱应加大用水量或结合抗旱进行。

③ 噁唑禾草灵水乳剂不能在大麦田中使用。

第三章
农药安全使用

第一节　农药的基本知识

一、农药的定义与分类

农药的种类很多，从不同的角度、根据不同的分类方法可以得到不同的分类结果。了解农药的分类对于对症用药、正确使用农药有着重要意义。常用的分类方法是根据防治对象和作用方式进行分类的。

（一）杀虫剂

用于防治害虫的农药，称为杀虫剂。通常在杀虫剂的农药包装标签下方有一条与底边平行的红色标志带。杀虫剂根据作用方式常常可分为以下几类。

1. 胃毒剂　此类药剂只有被昆虫取食后经肠道吸收进入体内，到达靶标才可起到毒杀作用。

2. 触杀剂　此类药剂接触到昆虫躯体（常指昆虫表皮）后，通过昆虫表皮渗透进入昆虫体内，引起昆虫中毒死亡。

3. 熏蒸剂　以气体状态通过昆虫呼吸系统如气孔（气门），进入昆虫体内而引起昆虫中毒死亡。

4. 内吸剂　此类药剂使用在植物上后，被植物体（包括根、茎、叶及种、苗等）吸收，并随着植株体液传导运输到其他部位，使害虫摄食或接触后中毒死亡。因摄食而中毒的，也称胃毒作用。

5. 拒食剂　害虫取食此类药剂后，味觉器官受到影响，产生厌食或拒食的感觉，最后因饥饿、失水而逐渐死亡，或因营养不足而不能正常发育。

6. 驱避剂 药剂本身一般无毒害作用，施用后可依靠其物理、化学作用（如颜色、气味等）使害虫忌避或发生转移、潜逃，从而达到保护寄主植物或特殊场所目的。

7. 引诱剂 是依靠物理、化学作用（如光、颜色、气味、微波信号等）诱集害虫的药剂。有非特异性物质和特异性物质两类。非特异性物质的引诱剂如糖、醋、酒液，特异性物质主要是昆虫信息素。

（二）杀菌剂

在一定剂量或浓度下，对病原菌能起到杀死、抑制或中和其有毒代谢物，从而使植物及其产品免受病菌危害或消除病症、病状的药剂，称为杀菌剂。此类药剂在其农药包装标签的下方有一条与底边平行的黑色标志带。杀菌剂根据作用方式和机制常常分为以下几类。

1. 保护性杀菌剂 在植物感病之前（一般在病害流行前）施用于植物可能受害的部位以保护植物免受病害侵染的药剂。保护性杀菌剂主要作用方式是在施药后，在寄主表面形成一层药膜，使病菌不能侵染。

2. 治疗性杀菌剂 在植物感病以后施用，能渗入到植物组织内部或直接进入植物体内，随植物体液运输传导至植物各部位，抑制病原菌发展或杀死病菌，从而使植物恢复健康的杀菌剂。

3. 铲除性杀菌剂 对病原菌有直接强烈杀伤作用的药剂。植物生长期常不能忍受这类药剂，因此一般只能在播前用于土壤处理、植物休眠期或种苗处理。

（三）除草剂

用来防除杂草的药剂，称为除草剂。此类药剂在其农药包装标签的下方有一条与底边平行的绿色标志带。按作用方式可分为内吸输导型除草剂和触杀型除草剂；按使用方法分类，可分为土壤处理剂和茎叶处理剂；按作用性质可分为选择性除草剂和灭生性除草剂。

1. 内吸输导型除草剂 药剂施用于植物上或土壤中，通过杂草的根、茎、叶、胚等部位吸入并传至杂草的敏感部位或整个植株，使之中毒死亡，如苄嘧磺隆、草甘膦等。

2. 触杀型除草剂 此类药剂不能被植物吸收、传导，只能杀死所接触到的植物组织，如百草枯、灭草松等。

3. 土壤处理剂 药剂均匀地喷洒到土壤上形成一定厚度的药层，当杂草种子的幼芽、幼苗及其根系被接触吸收而起到杀草作用，如扑草净等。

4. 茎叶处理剂 药剂通过细小的雾滴均匀喷洒在植株上将杂草杀灭，如草甘膦等。

5. 选择性除草剂 药剂对植物具有选择性，在一定剂量和浓度范围内杀死或抑制部分植物而对其他植物则安全，如氰氟草酯等。

6. 灭生性除草剂 在常用剂量下可以杀死所有接触到药剂的植物，如草甘膦、草铵膦、百草枯等。

（四）杀线虫剂

用于防治农作物由于植物寄生性线虫引起的病害的药剂，称为杀线虫剂。植物寄生性线虫是植物侵染性病原之一，但与真菌、细菌、病毒等病原生物相比具有主动侵袭寄主和转移危害的特点，因此，杀线虫剂也不同于一般的杀菌剂，一般毒性较大，大多施用于土壤，使用不当容易造成环境污染问题。目前杀线虫剂主要有：卤化烃类，如溴甲烷；硫代异氰酸甲酯类，如棉隆；有机磷酸酯类，如灭线磷；氨基甲酸酯类，如涕灭威等。

（五）杀鼠剂

用于毒杀鼠害的药剂，称为杀鼠剂。杀鼠剂按作用方式可分为胃毒性杀鼠剂、熏蒸性杀鼠剂、驱避剂、引诱剂、绝育剂五大类。

1. 胃毒性杀鼠剂 药剂通过鼠取食进入消化系统，使鼠中毒致死。这类杀鼠剂一般用量低、适口性好、杀鼠效果高，对人畜安全，是目前主要使用的杀鼠剂，主要品种有敌鼠钠、溴敌隆、杀鼠醚等。

2. 熏蒸性杀鼠剂 药剂蒸发或燃烧释放有毒气体，经鼠呼吸系统进入鼠体内，使鼠中毒死亡，如氯化苦、溴甲烷、磷化锌等。其优点是不受鼠取食行动的影响，且作用快，无两次毒性；缺点是用量大，施药时防护条件及操作技术要求高，操作费工，适宜于室内专业化使用，不适宜散户使用。

3. 驱避剂 可依靠其物理、化学作用使老鼠不愿靠近施用过药剂的物品，以保护物品不被嚼咬。

4. 引诱剂 将鼠诱集，但不直接毒杀害鼠的药剂。

5. 绝育剂 通过药物的作用使雌鼠或雄鼠不育，降低其出生率，以达到防除的目的，属于间接杀鼠剂，亦称化学绝育剂。

（六）杀螨剂

用于防治植食性害螨的药剂，称为杀螨剂。以杀虫兼有杀螨效果的药剂居多，也称杀虫杀螨剂。常见的杀螨剂品种有哒螨灵、噻螨酮等。

（七）植物生长调节剂

能够控制、促进或调节植物生长发育的药剂，称为植物生长调节剂。植物生长调节剂按作用方式可分为生长促进剂和生长抑制剂两类。

1. 生长促进剂 主要是促进细胞分裂、伸长和分化，打破休眠，促进开花，延迟器官脱落，保持地上部绿色，延缓衰老等，以达到在逆境条件下提高作物的抗逆性，促进植物生长，增加营养体收获量，提高坐果率，促进果实膨大，增加粒重等效果。

2. 生长抑制剂　主要有生长素传导抑制剂、生长延缓剂、生长抑制剂、乙烯释放剂及脱落酸等。生长素传导抑制剂通过抑制顶端优势，促进侧枝侧芽生长。生长延缓剂通过抑制茎的顶端分生组织活动，延缓生长。生长抑制剂通过破坏顶端分生组织活动，抑制顶芽生长；但与生长延缓剂不同，在施药后一定时间，植物又可恢复顶端生长。乙烯释放剂是用于抑制细胞伸长生长，引起横向生长，促进果实成熟、衰老和营养器官脱落。脱落酸促进植物的叶和果实脱落。

二、农药的剂型

农药的剂型是原药经加工后根据形态及用途不同而区分的各种制剂的形态，如乳油、粉剂、粒剂等。常见的农药剂型有以下几种。

1. 乳油（EC）　一种透明液体，能够在水中分散成为不透明乳液的剂型。乳油一般由有效成分、有机溶剂、表面活性剂等构成，分散在水中，一般呈白色或天蓝色。

（1）优点

① 多数农药容易溶于有机溶剂，并且在有机溶剂中较稳定。

② 乳油中有机溶剂对于昆虫和植物表面的蜡质层具有较好的溶解和黏附作用。

③ 表面活性剂等具有良好的润湿和渗透作用，加上粒子细，因此能够充分发挥农药的效果。

④ 具有较长的残效期和耐雨水冲刷能力。

⑤ 产品容易处理、运输和保存。

（2）缺点

① 高浓缩，常常因称量器具不准，导致过量使用或使用量不足。

② 对植物的毒性风险大。

③ 容易通过皮肤渗透进入人体或动物体内。

④ 溶剂可能使塑料或橡胶软管、垫圈、泵以及表面等损坏。

⑤ 可能存在腐蚀性。

⑥ 含有大量的有机溶剂，容易造成环境污染和浪费。

2. 可溶性液剂（SL） 用水或有机溶剂作为溶剂构成的均相透明液体，能够在水中分散成为透明溶液的剂型。可溶性液剂可以在水中形成真溶液或近似真溶液。其特性与乳油基本相同，也具有良好的分散性和黏附、润湿和渗透作用，能最大限度地发挥农药的效果。

3. 微乳剂（ME） 以水为连续相，有效成分及少量溶剂为非连续相构成的透明或半透明的液体剂型。它可以溶解在水中，形成透明或半透明的分散体系，所以微乳剂又称为可溶化乳油。微乳剂的透明性可以因温度的改变而改变，因此，它实际上是一种热力学稳定的均相体系。

（1）优点

① 以水为主要溶剂，有机溶剂大大减少，对环境的污染比乳油小。

② 粒子超细，容易穿透害虫和植物的表皮，农药的效果得到充分的发挥。

③ 避免了乳油中有机溶剂的一些副作用，例如强烈的刺激性气味、药害、水果上蜡质层溶解等。

④ 产品精细，其商品价值得到提高。

（2）缺点

① 由于水分的大量存在，对农药稳定性有一定的影响。

② 在水中容易分解的药剂不宜加工成微乳剂。

4. 水乳剂（EW） 液体的有效成分用少量溶剂溶解后，分散在水中，构成浓厚的乳状液体剂型，也称浓乳剂。

（1）优点

① 效果近似或等同于乳油，而持效期比乳油长。

② 黏着性和耐雨水冲刷的能力比乳油更强（在加工过程中，为了保证制剂的稳定性，除了需要加入表面活性剂外，往往还需要

加入增稠剂，而此类助剂往往具有良好的黏着性能）。

③ 基本不用有机溶剂，因此对环境的污染比乳油小。

④ 避免使用有机溶剂带来的一些副作用。

（2）缺点

① 由于水分的大量存在，对某些农药稳定性有一定的影响。

② 对水分敏感的药剂不宜加工成水乳剂。

5. 悬浮剂（SC）　固体的原药分散在水中后形成的悬浊状液体制剂。

（1）优点

① 粒子细，能够充分发挥农药的效果，性能上优于可湿性粉剂。

② 在残效期和耐雨水冲刷方面优于乳油。

③ 大多数的悬浮剂均采用水为分散剂，由于不采用有机溶剂，避免了有机溶剂对环境的污染和副作用，特别适合在蔬菜、果树、茶树等植物上使用，以及在卫生防疫工作中使用。

（2）缺点

① 加工过程较为复杂，一般需通过砂磨机研磨而成。

② 相对其他液剂，粒子较大，容易沉降分层析水，因此需要采用较复杂的助剂系统来保证制剂的稳定性。

6. 粉剂（DP）　农药被分散在固体填料的粉末中、并可以直接用来喷撒的制剂。粉剂中的原药成分可直接粉碎而加入制剂中，也可在粉碎过程中通过喷雾其溶液来加入制剂中。通常是用原药、载体、助剂，经混合—粉碎—混合而成。

（1）优点

① 容易制造和使用，成本低，不需用水，使用方便，喷施效率高。

② 在作物上黏附力小，因此在作物上残留较少，也不容易产生药害。

（2）缺点

① 容易飘移，使用时，直径小于 10 μm 的微粒因受地面气流

的影响容易飘失，特别是在航空喷撒粉剂时只有 $10\%\sim40\%$ 的粉剂沉积在作物上，大部分农药被浪费。

② 对环境和大气污染大。

③ 加工时粉尘多、含量低、运输成本高。

7. 可湿性粉剂（WP） 易被水湿润并能在水中分散悬浮的粉状剂型。可湿性粉剂是由农药原药与润湿剂、分散剂、填料混合粉碎加工而成。可湿性粉剂是在粉剂的基础上发展起来的一个剂型，性能优于粉剂，可用喷雾器进行喷雾，在作物上黏附性好，药效比同种原药的粉剂好，但不及乳油。加工方法与粉剂相似，产品便于贮存和运输。

（1）优点

① 价格相对便宜。

② 容易保存、运输和处理。

③ 对植物的毒性风险比乳油等相对低。

④ 容易量取与混配。

⑤ 与乳油和其他液剂相比，不易从皮肤和眼渗透进入人体。

⑥ 包装物的处理相对简单。

（2）缺点

① 如果加工质量差，粒度粗，助剂性能不良，容易引起产品黏结，不易在水中分解，造成喷洒不匀，甚至使植物局部产生药害。

② 悬浮率和药液湿润性，在经过长期存放和堆压后均会下降。

③ 在倒取或混配时，容易喷出被施药者吸入。

④ 对喷雾器的喷管和喷头磨损大，使喷管和喷头的寿命降低。

8. 水分散粒剂（WG） 置于水中，能较快地崩解、分散形成高悬浮的分散体系的粒状剂型。

（1）优点

① 使用效果相当于乳油和悬浮剂，优于可湿性粉剂。

② 具有可湿性粉剂易于包装和运输的特点。

③ 避免了在包装和使用过程中粉状制剂易产生粉尘的缺点，

对环境污染小。

（2）缺点　加工过程复杂，加工成本较高。

9. 可溶性粉剂（SP）　可直接加水溶解使用的粉状农药剂型。通常由原药、可溶性载体、助剂加工而成。此剂型的药效比可湿性粉剂高，与乳油相近；但加工时，无需用有机溶剂；表面活性剂或湿润剂等助剂的用量也较乳油少，包装运输方便；可以加水溶解配制成水溶液代替乳油作喷雾使用。

10. 颗粒剂（GR）　农药在固体的载体中分散后形成一定颗粒大小的固体剂型。颗粒剂按直径的大小，又可分为细粒剂、大粒剂和颗粒剂。颗粒剂主要由原药、载体和助剂加工而成，因而使用安全方便。

颗粒剂具有如下优点：

① 使高毒农药低毒化。

② 可控制有效成分释放速度，延长持效期。

③ 使液态药剂固态化，便于包装、贮存和使用。

④ 减少环境污染、减轻药害，避免伤害有益昆虫和天敌昆虫。

⑤ 使用方便，可提高劳动工效。

11. 微囊剂（CS、CG）　此类农药的颗粒或液滴，被一层囊皮材料包裹，形成了具有缓释性能的微囊悬浮剂（CS）或微囊粒剂（CG），持效期可以通过调整囊皮的厚度来进行调整。可以喷施或涂刷到作物上。

（1）优点

① 毒性低，持效期长。

② 大大减少了农药的气味和刺激性，减少了外界气、湿、光等环境条件的影响，提高了稳定性。

（2）缺点

① 悬浮稳定性较差，较容易分层。

② 加工成本高。

12. 烟剂（FU）　烟剂是引燃后有效成分以烟状分散体系悬浮于空气中的农药剂型。烟剂颗粒极细，穿透力极强。其在林间、果园、仓库、室内、温室、大棚等环境中使用有特殊意义，适合于防治温室粉虱等小型害虫以及各种病害等。

使用烟剂具有如下优点：

① 施用工效高，不需任何器械，不需用水，简便省力，药剂在空间分布均匀。

② 由于不用水，避免了喷药后导致棚内湿度高、易发病的缺点。

③ 易于点燃，而不易自燃，成烟率高，毒性低，无残留，对人无刺激，没有令人厌恶的异味。

13. 气雾剂（AE） 气雾剂是利用发射剂急剧汽化时产生的高速气流将药液分散雾化的一种罐装剂型。主要用于宾馆、饭店、飞机、车、船等公共场所，以及家庭的卫生杀虫、杀菌消毒和食品及花卉的灭菌保鲜。另外，也可用于温室、大棚、花房防治病虫害。使用时应注意避开火源。

（1）优点 体积小，携带方便，操作简便。

（2）缺点 生产时需要耐压容器、特殊的生产设备和流水线，药剂的空瓶又不便重灌，成本高，所以目前很少在农业上应用。

14. 熏蒸剂（VP） 利用低沸点农药挥发出的有毒气体，或一些固体农药遇水起反应而产生的有毒气体，用于密闭场所熏蒸杀死有害生物。熏蒸剂的特点是农药以分子形态弥散在空间中，而烟剂是以颗粒的形态弥散在空间。熏蒸剂熏蒸需要在密闭环境下进行，主要用于防治仓库和温室害虫及土壤消毒。使用熏蒸剂时，应注意采取必要的防护措施，尤其是使用场所的密闭性要好。熏蒸剂的产品很多，常用的有氯化苦、溴甲烷、磷化铝等。

15. 撒滴剂 是直接在水田中撒施的液态制剂。此类制剂直接撒入水中后，能够很快地扩散，在水面形成药膜或在水体中形成药层，被作物或杂草吸收而起作用。

（1）优点 功效高，用药省，防治效果好。

（2）缺点

① 需要在有保水能力的水田使用。

② 用药成本较高。

16. 种衣剂（SD） 用于种子处理包衣的制剂称为种衣剂。种衣剂的主要特点是在药剂中加入了成膜的物质，因此药剂可以牢固地附着在种子表面而不容易脱落，同时可以改善种子的外观，使易于播种、计量和保存。不含有成膜物质的拌种用药剂称为拌种剂。用于浸泡种子的则称为浸种剂。种衣剂有液体剂型、悬浮剂型和可湿性粉剂型等，以悬浮剂型和可湿性粉剂型为主。悬浮剂型一般直接拌种或加入少量的水拌种。可湿性粉剂型的种衣剂在使用时一般需要加入少量水调匀才可使用。

三、农药的特性

（一）农药的毒性

农药的毒性是指农药对高等动物等的毒害作用。所有化学物质当吸入足够量时都是有毒的，化学物质的毒性决定于消化和吸收的量。例如，一次摄入足够多的普通食盐，对人体也是非常有毒的。

农药的毒性一般用致死中量（LD_{50}）或致死中浓度（LC_{50}）表示。致死中量即为杀死一半供试动物所需的药量，急性经口和经皮毒性用 mg/kg 计量，急性吸入毒性用 mg/m^3 计量。凡 LD_{50} 值大，表示所需剂量多，农药的毒性就低；反之，则毒性高。致死中浓度系指杀死 50% 供试动物所需的药液浓度，单位为 mg/L。LC_{50} 值越大，表示农药毒性越小；LC_{50} 值越小，则毒性大。

测试农药的毒性主要用大鼠、小鼠或兔子进行。衡量或表示农药急性毒性程度，常用致死中量作指标。

衡量或表示农药对鱼的急性毒性大小常用耐药中浓度（TLm）作指标，耐药中浓度指在指定时间内（24 h、48 h 或 96 h）杀死一半供试水生物时水中的农药浓度。

根据我国有关规定，将农药毒性分为剧毒、高毒、中等毒、低毒和微毒，分级标准如表 3-1。

表 3-1　农药产品毒性分级及标识

毒性分级	级别符号语	经口半数致死量 (mg/kg)	经皮半数致死量 (mg/kg)	吸入半数致死浓度 (mg/m³)	标识	标签上的描述
Ⅰa级	剧毒	≤5	≤20	≤20	☠	剧毒
Ⅰb级	高毒	5～50 (不含5)	20～200 (不含20)	20～200 (不含20)	☠	高毒
Ⅱ级	中等毒	50～500 (不含50)	200～2 000 (不含200)	200～2 000 (不含200)	◆	中等毒
Ⅲ级	低毒	500～5 000 (不含500)	2 000～5 000 (不含2 000)	2 000～5 000 (不含2 000)	低毒	
Ⅳ级	微毒	＞5 000	＞5 000	＞5 000		微毒

（二）农药的选择性

农药的选择性一般分为选择毒性和选择毒力。农药选择毒性主要指对防治对象活性高，但对高等动物的毒性小。农药的选择毒力是指对不同昆虫或病菌、杂草种类之间的选择性，与其相对的是广谱性。早期农药选择性主要是在高等动物、植物和有害生物（昆虫、病菌、杂草等）之间寻求高度的选择，即要求对高等动物或被保护植物安全，对有害生物具有灭杀作用的药剂，使品种具有高效、低毒的特点。近几年选择性要求更进一步注重对防治对象以外生物的安全，即对非防治目标伤害很小的药剂。

（三）水的酸碱度（pH）对农药的稳定性和效果的影响

大部分药剂的施用都需要用水来稀释后喷洒。喷药用的水的酸碱度（pH）对农药和其他物质的作用影响很大。大部分水呈微碱性，因为溶解了碳酸盐和重碳酸盐的缘故。当酸或碱工业、城市生活污染物质流入水中时将导致水的酸碱度背离常态。

当喷液使用的水或喷液呈强酸性或碱性，将对农药造成很大的影响，其中最主要的就是导致农药的分解或水解，致使农药的毒性降低甚至失效，从而影响对靶标有害生物的防治效果。

农药的分解或水解用半衰期衡量。半衰期越短，碱性水的影响越大。很多有机磷农药与碱性水混合时迅速分解成两个或更多种小分子惰性化学物质。比如，谷硫磷在 pH5 的环境中的半衰期为17.3 d，在 pH7 时的半衰期为 10 d，而在 pH9 时的半衰期却只有12 h[①②]。氨基甲酸酯类农药也会受水的 pH 影响。甲萘威在 pH6时的半衰期是 100～150 d，而在 pH9 时仅 24 h。一些杀菌剂或除草剂的效果在碱性条件下也严重受影响，在强碱的环境下很容易水解。

（四）农药对作物的影响

农药施用过程中，如果使用方法、使用时间等方面不当，会对农作物产生不良影响，甚至造成药害，轻者减产，重者可使作物死亡。但也有一些药剂，在正常使用的情况下，不但具有防治病虫害的效果，而且还有刺激作物生长的良好作用。

1. 农药对作物的药害　很多农药如果使用不合理，都会对作物产生药害。不同农药的化学组成不同，对植物的安全程度差别也很大。一般来说，无机药剂较有机合成药剂容易产生药害；另外，不同种类植物对药剂的敏感性也不同。

药害的产生不仅与药剂和作物有关，与施药时的环境条件（主要是施药当时和以后一段时间的温度、相对湿度、露水等）、使用的浓度、使用的方法、使用的时间等因素也有着非常密切的关系。

---

① pH：通常叫酸碱度，是用来表示溶液的酸、碱度的数值。pH 介于 0 至 14 之间：pH 为 0 时，为极酸性；pH 为 14 时，为极碱性；pH 为中间值 7 时，在 25 ℃为绝对中性。一般井水、湖水及河水的 pH 介于 3 至 9 之间。

② 半衰期：农药在某种条件下降解一半所需的时间。例如，如果一个产品当第一次加入水中的时候效果为 100%，它的半衰期为 4 h，也就是说，其效果在 4 h 内减去了一半（50%），在接下来 4 h 内将再次减半。

一般在高温或高湿情况下，或高浓度、过量使用或在不适当的地区使用，均易导致作物产生药害。

药害的症状因作物、药剂及使用方法不同而不同，在田间常常与其他病害、尤其是生理性病害症状相似。药害一般可分为急性药害和慢性药害。急性药害在喷药后短期内，最快在喷药数小时后即可出现。一般叶面症状是产生各种斑点、穿孔，甚至灼焦枯萎、黄化、落叶等；果实上的症状主要是产生斑点或锈斑，影响果品的品质。慢性药害出现较慢，常常是施药后经过较长时间或多次施药后才表现出来。症状一般为植株矮化，叶片、果实畸形，叶片增厚、硬化发脆，容易穿孔破裂，根部肥大粗短等。

2. 农药对植物生长发育的刺激作用　有些药剂适当使用后除防治农作物的病虫草害外，还对植物产生刺激生长发育的作用。例如，鱼藤酮制剂可促进菜苗发根，波尔多液可使多种作物叶色浓绿、生长旺盛。

第二节　农药的安全施用

一、正确掌握施药适期

选择合适的时间施用农药，是控制有害生物的发生、保护有益生物、防止药害和避免农药残留的有效途径。因为有害生物有多种，每一种类的防治适期是不相同的；同一种类有害生物在不同的作物上危害，防治适期也不一定相同；又由于药剂性能的不同，防治适期也不一样。因此，确定防治适期，必须要把药剂与作物、防治对象和环境因子等相互协调，才能充分发挥农药应有的防治效果。

（一）施药适期的确定

1. 害虫盛发期　对于害虫来说害虫盛发期可以是卵孵化盛期、幼虫盛发期和成虫盛发期，究竟在哪一个时期施药要视具体情况而定，原则上要掌握害虫的生活习性，在最易杀伤害虫，并能有效控制危害的阶段进行，如防治麦类黏虫，在卵块孵化高峰期喷洒敌百虫，虽对已孵化的幼虫防效良好，但对后期孵化的幼虫不一定见效，而当幼虫 3～4 龄高峰时，喷施药剂，一次防治可解决虫害问题。

2. 天敌不敏感期　使用杀虫剂要掌握的一个问题是天敌的敏感期，在害虫防治适期范围内，要根据天敌发生动态，调整防治时间，避开容易杀伤天敌的时期施药。例如，浙江省湖州市农科所对稻纵卷叶螟绒茧蜂进行了系统观察，发现该蜂常年对稻纵卷叶螟第三、四代幼虫的寄生率比较稳定，一般在 50％以上，如果在稻纵卷叶螟 2 龄幼虫期防治，害虫和天敌都被杀死，而把防治适期推迟到 3～4 龄幼虫高峰期防治，不仅可使绒茧蜂羽化，又按有效虫量减少了防治面积。

3. 感病生育期　对于病害来说，易感病的生育期都是防治适宜时期，但根据作物和病害种类以及侵染危害时期的不同，防治适期也需要相应调整。如水稻抽穗阶段是稻瘟病的感病生育期，水稻破口期则是防病的关键时期。

4. 杂草敏感期　对于杂草来说，敏感期与药剂种类有关，在一般情况下，以种子繁殖的杂草，在幼芽或幼苗期对除草剂比较敏感，因此，这一时期往往作为防除杂草的适期。

5. 害鼠断食期　从有效控制害鼠密度来说，毒饵的投放宜掌握在鼠类断食阶段和大量繁殖前最好。多年试验证明，春季灭鼠效果最好，这是由于害鼠冬季储存的食料耗尽，对毒饵的摄食相应较多。

6. 药剂有效期　农药有效期的长短，也是调节施药适期的一个重要方面。如在预防水稻穗瘟时，使用三环唑与多菌灵的喷施时期就不一样，三环唑的持效期较长，宜在水稻孕穗末期施药，而多菌灵在水稻破口期用药。

7. 作物安全期　药剂对作物的安全性是确定施药适期的一个先决条件，如 2 甲 4 氯在水稻秧苗后期和分蘖期是较为安全的茎叶处理剂，而在水稻萌芽至 3 叶期，很容易产生药害。所以，在农药施用时，要选择作物对药剂有较强抗药性的时期喷施，以免引起作物药害。

8. 安全间隔期　为避免农药在农产品中的残留，要根据农药安全使用标准，掌握各种农药在适用作物上的安全间隔期，如防治小麦锈病使用粉锈宁，应在收获前 30 d 停止使用。

（二）施药适期与环境

病虫草鼠的防治适期，受到气温、降雨、光照和栽培条件等多种因素的影响，使实施防治的时间有所变化。

1. 气温　气温高低对病虫草害的发育速度有较大影响。一般气温高，病虫草害发生早而且快，防治时间应提前；气温低，发育慢，防治也推后。

2. 降雨　降雨往往对病虫草鼠的防治和使用植物生长调节剂不利，引起药液冲刷流失，轻者影响防治效果，重者需要补喷。如果在春季大面积投放毒饵灭鼠时，必须选择晴天用药，否则，降雨引起毒饵变质，导致鼠类不取食，严重影响灭鼠效果。因此，春季害鼠断食期间，要根据天气状况，调整投饵时间。

3. 光照　对作物病害来说，光照时间和光照强度直接影响到病害发生时间和流行程度，因而对病害的防治时间也会产生相应变化。如小麦赤霉病是一个气候型病害，在麦类感病生育期内，若天气晴朗、光照时间长，可抑制或推迟病害发生，因而防治时间可推迟或不用药；而在无光照、气温较高的连阴雨天气，病害有流行可能时，防治时间宜早不宜迟，尽量做到抢晴天用药。

4. 栽培条件　作物栽培季节的早晚，也影响到病虫害的防治适期。

二、对症施药

正确选择农药的品种是有效控制有害生物的最重要的环节之一。人们所选择的农药不仅关系到对有害生物的控制效果，而且也将直接关系到对农药使用者、他人、禽畜及环境的安危。所选择农药的类型、使用的剂型，甚至容器的类别都将是农药事故发生的因子。

1. 选择对症的农药　根据防治对象，选择对症的农药进行防治。选择的农药必须是经过农业部登记并通常由植保部门推荐的。

　　建议通过以下途径确定所需要的农药：

　　① 请教植保技术人员。

　　② 查看植保部门发布的病虫情报或病虫防治公告。

　　③ 查阅植保技术资料和图片。

　　2. 选择合适的剂型　不同农药剂型的安全性差别相当大，故应该将最安全的剂型作为首选。颗粒剂比喷雾剂和粉剂相对要安全，因为它不容易漂移。漂移和扩散性能越强的剂型在气候条件不利的情况下也越容易对要保护的作物产生药害。如果所使用的农药毒性高，这些剂型对农药使用者存在更大的风险。浓缩乳油剂农药一般比可溶性水剂更危险，因为它渗透皮肤更快，而且更不容易洗掉。

三、合理用药

　　农药是有毒物品，使用技术性强，要求高，使用不当容易造成人畜中毒、作物药害、病虫产生抗药性和农产品及环境污染。因此，加强农药安全使用工作，切实保护使用者的健康，保护生态环境，确保农产品无农药残留污染，不断提高农产品质量和出口竞争力，是新形势下植保工作的重点和目标。

　　正确施用农药不仅可以充分发挥农药的作用，达到有效防治有害生物的目的，而且可以避免盲目增加用药量，降低农业成本，减少对环境的污染。重点关注以下两点。

　　1. 科学合理用药　在保证防治效果的前提下，合理用药，勿盲目提高药量、浓度和施药次数，过量施用极易发生药害。应在有效浓度范围内，尽量使用低浓度药品进行防治，防治次数要根据药剂的残效期和病虫害的发生程度来定，防止定期普遍施药，防止配药时不称不量，随手倒药的不合理做法。

　　2. 提高施药质量　施药时细致周到，讲究质量。根据病虫在作物上危害的部位，把农药用在要害处。不同的农药剂型，应采用不同的施药方法。一般乳油、可湿性粉剂、水剂等以喷雾为主；颗粒剂以撒施或深层施药为主；粉剂以撒毒土为主；内吸性强的药剂，可采用喷雾、泼浇、撒毒土法等；触杀性药剂以喷雾为主。不同作用机制的药剂，也应采取不同的施药方法，以达到最高防效为目的。根据病害的发生部位、害虫的活动规律以及不同的农药剂型，选择不同的施药方法和施药时间，危害上部叶片的病虫，以喷雾为主；钻蛀性或危害作物基部的害虫，以撒毒土法或泼浇为主。凡夜出危害的害虫，以傍晚施药效果较好。

四、合理轮换和混用农药

某一种病虫长期使用某一种农药防治，就会产生抗药性；而如果轮换使用性能相似而不同品种的农药，则会提高农药的防治效果。农药的合理混用不但可以提高防效，而且还可以扩大防治对象，延缓病虫产生抗药性。但不能盲目混用。否则，不仅造成浪费，还会降低药效，甚至引起人畜中毒等不良后果。

混用农药时必须注意：一是遇碱性物质分解、失效的农药，不能与碱性农药、肥料或碱性物质混用，一旦混用就会使这类农药很快分解失效。二是混合后会产生化学反应，以致引起植物药害的农药或肥料，不能相互混用。三是混合后出现乳剂破坏现象的农药剂型或肥料，不能相互混用。四是混合后产生絮结或大量沉淀的农药剂型，不能相互混用。

第三节　常用农药介绍

一、杀菌剂

苯醚甲环唑

【类别】　三唑类。

【毒性】　属低毒杀菌剂。对兔皮肤和眼睛有刺激性，对豚鼠无皮肤过敏；对野鸭低毒；对虹鳟鱼高毒；对蜜蜂无毒。

【作用机制】　具有内吸性，是甾醇脱甲基化抑制剂，其杀菌谱广。叶面处理或种子处理可提高作物的产量和保证品质，有持久的保护和治疗活性。

【防治对象】 番茄早疫病、辣椒炭疽病、西瓜蔓枯病、梨黑星病、小麦散黑穗病、矮腥黑穗病、苹果斑点落叶病、棉花立枯病和水稻纹枯病等半知菌亚门、白粉菌科、锈菌目和某些种传病原菌。

【主要制剂】 10%水分散粒剂，3%、5%悬浮种衣剂，30%乳油，250 g/L乳油。

【安全使用技术】

1. 使用方法

（1）防治西瓜蔓枯病 每 667 m² 用 10%水分散剂 50～80 g，对水喷雾。

（2）防治梨黑星病 在发病初期，用 10%水分散粒剂 6 000～7 000 倍液喷雾，间隔 10～14 d 喷药 1 次，连喷 2～3 次。

（3）防治小麦散黑穗病、矮腥黑穗病 每 100 kg 小麦种子用 3%悬浮种衣剂 200～400 mL，一般稀释到 1～1.6 L，充分混匀后倒在种子上，快速搅拌。

（4）防治水稻纹枯病 每 667 m² 用 250 g/L 乳油 15～30 g 对水喷雾。

2. 注意事项

（1）本品药液切勿污染池塘和河流，施药器具也不可在池塘中清洗。

（2）本品不可与铜制剂混用。

（3）本品无专用解毒剂，一旦误服，应立即到医院对症治疗。

（4）药剂使用的安全间隔期见表 3-2。

表 3-2 苯醚甲环唑使用的安全间隔期

剂型	使用对象	最多使用次数	安全间隔期（d）
10%水分散粒剂	西瓜炭疽病	3	7
	梨黑星病	3	14
30%乳油	水稻纹枯病	1（北方），2（南方）	40

波尔多液

【类别】 无机类。

【毒性】 属低毒杀菌剂。对兔皮肤和眼睛无刺激性；对人、畜和天敌动物安全，不污染环境。

【作用机制】 是具有广泛杀菌、预防保护作用的含铜杀菌剂，能黏附在植株体表面，形成一层保护药膜，有效成分碱式硫酸铜可逐渐放出铜离子杀菌，起到防病作用。

【防治对象】 水稻烂秧、棉花苗期病害、马铃薯和番茄晚疫病、茄果类和豆类轮纹病、番茄炭疽病、棉花角斑病、油菜霜霉病及菌核病、果树生长期多种病害、豆类和瓜类炭疽病、叶菜类白斑病、茄绵腐病、大豆霜霉病、棉花烂铃、蚕豆赤斑病、茄褐纹病、辣椒炭疽病。

【主要制剂】 生产上常用的波尔多液比例有：波尔多液石灰等量式（硫酸铜∶生石灰＝1∶1）、倍量式（1∶2）、半量式（1∶0.5）和多量式（1∶3～5），用水一般为160～240倍；也可用10%～20%的水溶化生石灰，80%～90%的水溶化硫酸铜。

【安全使用技术】

1. 使用方法 见表3-3。

表3-3 波尔多液使用方法

硫酸铜（g）	生石灰（g）	清水（kg）	防治对象
250	500	80～100	水稻烂秧，棉花苗期病害
500	500	50～60	果树发芽前喷射保护
500	500	75～100	油菜霜霉病及菌核病，果树生长期多种病害
500	500	150	瓜类炭疽病
500	1 000	100～120	瓜类、油菜霜霉病

2. 注意事项

（1）波尔多液对展叶后的桃、李和梨、苹果的某些品种以及柿、白菜、大豆等作物很敏感，易产生药害，不宜使用。

（2）波尔多液配制后，宜立即使用，且不能与石硫合剂、肥皂、除虫菊酯等混用。在果树上喷波尔多液后，一般须隔3周左右才可喷施石硫合剂，以免产生药害。

（3）喷雾器使用后，要立即清洗干净，否则会被腐蚀损坏。

（4）检验波尔多液质量，可先静放一会儿，看是否沉淀、出现清水层。另外，用纯净的铁器如铁刀、铁钉等，放入配好的波尔多液内，如石灰量不够或作用不完全，铁器上会沉积一层黄色的铜，这时需添加石灰乳进去，以免产生药害。

（5）不要使用金属器具配制波尔多液。

敌磺钠

【类别】 取代苯基类。

【毒性】 属中等毒性杀菌剂。对兔皮肤、眼睛无刺激性；对蜜蜂和鱼类低毒。

【作用机制】 是一种选择性种子处理剂和土壤处理剂，对多种土传和种传病害有良好防效，以保护作用为主，兼具治疗作用，且有一定的内吸和渗透作用，主要是抑制病菌的呼吸代谢。

【防治对象】 对藻菌、腐霉菌、丝囊菌引起的多种病害有较好的防效。如水稻立枯病和腐霉病、烟草黑胫病、大白菜软腐病、番茄绵疫病、炭疽病以及黄瓜、冬瓜、西瓜等的枯萎病、猝倒病、炭疽病等。

【使用制剂】 25％、50％、75％、95％可湿性粉剂，20％分散剂，40％悬浮剂，55％膏剂。

【安全使用技术】

1. 使用方法 防治水稻立枯病、腐霉病，每667 m²用50％可湿性粉剂1.3～1.8 kg秧田喷雾或泼浇。

2. 注意事项

（1）本品溶解慢，应先用水搅拌均匀后再稀释至所需浓度。

（2）本品易光解，宜选择阴天或傍晚时施药。

（3）不能与石硫合剂、波尔多液等碱性农药和农用抗生素混用。

（4）药剂能刺激皮肤，使用时避免药剂污染皮肤。中毒后表现嗜睡、萎靡等症状，严重者可发生抽搐和昏迷现象，要立即用碱性液体洗胃或清洗皮肤，并对症治疗。

多菌灵

【类别】 苯并咪唑类。

【毒性】 属低毒杀菌剂。对兔皮肤、眼睛无刺激性；对鱼类和蜜蜂低毒；对畜类低毒；对蜜蜂无毒。

【作用机制】 为广谱、内吸性杀真菌剂，主要通过干扰细胞的有丝分裂过程来达到杀菌目的。

【防治对象】 麦类赤霉病，油菜菌核病，水稻纹枯病、稻瘟病、小粒菌核病，棉花苗期病害，棉花枯、黄萎病，瓜类白粉病及柑橘贮藏期病害等多种重要病害。

【主要制剂】 5％、25％、50％可湿性粉剂，40％悬浮剂。

【安全使用技术】

1. 使用方法

（1）麦类病害防治 防治麦类黑穗病用多菌灵有效成分 100 g，加水 4 kg，均匀喷洒 100 kg 麦种，再堆闷 6 h 播种；防治麦类赤霉病，于始花期喷第一次药，5～7 d 后喷第二次药，每 667 m² 用 25％可湿性粉剂 150～200 g，常量喷雾。

（2）水稻病害防治 防治稻瘟病，每 667 m² 用多菌灵有效成分 37.5～50 g，对水作常量喷雾或低容量喷雾；防治叶瘟病，在田间发现发病中心或出现急性病斑时喷第一次药，隔 7 d 再喷 1 次；防治水稻纹枯病，在水稻分蘖末期和孕穗前各喷药 1 次，每 667 m² 每次用多菌灵有效成分 37.5～50 g，对水喷雾，喷药时重点喷水稻茎部。

（3）油菜菌核病防治 在油菜盛花期和终花期各喷 1 次。每

667 m² 用多菌灵有效成分 37.5～62.5 g，对水喷雾。

（4）果树病害防治　防治梨黑星病，在梨树萌芽期用 25％ 可湿性粉剂 250 倍液喷第一次药，落花后喷第二次。一般喷 3～4 次，每次间隔期为 7～10 d，防治葡萄白腐病、黑痘病和炭疽病，在葡萄展叶后到果实着色前，使用 25％ 可湿性粉剂 250～500 倍液喷雾，每隔 10～15 d 喷 1 次。

2. 注意事项

（1）可与一般杀菌剂混用，但与杀虫剂、杀螨剂混用时要随混随用；不宜与石硫合剂、波尔多液等碱性农药混用。

（2）长期单一使用多菌灵易使病菌产生抗药性，应与其他杀菌剂轮换使用或混合使用。

（3）作土壤处理时，有时会被土壤微生物分解，降低药效。如土壤处理效果不理想，可改用其他使用方法。

（4）药剂使用的安全间隔期见表 3-4。

表 3-4　多菌灵使用的安全间隔期

剂型	使用对象	最多使用次数	安全间隔期（d）
	花生	3	20
	水稻	2	30
	油菜	2	41
50％可湿性粉剂	柑橘	3	30
	葡萄	2	21
	西瓜	3	14
	小麦	2	20
50％悬浮剂	小麦	1	28

多抗霉素

【类别】　农用抗生素。

【毒性】　属低毒杀菌剂。对兔皮肤和眼睛无刺激性；对鱼类及水生生物均为低毒；对蜜蜂低毒。

【作用机制】　多抗霉素是一类结构很相似的多组分抗生素，为广谱的抗真菌农用抗生素，为内吸性广谱杀菌剂，具有保护和治疗作用。

【防治对象】　在农业上使用主要分两类：一类以 A、B 组分为主，主要用于防治苹果斑点落叶病、轮纹病，梨黑斑病，葡萄灰霉病，草莓、黄瓜、甜瓜的白粉病、霜霉病，人参黑斑病和烟草赤星病等 10 余种作物病害。另一类以 D、E、F 组分为主，主要用于水稻纹枯病的防治。

【主要制剂】　1.5％、2％、3％、10％可湿性粉剂，0.3％、1％水剂等。

【安全使用技术】

1. 使用方法　防治水稻纹枯病、小麦纹枯病、白粉病：10％可湿性粉剂 500～1000 倍液，或 2％可湿性粉剂 100～200 倍液，隔 10 d 左右再喷 1 次。

2. 注意事项

（1）不能与石硫合剂、波尔多液等碱性农药混用，也不能与硫酸铜、硫酸锌、乙烯利水剂等酸性农药混用。

（2）密封保存，以防潮结块失效。

（3）虽属低毒药剂，使用时仍应按安全规则操作。

（4）在一个生长季节喷药次数不宜超过 3 次，以防产生抗性。

噁霉灵

【类别】　异唑类。

【毒性】　属低毒杀菌剂。对兔皮肤和眼睛有轻度刺激性；对鸟类和鱼类低毒，对蜜蜂高毒；对蚯蚓中毒。

【作用机制】　是一种内吸性杀菌剂，同时又是一种土壤消毒剂。作为土壤消毒剂，噁霉灵与土壤中的铁、铝离子结合，抑制孢子的萌发。噁霉灵能被植物的根吸收及在根系内移动，在植株内代谢产生两种糖苷，对作物有提高生理活性的效果，从而能促进植株生长，促进根的分蘖、根毛的增加和根的活性提高。

【防治对象】　粮、油、棉、瓜、果、蔬菜、草坪、林业苗木等作物的苗期立枯病、猝倒病、枯萎病、炭疽病等。

【主要制剂】　8％、15％、30％水剂，70％可湿性粉剂。

【安全使用技术】

1. 使用方法

（1）种子消毒　分干拌、湿拌。每千克种子用原药1g。

① 干拌。将药剂与少量过筛细土掺匀之后加入种子拌匀即可。

② 湿拌。将种子用少量水润湿之后，加入所需药量均匀混合拌种即可。也可以把原药用水稀释成2 000倍液（1 g原药加2 kg水），用适量的稀释液与所要消毒的种子均匀拌好之后阴干播种。拌种最好用拌种桶。每次拌种量不要超过半桶，每分钟20～30转，正倒转各50～60次，使种子与药拌匀。拌种后随即播种，不要闷种。

（2）秧田或苗床土壤及营养土消毒　可防治水稻立枯病、烂秧病，以及蔬菜、烟草、棉花、花卉、苗木等作物的苗期立枯病、猝倒病、炭疽病、枯萎病等病害，可进行苗床或育苗营养土消毒。

① 秧田用药。先将原药用水稀释成3 000倍药液（1 g原药加3 kg水）。在简塑盘育秧时，每盘用稀释液0.5 kg；在秧田旱育、湿润育秧时，每平方米苗床用稀释液3 kg。在播种覆土后或秧苗1叶1心期均匀喷洒于床内。

② 其他作物苗床土壤消毒。每平方米苗床用稀释液3 kg，在播种前或播种后，以及移栽前均匀喷洒于床内，或将上述用药量与15～20 kg过筛细土掺匀后，将其1/3撒在床内，余下2/3用作播种后盖土。

③ 营养土消毒。每立方米用原药2～3 g对适量水均匀喷洒在营养土上，充分掺匀后装盆播种。也可先用少量过筛细土与上述用药量掺匀，之后再与营养土充分拌匀，然后装盆播种。

（3）大田土壤病害防治　播种前土壤消毒，可用噁霉灵对细土进行沟施或穴施。

2. 注意事项

（1）闷种易出现药害。

（2）施药时应穿工作服并注意防护。

（3）施药后用肥皂水清洗身体的裸露部分。

（4）如沾染皮肤和眼睛应立即用清水冲洗。

（5）万一误服，要催吐，保持安静，并送医院对症诊治。

（6）本品应贮存于干燥、通风阴凉处，避免儿童接触。

（7）30％水剂，对水稻立枯病，最多使用3次。

甲基硫菌灵

【类别】 苯并咪唑类。

【毒性】 属低毒杀菌剂。对兔皮肤和眼睛无刺激性；对鱼类有毒，其中对鲤鱼低毒，对虹鳟鱼中毒；对鸟类、蜜蜂低毒。

【作用机制】 广谱杀菌剂，具有向顶性传导功能，对多种病害有预防和治疗作用。对叶螨和病原线虫有抑制作用。

【防治对象】 大丽花花腐病，月季褐斑病，海棠灰斑病，君子兰叶斑病，苹果轮纹病，葡萄褐斑病、灰霉病，桃褐腐病，麦类黑穗病、赤霉病，水稻稻瘟病、纹枯病，柑橘疮痂病，烟草、桑树白粉病，花生叶斑病，甘薯黑斑病。

【主要制剂】 50％、70％可湿性粉剂，40％、50％胶悬剂，36％悬浮剂。

【安全使用技术】

1. 使用方法

（1）防治麦类病害 防治麦类黑穗病，可用50％可湿性粉剂200 g加水4 kg拌种100 kg，然后闷种6 h；防治麦类赤霉病，于始花期喷药1次，5～7 d后喷第二次，每次每667 m² 可用50％可湿性粉剂75～100 g。

（2）防治水稻病害 于发病初期或幼穗形成期，每667 m² 用70％可湿性粉剂1 500～2 143 g，对水喷雾，可防治稻瘟病、纹枯病等。

（3）防治油菜菌核病　每 667 m² 用 70％可湿性粉剂 1 065～1 335 g，对水均匀喷雾，每隔 7～10 d 喷药 1 次。

2. 注意事项

（1）不能与松脂合剂、石硫合剂、波尔多液及无机铜制剂混用。

（2）长期单一使用易产生抗性并与苯并咪唑类杀菌剂有交互抗性，应注意与其他药剂轮用。

（3）药液溅入眼睛可用清水或 2％苏打水冲洗。

碱式硫酸铜

【类别】　无机类。

【毒性】　属低毒杀菌剂。对兔皮肤和眼睛无刺激性；对鱼有毒，其中对鲤鱼中毒；对水蚤中毒；对蜜蜂无毒。

【作用机制】　当药剂喷在植物表面后，形成一层保护膜，在一定湿度条件下，释放出铜离子，铜离子被萌发的孢子吸收，当达到一定的浓度时，就可以杀死孢子细胞，从而起到杀菌作用，但此作用仅限于阻止孢子萌发，也即仅有保护作用。

【防治对象】　水稻纹枯病、白叶枯病，小麦褐色雪腐病。

【主要制剂】　30％悬浮剂，10％、25％粉剂，50％可湿性粉剂。

【安全使用技术】

1. 使用方法　同波尔多液，还可撒粉。每公顷可用剂量 2.24～5.60 kg（有效成分）。

2. 注意事项

（1）铜离子对作物杀伤力较强，为防止产生药害，不可随意提高使用浓度。

（2）在寒冷天气、持续阴雨和浓雾的情况下均易产生药害。

（3）可与大多数农药混用，但不能与石硫合剂、松脂合剂、矿物油乳剂、多菌灵等药剂混用。

甲霜灵

【类别】 酰胺类。

【毒性】 属低毒杀菌剂。对兔皮肤和眼睛无刺激性；对蜜蜂无毒；对鸟类低毒；对鱼类有毒，其中对虹鳟鱼和鲤鱼均为低毒。

【作用机制】 是新型高效内吸性杀菌剂。具有保护、治疗和铲除作用。对作物有很强的双向内吸输导作用，在植物体内传导很快，进入植物体内的药剂可向任何方向传导，既有向顶性、向基性，还可以侧向传导。选择性强，仅对霜霉菌和疫霉菌有效。

【防治对象】 卵菌纲中的霜霉菌和疫霉菌，例如油菜白锈病有良好的防治效果。

【主要制剂】 5％粒剂，25％可湿性粉剂，35％粉剂。

【安全使用技术】

1. 使用方法

（1）拌种 用种子量 0.3％的 35％拌种剂拌种，可防治蔬菜苗期猝倒病。

（2）土壤处理 一般是每 667 m^2 用 25％可湿性粉剂 6 g，与细土 20～30 kg 混拌均匀，取 1/3 洒在畦面，余下 2/3 播后覆土，可防治苗期猝倒病。

2. 注意事项

（1）在中性、酸性介质中较稳定，在碱性介质中易分解。

（2）贮运时严防潮湿和日晒，保持通风良好，不要与食物、饲料混放，贮存温度不得超过 35 ℃。贮存于通风阴凉干燥处。

井冈霉素

【类别】 农用抗生素类。

【毒性】 属低毒杀菌剂。对兔皮肤和眼睛无刺激性；对鱼类低毒。

【作用机制】 是一种放线菌产生的抗生素，具有较强的内吸性，具有保护和治疗作用。井冈霉素易被菌体细胞吸收并在其内迅速传导，干扰和抑制菌体细胞生长和发育。

【防治对象】　水稻纹枯病、水稻稻曲病以及蔬菜、棉花等作物病害。

【主要制剂】　5％、30％水剂，2％、3％、4％、5％、12％、15％、17％和20％可溶性粉剂，0.33％粉剂。

【安全使用技术】

1. 使用方法

（1）防治水稻病害　防治水稻纹枯病一般在水稻封行后至抽穗前期或盛发初期进行，每次每 667 m^2 用 5％可溶性粉剂 100～150 g，对水 45～50 kg，针对水稻中下部喷雾或泼浇，间隔期 7～15 d，施药 1～3 次；防治水稻稻曲病，则在水稻孕穗期每 667 m^2 用 5％水剂 100～150 mL，对水 50～75 kg 喷雾。

（2）防治麦类纹枯病　100 kg 种子用 5％水剂 600～800 mL，对少量的水，均匀喷于麦种，搅拌均匀，堆闷几小时后播种。也可在田间病株率达到 30％左右时，每 667 m^2 用 5％井冈霉素水剂 100～150 mL，对水 60～75 kg 喷雾。

2. 注意事项

（1）不能与松脂合剂、石硫合剂、波尔多液等碱性农药混用。

（2）稻田施药应保持水深 2～3 cm。

（3）属抗生素类农药，应存放在阴凉干燥处，并注意防腐、防霉、防热。

腈菌唑

【类别】　三唑类。

【毒性】　属低毒杀菌剂。对兔、鼠眼睛有轻微刺激；对鹌鹑低毒；对鱼类有毒，其中对蓝腮太阳鱼和鲤鱼均为中毒；对水虱低毒。

【作用机制】　有较强的内吸性，杀菌谱广，药效高，持效期长，具有预防和治疗作用。

【防治对象】　麦类黑穗病、白粉病等。

【主要制剂】 40％可湿性粉剂，5％、6％、12％、12.5％、25％、40％乳油。

【安全使用技术】

1. 使用方法

（1）防治小麦白粉病 于小麦发病初期开始喷雾，每 667 m² 用 25％乳油 8～16 mL，对水 45～50 kg，隔 10～15 d 再喷 1 次，共喷 2 次。

（2）防治小麦黑穗病 每 100 kg 种子拌 25％乳油 25～40 mL。

2. 注意事项

（1）配药或喷施后，先用肥皂水洗手后再进食；若误服，立即请医生诊治。

（2）贮存在儿童接触不到的地方，不可与食物、种子、饲料一起存放或运输。

（3）本品易燃，应密封贮存在阴凉干燥处。

己唑醇

【类别】 三唑类。

【毒性】 属低毒杀菌剂。对兔眼睛有轻微刺激性；对鱼类中毒；对蜜蜂高毒。

【作用机制】 是留醇脱甲基化抑制剂，对真菌尤其是担子菌和子囊菌引起的病害有广谱性的保护和治疗作用。

【防治对象】 水稻纹枯病等病害。

【主要制剂】 12.5％可湿性粉剂，5％悬浮剂。

【安全使用技术】

1. 使用方法 防治水稻纹枯病，每 667 m² 用 5％悬浮剂 60～100 g，对水常规喷雾。

2. 注意事项

（1）使用前应认真阅读农药使用说明书，不能随意改变药量及用水量。

（2）喷雾应均匀、周到，达到叶面湿透但不滴水为止。

菌毒清

【类别】 氨基酸类。

【毒性】 属低毒杀菌剂。对兔皮肤和眼睛无刺激性；对鱼（鲤鱼、罗非鱼、草鱼和鲢鱼）低毒。

【作用机制】 是内吸性杀菌剂。通过凝固病菌蛋白质，破坏病菌细胞膜，抑制病菌呼吸，使病菌酶系统变性，从而杀死病菌，并有较好的渗透性。

【防治对象】 果树腐烂病、棉花枯萎病、番茄和辣椒病毒病和疫病等病害。

【主要制剂】 5％水剂，20％可湿性粉剂。

【安全使用技术】

1. 使用方法 防治水稻细菌性条斑病、白叶枯病，每 667 m²用 5％水剂 170～250 mL 或 20％可湿性粉剂 40～60 g，对水常规喷雾。

2. 注意事项

（1）不要与其他任何农药混用。

（2）低温时易出现结晶，可用温水隔瓶使其溶解，不影响药效。

菌核净

【类别】 杂环类。

【毒性】 属低毒杀菌剂。对兔皮肤和眼睛无刺激性；对鱼低毒。

【作用机制】 对核盘菌和灰葡萄孢有高度活性。不仅药效优良，而且具有直接杀菌、内渗性强、不怕雨淋流失、持效期长等特点。

【防治对象】 油菜菌核病，水稻纹枯病。

【主要制剂】 40％、50％可湿性粉剂。

【安全使用技术】

1. 使用方法

（1）防治油菜菌核病 每 667 m² 用 40％可湿性粉剂 100～150 g对水喷雾，于油菜盛花期施药，隔 7～10 d 后再施 1 次，重点喷洒植株中下部位。

（2）防治水稻纹枯病　每 667 m² 用药 200～250 g 对水喷雾，于发病初开始喷药，每隔 1～2 周施药 1 次，共施 2～3 次。

2. 注意事项

（1）对豆科（如大豆、菜豆、绿豆、赤豆等）和茄科（如茄子、番茄、烟草）等作物敏感，易发生药害，应谨慎使用。

（2）使用中防止药液沾染手、脸、皮肤。如有沾染，立即清洗。施药完毕及时洗净手、脸等裸露部位。

（3）贮存在阴凉、干燥、通风处。

（4）施药后各种工具要注意清洗，包装物要及时回收，并妥善处理。

枯草芽孢杆菌

【类别】　微生物类。

【毒性】　低毒生物农药。

【作用机制】　对某些真菌具有拮抗作用，并具有促进蔬菜根系发展和地上部生长的作用。

【防治对象】　水稻纹枯病等。

【主要制剂】　10 亿/g 可湿性粉剂。

【安全使用技术】

1. 使用方法　防治水稻纹枯病，每 667 m² 用 75～100 g，对水常规喷雾。

2. 注意事项　50 ℃以上不太稳定，贮藏时须注意。

蜡质芽孢杆菌

【类别】　微生物类。

【毒性】　低毒生物农药。对人、畜和天敌安全，不污染环境。

【作用机制】　可提高作物对病菌和逆境危害引发体内产生氧的清除能力，调节细胞微生境，维持细胞正常的生理代谢和生化反应，提高作物的抗逆性，增加作物的保健作用，能促进作物生长，提高产量。

【防治对象】　油菜及蔬菜等作物的立枯病和霜霉病。

【主要制剂】　300 亿蜡质芽孢杆菌/g 可湿性粉剂。

【安全使用技术】

1. 使用方法

（1）拌种　对油菜、玉米、高粱、大豆及各种蔬菜作物，每 1 000 g 种子用本剂 15～20 g 拌种，然后播种。如果种子先浸种后拌本剂菌粉时，应在拌药后晾干再进行播种。

（2）喷雾　在作物旺长期每 667 m² 用本剂 100～150 g，对水 30～40 L 均匀喷雾。据在油菜上试验，可增加油菜分枝数、角果数及籽粒数，促进增产，并对立枯病、霜霉病有防治作用，明显降低发病率。

2. 注意事项

（1）本剂为活体细菌制剂，保存时避免高温，50 ℃以上易造成菌体死亡。

（2）应贮存在阴凉、干燥处，切勿受潮，避免阳光暴晒。

硫酸铜

【类别】　无机盐类。

【毒性】　属低毒杀菌剂。对兔皮肤和眼睛无刺激性；对人畜比较安全，皮肤接触不致中毒，但误食以后会产生急性中毒；对鱼有毒，其中对鲤鱼高毒，对泥鳅中毒。

【作用机制】　铜离子被萌发的孢子吸收，当达到一定的浓度时，就可以杀死孢子细胞，从而起到杀菌作用；但此作用仅限于阻止孢子萌发，也即仅有保护作用，同时，对植物产生药害，仅对铜离子药害忍耐力强的作物或休眠期的果树使用。是一种预防性杀菌剂，需在病发前使用。

【防治对象】　主要用于防治水稻等多种作物病害，对锈病、白粉病作用差。

【主要制剂】　悬浮剂、可湿性粉剂以及 96％以上（原药）结晶粉末。

【安全使用技术】

1. 使用方法

（1）防治水稻烂秧病和绵腐病　用 500～1 000 倍液浸种。

（2）防治大麦褐斑病、坚黑穗病、小麦腥黑穗病等　用 250～500 倍液喷雾。

2. 注意事项

（1）避免与酸性农药如硫酸锌、乙烯利水剂等和碱性农药如松脂合剂、石硫合剂、波尔多液等混用。

（2）贮存于阴凉、干燥、通风良好的库房。

（3）远离火种、热源。

（4）保持容器密封。应与酸类、碱类、食用化学品分开存放，切忌混储。

（5）储区应备有合适的材料收容泄漏物。

春雷霉素

【类别】　农用抗生素类。

【毒性】　属低毒杀菌剂。对兔皮肤和眼睛无刺激性；对人、畜、家禽的急性毒性均低；对鱼类和水生生物低毒；对蜜蜂低毒；对鸟类有毒，其中对鹌鹑低毒；对家蚕低毒。

【作用机制】　为放线菌产生的一种抗生素，影响病菌的蛋白质合成，抑制菌丝伸长和造成细胞颗粒化，但对孢子萌发无影响。

【防治对象】　稻瘟病、高粱炭疽病等病害。

【主要制剂】　2％水剂，2％、4％、6％可湿性粉剂。

【安全使用技术】

1. 使用方法　防治稻叶瘟时，在发病初期用药。防治稻穗瘟病时，于孕穗末期和齐穗期各喷药 1 次。每次每公顷用药量为有效成分 22.5～30 g。在喷洒液中加入适量的展着剂，如中性肥皂，可提高防病效果。

2. 注意事项

（1）药剂对水稻、高粱安全，对菜豆、豌豆、大豆、茄子等有药害，使用时要慎重。

（2）药剂使用的安全间隔期见表 3 - 5。

表 3 - 5　春雷霉素使用的安全间隔期

剂型	使用对象	最多使用次数	安全间隔期（d）
2%水剂	水稻稻瘟病	3	21
	小麦	1	7

稻瘟灵

【类别】　有机硫类。

【毒性】　属低毒杀菌剂。对兔眼睛有轻微刺激；对日本鹌鹑和鸡低毒；对鱼类有毒，其中对鲤鱼、鲫鱼和虹鳟鱼均为中毒。

【作用机制】　通过作用病菌纤维素酶而阻止菌丝进一步生长。能向上、下传导，具保护和治疗作用。

【防治对象】　主要防治稻瘟病，并对叶蝉有效。

【安全使用技术】

1. 使用方法

（1）防治水稻叶瘟病　在发病前或发病初期，每 667 m² 用 40%可湿性粉剂 66.7～100 g，对水均匀喷雾。

（2）防治水稻穗瘟病　剂量同防治水稻叶瘟病，于抽穗前和齐穗期各喷药 1 次。

2. 注意事项

（1）本剂对眼睛有刺激，如不慎溅入应立即用水冲洗。

（2）使用除草剂敌稗后 10 d 内禁用稻瘟灵，不能与碱性农药混用。

（3）40%乳油在水稻上最多使用 2 次，安全间隔期为 28 d。

宁南霉素

【类别】　农用抗生素类。

【毒性】　属低毒杀菌剂。对兔皮肤和眼睛无刺激性；对鱼类低毒。

【作用机制】　能抑制病毒核酸的复制和外壳蛋白合成。除防病治病外，因其含有多种氨基酸、维生素和微量元素，故对作物生长具有明显的调节作用；对改善农作物品质，提高产量，增加效益均有显著作用。

【防治对象】　可有效防治番茄、辣椒、瓜类、谷类、豆类等多种作物的病毒病。对白粉病、蔓枯病、水稻立枯病、白叶枯病、软腐病等多种真菌、细菌病害也有较好防效。

【主要制剂】　2％、8％水剂。

【安全使用技术】　防治水稻条纹叶枯病，可用 2％水剂稀释 200～250 倍液均匀喷雾。在发病前或发病初期施药，连续 2～3 次。

申嗪霉素

【类别】　农用抗生素类。

【毒性】　属低毒杀菌剂。对兔皮肤、眼睛无刺激性。

【作用机制】　由荧光假单胞杆菌 M18 经发酵、提取、配制而成的抗生素类生物杀菌剂。抗菌谱广。通过诱导植株产生系统性抗性来抑制土传植物病害的侵染。

【防治对象】　可有效防治枯萎病、疫病、蔓枯病、纹枯病、赤霉病等多种真菌性病害。

【主要制剂】　1％悬浮剂。

【安全使用技术】

1. 使用方法　防治水稻纹枯病，可用 1％悬浮剂每 667 m^2 用 50～80 mL，加水 45 kg，均匀喷雾。在纹枯病发病初期（丛发病率达 5％～10％）用药防治 1 次，隔 10 d 第二次用药。

2. 注意事项

（1）本品是抗生素类生物杀菌剂，建议与其他作用机制不同的杀菌剂轮换使用。

（2）使用本品时应避免吸入药液，施药期间不可吃东西和饮水。施药后应及时洗手和洗脸。

（3）不慎吸入，应将病人移至空气流通处。

（4）若误服，应立即将病人送医院对症治疗。

（5）本品应贮存在干燥、阴凉、通风、防雨处，远离火源或热源。

（6）严禁与食品、饮料和饲料等其他商品同贮同运。

噻森铜

【类别】 有机金属类。

【毒性】 属低毒杀菌剂。对兔皮肤、眼睛无刺激性；对斑马鱼低毒；对鹌鹑低毒；对蜜蜂和家蚕均为低毒。

【作用机制】 为有机络合铜杀菌剂。

【防治对象】 水稻白叶枯病和细菌性条斑病。

【剂型】 20％悬浮剂。

【安全使用技术】

1. 使用方法 防治水稻白叶枯病和细菌性条斑病，20％悬浮剂每 667 m^2 100～125 mL，一般加水 50 kg，稀释 300～500 倍液。喷雾，连续喷 2～3 次，每次间隔 7 d 左右。

2. 注意事项

（1）发病前使用。

（2）注意与其他杀菌剂轮换使用，避免产生抗药性。

三环唑

【类别】 三唑类。

【毒性】 属低毒杀菌剂。对兔皮肤和眼睛有轻度刺激性；对蓝鳃太阳鱼中毒；对水蚤低毒。

【作用机制】 是一种内吸性能较强的保护性杀菌剂，能迅速被水稻根、茎、叶吸收，并输送到稻株各部。一般在喷洒后 2 h 稻株内吸收药量可达饱和。三环唑抗冲刷力强，主要是抑制孢子萌发和附着胞形成，从而有效地阻止病菌侵入和减少稻瘟菌孢子的产生。

【防治对象】 稻瘟病。

【主要制剂】 20％、40％、75％可湿性粉剂，30％悬浮剂，1％、4％粉剂。

【安全使用技术】

1. 使用方法

（1）防治水稻叶瘟 在秧苗 3～4 叶期，每 667 m² 用 20％可湿性粉剂 50～75 g，对水 40～50 kg，常规喷洒；或用 0.1％有效成分药液浸种 48 h 后再催芽拌种。

（2）防治水稻穗颈瘟 在水稻孕穗末期或破口初期喷药 1 次，每 667 m² 用 20％可湿性粉剂 75～100 g 均匀喷洒，隔 10～14 d 再喷第二次。

2. 注意事项

（1）浸种或拌种对芽苗稍有抑制但不影响后期生长。

（2）防治穗颈瘟时，第一次用药必须在抽穗前。

（3）勿与种子、饲料、食物等混放，发生中毒用清水冲洗或催吐，目前尚无特效解毒药。

（4）对鱼有一定的毒性，在池塘附近施药要注意安全。

（5）药剂使用的安全间隔期见表 3-6。

表 3-6　三环唑使用的安全间隔期

剂型	使用对象	最多使用次数	安全间隔期（d）
75％可湿性粉剂	水稻稻瘟病	2	21
20％可湿性粉剂	水稻	2	2

三唑醇

【类别】 三唑类。

【毒性】 属低毒杀菌剂。对兔皮肤无刺激性；对山齿鹑低毒；对虹鳟鱼和太阳鱼低毒；对蜜蜂和蚯蚓低毒。

【作用机制】 是一种广谱杀菌剂，是三唑酮的延伸产品。抑制赤霉菌和麦角甾醇的生物合成进而影响细胞分裂速率。对病害具有保护、铲除和治疗作用。能杀死附于种子表面的病原菌，也能杀死种子内部的病原菌。

【防治对象】　麦类锈病、白粉病、黑穗病，水稻纹枯病等病害。具有明显的增产效果。可作为种子处理剂，也可喷洒。

【主要制剂】　10％、15％、25％干拌种剂，17％、25％湿拌种剂，25％胶悬拌种剂。

【安全使用技术】

1. 使用方法

（1）防治麦类锈病和白粉病　每 100 kg 种子用 300～375 g 10％的干拌种剂拌种。

（2）防治麦类黑穗病　每 100 kg 种子用 40～60 g 25％的干拌种剂拌种。

2. 注意事项

（1）拌种时必须使种子黏药均匀，必要时采用黏着剂，否则不易发挥药效。

（2）如误食应立即送医院，对症治疗，目前尚无特效解毒药。

（3）处理麦类种子有抑制幼苗生长的特点，抑制强弱与药剂的浓度有关，但比三唑酮轻得多，基本上不影响麦类中后期的生长和产量。

氟环唑

【类别】　三唑类。

【毒性】　属低毒杀菌剂。对兔皮肤和眼睛有刺激性；对鹌鹑低毒；对蜜蜂低毒；对鱼类有毒，其中对虹鳟鱼和大翻车鱼均为中毒。

【作用机制】　广谱杀菌剂。其不仅具有很好的保护、治疗和铲除活性，而且具有内吸和较佳的残留活性。

【防治对象】　立枯病、白粉病、眼纹病等多种病害。

【主要制剂】　125 g/L 悬浮剂，12.5％悬浮剂。

【安全使用技术】

1. 使用方法　使用剂量通常为每公顷 75～125 g（有效成分）。

喷雾处理。防治小麦锈病，每 667 m² 用 125 g/L 悬浮剂 48～60 g，对水喷雾。

2. 注意事项

（1）勿使药物溅入眼或沾染皮肤。进食、饮水或吸烟前必须先清洁手及裸露皮肤。

（2）勿把剩余药物倒入池塘、河流。

（3）置于阴凉干燥通风地方。药物必须用原包装贮存。

（4）125 g/L 悬浮剂对于小麦锈病，最多使用 2 次，安全间隔期为 30 d。

公主岭霉素

【类别】 农用抗生素类。

【毒性】 属中等毒性杀菌剂。

【作用机制】 对一些种传真菌病害如高粱散黑穗病等有良好防效，但对细菌性病害效果较差。

【防治对象】 高粱散黑穗病和坚黑穗病，小麦光腥黑穗病。

【主要制剂】 0.25％可湿性粉剂。

【安全使用技术】

1. 使用方法 主要以种子处理。先将 0.25％药剂按 1∶50 加水浸泡药粉 12 h 以上，在浸泡过程中要搅动几次，使抗生素充分释放于水中；再将药液喷洒于种子，边喷边洒于种子，边喷边拌。每 100 kg 种子喷 8 L 药液，闷堆 4 h 后播种。

2. 注意事项 由于本剂无内吸传导作用，喷药时必须均匀、仔细，以能保证药效。

福美双

【类别】 有机硫类。

【毒性】 属中等毒性杀菌剂。对兔皮肤有轻微刺激，对兔眼睛有中等刺激性；对鱼类有毒，其中对大翻车鱼为剧毒，对虹鳟鱼为高毒；对水蚤高毒；对蜜蜂低毒；对蚯蚓低毒。

【作用机制】　为广谱保护性杀菌剂。对种子传染和苗期土壤传染的病变有良好的防治效果，多用于种子处理和土壤处理。高剂量对田间老鼠有一定驱避作用。

【防治对象】　对多种作物霜霉病、疫病、炭疽病、禾谷类黑穗病、苗期立枯病有较好的防治效果。

【主要制剂】　50％、75％、80％可湿性粉剂。

【安全使用技术】

1. 使用方法

（1）防治水稻稻瘟病、胡麻叶斑病、立枯病　每 100 kg 种子用 50％可湿性粉剂 0.5 kg 拌种。

（2）防治麦类、玉米、高粱黑穗病　每 100 kg 种子用 50％可湿性粉剂 0.5 kg 拌种。

（3）防治油菜霜霉病　用 50％可湿性粉剂 500～800 倍液喷雾，每 667 m² 喷药液 50～100 kg。

2. 注意事项

（1）不能与铜、汞及如松脂合剂、石硫合剂、波尔多液等碱性溶液混用或前后紧连使用。

（2）拌过药的种子有残毒，不能再食用。对皮肤和黏膜有刺激作用，喷药时注意防护。

（3）误服会出现恶心、呕吐、腹泻等症状，皮肤接触易发生瘙痒及出现斑疹等，应催吐，洗胃及对症治疗。

（4）贮存在阴凉干燥处，以免分解。

（5）冬瓜幼苗对本剂敏感，忌用。

咯菌腈

【类别】　吡咯类。

【毒性】　属低毒杀菌剂。对兔皮肤和眼睛无刺激性；对山齿鹑和野鸭低毒；对鱼有毒，其中对鲤鱼中毒，对虹鳟鱼高毒；对水蚤中毒；对蚯蚓和蜜蜂低毒。

【作用机制】　是内吸广谱性杀菌剂，通过抑制葡萄糖磷酰化的转移，抑制真菌菌丝体生长而致效，它对子囊菌、担子菌、半知菌中多种病原真菌具有活性，能抑制孢子萌发和菌丝生长。用于种子处理，可防治种子带菌及土壤传播的真菌病害。持效期长，且不易与其他杀菌剂发生交互抗性。

【防治对象】

（1）适用于小麦、大麦、水稻、油菜等作物。可有效防治小麦腥黑穗病、雪腐病、雪霉病、纹枯病、根腐病、全蚀病、颖枯病、秆黑粉病，大麦条纹病、网斑病、坚黑穗病，水稻恶苗病、胡麻叶斑病、早期叶瘟病、立枯病，油菜黑斑病、黑胫病。

（2）有效成分对子囊菌、担子菌、半知菌的许多病原菌有非常好的防效。当处理种子时，有效成分在处理时及种子发芽时只有很小量内吸，但却可以杀死种子表面及种皮内的病菌。

（3）有效成分在土壤中不移动，因而在种子周围形成一个稳定而持久的保护圈。持效期可长达 4 个月以上。

（4）处理种子安全性极好，不影响出苗，能促进种子提前出苗。在推荐剂量下处理的种子在适宜条件下存放 3 年不影响出芽率。

【主要制剂】　10％水分散粒剂，50％可湿性粉剂，2.5％、10％悬浮种衣剂。

【安全使用技术】

1. 使用方法

（1）手工拌种　将悬浮种衣用水稀释成拌种液后（一般作物种子每 100 kg 种子拌种液为 1～2 L，大豆每 100 kg 种子拌种液0.6～0.9 L），倒在种子上，快速搅拌或摇晃，直到药液均匀分布到每粒种子上（根据颜色判断）。若地下害虫严重可加常用拌种剂混匀后拌种。

（2）机械拌种　根据所采用的拌种机械性能及作物种子，将悬浮种衣剂加水稀释好后加入拌种机进行拌种。国产拌种机一般药种比为 1∶60，即每 100 kg 种子拌种液为 1.66 L（大豆 1 L 以内）；进口拌种机，一般药种比为 1∶（80～120），即 100 kg 种子拌种液

0.8~1.25 L。

（3）药剂用量

① 大麦和小麦。每 100 kg 种子用 2.5％悬浮种衣剂 100~200 mL 或 10％悬浮种衣剂 25~50 mL。

② 水稻。每 100 kg 种子用 2.5％悬浮种衣剂 200~800 mL 或 10％悬浮种衣剂 50~200 mL。

③ 油菜。每 100 kg 种子用 2.5％悬浮种衣剂 600 mL 或 10％悬浮种衣剂 150 mL。

2. 注意事项

（1）对水生生物有毒，勿把剩余药物倒入池塘、河流。

（2）农药泼洒在地，立即用沙、锯末、干土吸附，把吸附物集中深埋。曾经泼洒的地方用大量清水冲洗。回收药物不得再用。

（3）经处理种子绝对不得用于喂禽畜，绝对不得用于加工饲料或食品。

（4）用剩种子可以贮放 3 年，但若已过时失效，绝对不可把种子洗净作饲料及食品。

（5）播后必须盖土。

萎锈灵

【类别】　酰胺类。

【毒性】　属低毒杀菌剂。对兔眼睛有刺激性；对野鸭和鹌鹑低毒；对虹鳟鱼中毒；对水蚤低毒。

【作用机制】　为选择性内吸杀菌剂。它能渗入萌芽的种子而杀死种子内的病菌。萎锈灵对植物生长有刺激作用，并能使小麦增产。

【防治对象】　高粱散黑穗病和丝黑穗病，玉米丝黑穗病，麦类锈病，谷子黑穗病，棉花黄萎病。

【主要制剂】　20％乳油。

【安全使用技术】

1. 使用方法

（1）防治麦类黑穗病　每 100 kg 种子用 20％乳油 500 mL

拌种。

（2）防治麦类锈病　每 100 kg 种子用 20％乳油 187.5～375 mL 对水喷雾，每隔 10～15 d 喷 1 次，共喷 2 次。

2. 注意事项

（1）本剂不能与酸性农药如硫酸铜、硫酸锌、乙烯利水剂等和碱性农药如松脂合剂、石硫合剂、波尔多液等混用。

（2）本剂 100 倍液对麦类、高粱的某些品种可能有轻微危害，使用时要注意。

（3）药剂处理过的种子不可食用或作饲料。

（4）萎锈灵虽属低毒杀菌剂，配药和用药人员仍需注意防止污染手、脸，如有污染应立即清洗，操作时不要抽烟、喝水或吃东西，如遇中毒事故，应立即请医生治疗。

（5）施药后各种工具要注意清洗，包装物要及时回收并妥善处理。

（6）药剂应贮存在干燥、避光和通风良好的仓库中，运输和贮存应有专门的车皮和仓库，不得与食物及日用品一起运输和贮存。

武夷菌素

【类别】　农用抗生素类。

【毒性】　属低毒杀菌剂。对兔皮肤和眼睛无刺激性；对人、畜、蜜蜂、天敌昆虫、鱼类和鸟类均安全。对植物无残毒，不污染环境。

【作用机制】　能抑制病原菌蛋白质的合成，并抑制病原菌菌体菌丝生长、孢子形成、萌发和影响菌体细胞膜渗透性；武夷菌素能对植物进行抗性诱导。

【防治对象】　水稻立枯病、纹枯病、白叶枯病；小麦的白粉病和赤霉病。

【主要制剂】　1％、2％水剂。

【安全使用技术】

1. 使用方法　防治水稻立枯病、纹枯病、白叶枯病，小麦白粉病、赤霉病，大豆灰斑病、细菌性斑点病等，用1％水剂100～150倍液喷雾。

2. 注意事项

（1）本剂不宜与碱性农药如松脂合剂、石硫合剂、波尔多液等混用。药液稀释后及时用完。

（2）施药时要做到均匀、周到，提高防效。为发挥其保护作用，施药期可适当提前，并连续喷洒2～3次。

（3）药剂贮存在阴凉、干燥处。

戊唑醇

【类别】 三唑类。

【毒性】 属低毒杀菌剂。对兔皮肤和眼睛无刺激性；对山齿鹑低毒；对鱼有毒，其中对虹鳟鱼和蓝腮太阳鱼中毒；对蜜蜂低毒；对蚯蚓低毒。

【作用机制】 为甾醇脱甲基抑制剂，是用于重要经济作物的种子处理或叶面喷洒的高效杀菌剂。

【防治对象】 禾谷类作物的多种锈病、白粉病、网斑病、根腐病、赤霉病、黑穗病及种传轮斑病等。

【主要制剂】 0.2％、2％悬浮种衣剂，30％、43％悬浮剂，60 g/L悬浮种衣剂，12.5％、25％、80％可湿性粉剂，12.5％、25％水乳剂，2％干拌剂，2％湿拌剂。

【安全使用技术】

1. 使用方法

（1）防治禾谷类作物锈病、白粉病、网斑病、根腐病及麦类赤霉病等，以每公顷250～375 g（有效成分）进行叶面喷雾。

（2）防治腥黑粉菌属和黑粉菌属菌引起的病害，如大麦散黑穗病、燕麦散黑穗病、小麦网腥黑穗病、光腥黑穗病及种传的轮斑病等，以每1 000 kg含20～30 g（有效成分）进行种子处理。

2. 注意事项

（1）贮存于儿童接触不到场所。

（2）贮存于干燥阴凉场所，避免太阳直晒。

（3）贮存于原始容器中。不用时紧锁容器。

（4）远离食品和饮料。勿污染水资源。存于通风处。

烯肟菌胺

【类别】 甲氧基丙烯酸酯类。

【毒性】 低毒杀菌剂。

【作用机制】 是以天然抗生素为先导化合物开发的杀菌剂，与其他同类杀菌剂一样，为真菌线粒体的呼吸抑制剂。能提高作物产量，改善产品品质。

【防治对象】 对由鞭毛菌、结合菌、子囊菌、担子菌及半知菌引起的如黄瓜白粉病和小麦白粉病等多种植物病害具有良好的防治效果，并能提高作物产量，改善产品品质。

【主要制剂】 5%乳油，20%可湿性粉剂。

【安全使用技术】 防治小麦白粉病，于小麦孕穗期发病初期每 667 m^2 用 5%乳油 53～107 mL，对水喷雾，间隔 7 d，一般施药 2 次。

烯唑醇

【类别】 三唑类。

【毒性】 属低毒杀菌剂。对兔皮肤和眼睛无刺激性；对鹌鹑低毒；对野鸭低毒；对鱼类中毒；对蜜蜂低毒。

【作用机制】 为高效、广谱的杀菌剂，是脱甲基甾醇合成酶抑制剂。具有保护、治疗、铲除和内吸向顶传导作用，并具有优良的生长调节作用。

【防治对象】 小麦白粉病，水稻纹枯病。

【主要制剂】 2%、2.5%、5%、12.5%可湿性粉剂，5%、12.5%乳油，5%拌种剂等。

【安全使用技术】

1. 使用方法

（1）防治小麦白粉病 于发病初期，每 667 m^2 用 12.5%可湿性粉剂 30~60 g，对水 50~60 kg 喷雾。每隔 7~10 d 喷 1 次，连续喷 2~3 次。

（2）防治水稻纹枯病 于发病初期，每 667 m² 用 12.5％乳油 20~25 g 对水喷雾。

2. 注意事项

（1）使用本剂应遵守农药安全使用操作规程，穿好工作服，戴好口罩、手套；避免药液、药粉吸入或沾染皮肤。工作结束后用肥皂和水将脸、手洗干净。

（2）本品应贮存于阴凉、干燥、通风和儿童接触不到的地方。不能与食物和饲料混放。

（3）本品不可与碱性农药如松脂合剂、石硫合剂、波尔多液等混用。

盐酸吗啉胍

【类别】 胍类。

【毒性】 低毒杀病毒剂。

【作用机制】 是一种广谱、低毒病毒防治剂。该药喷施到植物叶面后，可通过气孔进入植物体内，抑制和破坏核酸及脂蛋白的合成而起到防治病毒的作用。

【防治对象】 小麦丛矮病，玉米粗缩病，番茄、黄瓜和青椒等蔬菜作物上的病毒病。

【主要制剂】 20％可湿性粉剂。

【安全使用技术】

1. 使用方法 防治小麦丛矮病、玉米粗缩病，在发病初期将 20％可湿性粉剂稀释 500~700 倍液，叶面喷雾。每 667 m² 用药 100~150 g，生长期施用 2~3 次，或视病情而定。

2. 注意事项

（1）药剂不可与碱性农药如松脂合剂、石硫合剂、波尔多液等混合使用。

（2）本品一定要在发病初期开始喷药，否则防治效果大为降低。

叶枯唑

【类别】 噻唑类。

【毒性】 属低毒杀菌剂。对兔皮肤和眼睛无刺激性；对鱼类低毒。

【作用机制】 内吸杀菌剂。具有良好的治疗和预防作用，对细菌病害有较好的防效。

【防治对象】 植物细菌性病害。对水稻白叶枯病和细菌性条斑病、柑橘溃疡病有较好的防治效果。

【主要制剂】 20％、25％可湿性粉剂。

【安全使用技术】

1. 使用方法

（1）防治水稻白叶枯病、细菌性条斑病 秧苗 3～4 叶期和移栽前 5 d，各施 1 次药，每次每 667 m^2 用 25％可湿性粉剂 100～150 g，对水 40～50 kg 喷雾。

（2）防治水稻细菌性条斑病 使用方法同水稻白叶枯病。

2. 注意事项

（1）不宜用毒土法施药。

（2）孕妇禁忌与本药接触。

（3）放于阴凉干燥处，以免受潮。

异稻瘟净

【类别】 有机磷类。

【毒性】 属低毒杀菌剂。对兔皮肤和眼睛有轻微刺激性；对公鸡低毒；对鲤鱼中毒。

【作用机制】 内吸杀菌剂，主要干扰细胞膜透性，使几丁质合成受阻，从而使菌体不能正常发育，残效期较长，具有抗倒伏及兼治飞虱、叶蝉的功效。

【防治对象】 稻瘟病。

【主要制剂】 40％、50％乳油，20％粉剂，17％颗粒剂。

【安全使用技术】

1. 使用方法

（1）防治稻叶瘟　在病害发生初期，每 667 m² 用 40%乳油 150 mL，对水 50～75 kg，常规喷雾。如病情继续发展，可在 1 周后再喷 1 次。

（2）防治稻穗颈瘟　在水稻破口及齐穗期各喷 1 次，每 667 m² 用 40%乳油 150～200 mg，对水 40～50 kg 常规喷雾。如果前期叶瘟较重，后期肥料过多，稻苗生长嫩绿及易感病品种，可在抽穗期再喷 1 次。

2. 注意事项

（1）不能与碱性农药如松脂合剂、石硫合剂、波尔多液等混合使用，不能与高毒有机磷农药、五氯酚钠、敌稗混用，施药前后 10 d 内不能施敌稗。

（2）异稻瘟净还是棉花脱叶剂，在棉田附近使用时须注意。

（3）本品易燃，不能接近火源。

（4）在水稻抽穗前使用，一个生育期最多使用 5 次。

嘧菌酯

【类别】　甲氧基丙烯酸酯类。

【毒性】　属低毒杀菌剂。对兔皮肤和眼睛有轻微刺激性；对鱼类有毒，其中对虹鳟鱼高毒，对鲤鱼中毒；对蜜蜂低毒；对蚯蚓低毒。

【作用机制】　为甲氧丙烯酸酯类杀菌剂的第一个产品，系线粒体呼吸抑制剂。杀菌活性高，抗病谱广，对大多数植物病原真菌有很高的抗菌活性，既能抑制菌丝生长，又能抑制孢子萌发。

【防治对象】　对稻瘟病、水稻恶苗病菌、水稻纹枯病菌、小麦赤霉病菌、黄瓜炭疽病菌和辣椒红色炭疽病菌的菌丝生长最为敏感。另外也能防治葡萄霜霉病、葡萄白粉病、苹果黑星病、马铃薯疫病等病害。

【主要制剂】　25%、80%水分散粒剂，22.9%悬浮剂。

【安全使用技术】

1. 使用方法 可用于茎叶喷雾、种子处理，也可进行土壤处理。施用剂量根据作物和病害的不同为每公顷 25~400 g（有效成分），通常使用剂量为每公顷 100~375 g（有效成分）。

2. 注意事项

（1）提前用药，即作物病害发生前用药，作物生长旺盛期用药。

（2）不可使用次数过多，不可连续用药，为防止病菌产生抗药性，严禁一个生长季节使用次数超过 4 次，而且要与其他药剂交替使用。如气候特别有利于病害发生时，使用过嘧菌酯的蔬菜也会轻度发病，可选用其他杀菌剂进行针对性的预防和治疗。

（3）避免与乳油类农药混用。

丙环唑

【类别】 三唑类。

【毒性】 属低毒杀菌剂。对兔眼睛和皮肤无刺激性，对鹌鹑低毒，对野鸭低毒，对北京鸭低毒；对鱼有毒，其中对虹鳟鱼和鲤鱼均为中毒；对蜜蜂低毒。

【作用机制】 为脱甲基甾醇抑制剂，具内吸性，可被根、茎、叶部吸收，并能很快在植株体内向上传导。兼具保护和治疗作用。持效期长达 1 个月左右。

【防治对象】 麦类根腐病和白粉病，水稻恶苗病，香蕉叶斑病等。

【主要制剂】 25％乳油。

【安全使用技术】

1. 使用方法

（1）防治小麦白粉病、条锈病、大麦叶锈病、燕麦冠锈病 于孕穗期每 667 m² 用 25％乳油 32~36 mL，对水喷雾。

（2）防治小麦根腐病 种子处理时按种子重量 0.12％~0.16％拌药，田间施药于小麦抽穗扬花期，每 667 m² 用 35~40 mL，对水喷雾，必要时隔 7~10 d 再施药 1 次。

（3）防治水稻恶苗病 用 1 000 倍液浸种 2~3 d，直接催芽播种。

（4）防治小麦纹枯病　每 667 m² 用 25％乳油 20～30 mL，初发病时用 20 mL，发病中期用 30 mL，对水进行喷雾。

（5）防治小麦颖枯病　在小麦孕穗期，每 667 m² 用 25％乳油 33.2 mL，对水 60～75 L 喷雾。

2. 注意事项

（1）在农作物的苗期、花期、幼果期、嫩梢期，稀释倍数要求达到 3 000～4 000 倍液，并在植保技术人员的指导下使用。可以和大多数酸性农药混配使用。

（2）喷药时应穿防护服，工作后要换洗衣服并洗澡。

（3）不要因处理废药液而污染水源和水系，注意不要污染食物和饲料。

（4）贮存温度不得超过 35 ℃。

（5）药剂使用的安全间隔期见表 3-7。

表 3-7　丙环唑使用的安全间隔期

剂型	使用对象	最多使用次数	安全间隔期（d）
25％乳油	小麦锈病、白粉病、根腐病	2	28

咪鲜胺

【类别】　咪唑类。

【毒性】　属低毒杀菌剂。对兔皮肤和眼睛无刺激性；对野鸭低毒；对鱼有毒，其中对虹鳟鱼和鲤鱼高毒；对蜜蜂中毒；对蚯蚓低毒。

【作用机制】　具有预防保护、治疗等多重作用。通过抑制甾醇的生物合成而起作用，在植物体内具有内吸传导作用，对于子囊菌和半知菌引起的多种病害防效好。

【防治对象】　水稻恶苗病、柑橘病害、芒果炭疽病、小麦赤霉病、甜菜褐斑病。

【主要制剂】 45%水乳剂，25%乳油等。

【安全使用技术】

1. 使用方法

（1）防治水稻恶苗病 不同地区用法不同，长江流域及长江以南地区，用25%乳油2 000～3 000倍液，调好药液浸种1～2 d，然后取出稻种用清水进行催芽。黄河流域及黄河以北地区，用25%乳油3 000～4 000倍液，调好药液浸种3～5 d，然后取出稻种进行催芽。在东北地区用25%乳油3 000～5 000倍液浸种5～7 d。

（2）防治小麦赤霉病 在小麦抽穗扬花期，每667 m² 用25%乳油53～66.7 mL喷雾。

2. 注意事项

（1）使用前应先摇匀再稀释，即配即用。

（2）可与多种农药混用，但不宜与酸性农药如硫酸铜、硫酸锌、乙烯利水剂等和碱性农药如松脂合剂、石硫合剂、波尔多液等混用。

（3）施药时不可污染鱼塘、河道、水沟。

（4）药物置于阴凉干燥避光处保存。

（5）药剂使用的安全间隔期见表3-8。

表3-8 咪鲜胺使用的安全间隔期

剂型	使用对象	最多使用次数	安全间隔期（d）
25%乳油	水稻	2	30

醚菌酯

【类别】 甲氧基丙烯酸酯类。

【毒性】 属低毒杀菌剂。对兔眼睛和皮肤无刺激性；对鱼有毒，其中对虹鳟鱼和大鳍鳞鳃太阳鱼高毒；对水蚤高毒；对蜜蜂低毒；对蚯蚓低毒。

【作用机制】 线粒体呼吸抑制剂，对其他三唑类、苯甲酰胺类、苯并咪唑具抗性的病菌有效。具保护、治疗、铲除、渗透、内吸活性。

【防治对象】 主要用于水稻等禾谷类、马铃薯、果树等作物防治白粉病、霜霉病、黑星病、锈病、疫病等病害。

【主要制剂】 50％水分散粒剂，30％可湿性粉剂。

【安全使用技术】

1. 使用方法 小麦锈病、颖枯病、网斑病等，每公顷使用剂量 200～250 g（有效成分）。

2. 注意事项 不得与碱性农药如松脂合剂、石硫合剂、波尔多液等混用。

中生菌素

【类别】 农用抗生素。

【毒性】 低毒杀菌剂。

【作用机制】 广谱农用杀菌抗生素。通过抑制细菌的菌体蛋白质合成和使真菌菌丝畸形，从而抑制孢子萌发和杀死孢子，达到杀菌效果。对革兰氏阳性和阴性菌、分支杆菌、酵母菌及真菌有效。

【防治对象】 防治水稻白叶枯病、大白菜软腐病和柑橘溃疡病等。

【主要制剂】 3％可湿性粉剂，1％水剂。

【安全使用技术】

1. 使用方法 防治水稻白叶枯病、恶苗病，用3％可湿性粉剂 300 倍液浸种 5～7 d，发病初期再用 800～1 000 倍液喷雾 1～2 次。

2. 注意事项

（1）本剂不可与碱性农药如松脂合剂、石硫合剂、波尔多液等混用。

（2）预防和发病初期用药效果显著；施药应做到均匀、周到；如施药后遇雨应补喷。

（3）贮存在阴凉、避光处。

三唑酮

【类别】 三唑类。

【毒性】 属低毒杀菌剂。对皮肤和眼睛有轻度刺激性；对野鸭低毒；对鱼类有毒，其中对金鱼、虹鳟鱼中毒；对水蚤低毒；对蜜蜂和鸟类无毒。

【作用机制】 为麦角甾醇生物合成抑制剂，可使孢子细胞变形，菌丝膨大，分枝畸形，直接影响细胞渗透致死，是一种具有较强内吸性的杀菌剂。该药剂具有双向传导功能，并且具有预防、铲除、治疗和熏蒸作用，持效期较长。

【防治对象】 对锈病、白粉病和黑穗病防效好，对玉米和高粱等黑穗病，玉米圆斑病，具有较好的防治效果。

【主要制剂】 5％、15％、25％可湿性粉剂，25％、20％、10％乳油，25％悬浮剂，0.5％、1％、10％粉剂，15％烟雾剂。

【安全使用技术】

1. 使用方法

（1）防治麦类黑穗病 每 100 kg 种子用有效成分 30 g（15％可湿性粉剂 200 g）的药剂拌种。

（2）防治麦类锈病、白粉病、云纹病 可在病害初发时，每 667 m² 用有效成分 8.75 g（25％乳油 35 g），严重时可用有效成分 15 g（25％乳油 60 g）对水 75～100 kg 喷雾。

2. 注意事项

（1）可与碱性农药如松脂合剂、石硫合剂、波尔多液等和铜制剂以外的其他制剂混用。拌种可能使种子延迟 1～2 d 出苗，但不影响出苗率及后期生长。

（2）药剂置于干燥通风处。

（3）无特效解毒药，只能对症治疗。

（4）药剂使用的安全间隔期见表 3-9。

表 3-9　三唑酮使用的安全间隔期

剂型	使用对象	最多使用次数	安全间隔期（d）
35％可湿性粉剂	水稻	3	21
25％可湿性粉剂	小麦	2	20
20％可湿性粉剂	小麦	2	20
15％可湿性粉剂	黄瓜	2	5
	玉米（拌种）	1	
	小麦	2	20
20％乳油	小麦	2	30

石硫合剂

【类别】　无机类。

【毒性】　属低毒杀菌剂。对人的皮肤有强烈腐蚀性，并能刺激眼和鼻。对青鳉鱼剧毒。

【主要制剂】　29％水剂，30％多硫化钙块剂，45％固体，45％结晶。

【作用机制】　有杀虫和杀菌效力。喷雾于植株上后，其中的多硫化钙在空气中经氧、水和二氧化碳的影响而发生一系列的化学变化，形成硫黄微粒而起杀菌作用，其效力比其他硫黄制剂高。同时，因该制剂呈碱性，有侵蚀昆虫表皮蜡质层的作用，故可杀介壳虫及其卵等蜡质层较厚的害虫。

【防治对象】　可防治多种病害，对锈菌和白粉菌引起的病害，防效尤好。

【安全使用技术】

1. 使用方法　防治麦类白粉病，于发病初期用 45％结晶，或 45％固体，以 150 倍液均匀喷雾，每 667 m^2 喷药液量 50 kg。

2. 注意事项

（1）石硫合剂是强碱性药剂，不能与忌碱药剂（如对硫磷、代森锌等）混用，也不能与肥皂及波尔多液混用。

（2）喷过机油乳剂和波尔多液后要隔 1 个月才能使用石硫合剂；喷过松碱合剂后，要隔 20 d 才能使用石硫合剂。

（3）石硫合剂与波尔多液混合，会产生黑褐色硫酸铜沉淀，不仅破坏了两种药剂原有的杀菌能力，同时生成的硫酸铜又能继续溶解，产生过量的可溶性铜，使植物很容易发生药害；如与松碱合剂或肥皂混用，则会生成不溶于水的钙皂而产生沉淀，不仅降低药效，还会引起药害。

（4）石硫合剂原液有腐蚀作用，如果皮肤或衣服沾着原液，要及时用水冲洗；要用陶器贮存，不能用铜、铅等器具存放。

异菌脲

【类别】　二羧酰亚胺类。

【毒性】　属低毒杀菌剂。对兔皮肤和眼睛无刺激性；对山齿鹑低毒，对野鸭低毒；对鱼类中毒；对蜜蜂高毒；对蚯蚓低毒。

【作用机制】　为保护性杀菌剂。通过抑制蛋白激酶，控制多种细胞内信号，干扰碳水化合物进入真菌细胞而致敏。

【防治对象】　广泛用于葡萄、果树、花卉、蔬菜、谷物、马铃薯及水果的贮藏，防治灰霉病、菌核病等多种病害。

【主要制剂】　50％可湿性粉剂，50％悬浮剂，5％、25％油悬浮剂。

【安全使用技术】

1. 使用方法

（1）防治油菜菌核病　在油菜始花期，花蕾率达 20％～30％时施第一次药，盛花期再施第二次药，每次每 667 m² 用 50％悬浮剂 65～100 mL，对水喷雾。

（2）防治水稻胡麻斑病、纹枯病和菌核病　在发病初期施药，可连续施药 2～3 次，施药间隔期 7～10 d，每次每 667 m² 用 50％悬浮剂 66.7～100 mL。

2. 注意事项

（1）该药常规用量 1 500 倍液，最高用量为 1 000 倍液。

（2）放在阴凉、通风处，用后包装妥善处理。

（3）药剂使用的安全间隔期见表3-10。

表3-10 异菌脲使用的安全间隔期

剂型	使用对象	最多使用次数	安全间隔期（d）
25%悬浮剂	油菜菌核病	2	50

乙蒜素

【类别】 有机硫类。

【毒性】 低毒杀菌剂。

【作用机制】 主要与菌体内含巯基物质作用而抑制菌体正常代谢。

【防治对象】 水稻烂秧病、恶苗病、稻瘟病、棉花黄萎病、枯萎病、苹果叶斑病和油菜霜霉病等。

【主要制剂】 30%、41%、80%乳油。

【安全使用技术】

1. 使用方法

（1）种子处理 防治水稻烂秧病、恶苗病、稻瘟病和棉花苗期的病害等，通常以100～160 mg/L 药液浸种。防治棉花黄萎病、枯萎病，以800 mg/L 浓度浸种。

（2）喷洒处理 以400～800 mg/L 浓度喷洒处理可防治苹果叶斑病、棉花苗期病害和油菜霜霉病等。

2. 注意事项

（1）不宜与碱性农药如松脂合剂、石硫合剂、波尔多液等混用。

（2）本剂对眼睛和皮肤有刺激，不慎溅入和接触后应立即用水冲洗。

乙烯菌核利

【类别】 二羧酰亚胺类。

【毒性】 属低毒杀菌剂。对兔眼睛无刺激性，对兔皮肤有中等刺激性；对蜜蜂和鸟类低毒，对鹌鹑低毒；对虹鳟鱼低毒；对蚯蚓无毒。

【作用机制】 主要干扰病菌细胞核功能，改变细胞膜的渗透性，使细胞破裂，并能有效地阻止病菌孢子萌发后的芽管生长。

【防治对象】 对果树和蔬菜上的灰霉病、褐斑病、菌核病有良好防效。

【主要制剂】 50％可湿性粉剂，50％水分散剂。

【安全使用技术】

1. 使用方法 防治油菜菌核病，于油菜抽薹期每 667 m^2 用 50％可湿性粉剂 100 g（有效成分 50 g）加米醋 100 mL 混合喷雾，隔 15～20 d 后再喷 1 次。

2. 注意事项

（1）如不慎溅入眼睛，应迅速用大量清水冲洗；误服中毒应立即服用医用活性炭。

（2）可与多种杀虫、杀菌剂混用。

（3）施药植物要在 4～6 片叶以后，移栽苗要在缓苗以后才能使用。低湿、干旱时要慎用。

氢氧化铜

【类别】 无机类。

【毒性】 属低毒杀菌剂。对兔眼睛刺激严重，对兔皮肤刺激中等；对山齿鹑和野鸭低毒；对鱼有毒，其中对虹鳟鱼剧毒，对大翻车鱼低毒；对蜜蜂低毒。

【作用机制】 药剂杀菌作用主要靠铜离子。铜离子被萌发的孢子吸收，当达到一定浓度时，就可以杀死孢子细胞，从而起到杀菌作用，但此作用仅限于阻止孢子萌发，也即仅有保护作用。

【防治对象】 可用于水稻白叶枯病、细菌性条斑病、稻瘟病、纹枯病等。

【主要制剂】 77％可湿性粉剂，53.8％、61.4％干悬浮剂。

【安全使用技术】

1. 使用方法　防治水稻细菌性条斑病、白叶枯病、稻瘟病、纹枯病和稻曲病等，于发病前或发病初期用53.8%干悬浮剂900～1 100倍液喷雾，每间隔7 d用药1次，连续用药2次。

2. 注意事项

（1）本剂对眼黏膜有一定的刺激作用，施药时应注意对眼睛的防护。

（2）对铜敏感的作物如桃、李、梨、苹果、柿子树、白菜、大豆等，要先进行试验再用药，要慎用。

二、杀虫剂

阿维菌素

【类别】　农用抗生素类。

【毒性】　商品制剂属低毒杀虫剂（原药属高毒），对水生生物毒性高，对蜜蜂高毒，对鸟类低毒。

【作用机制】　是一种具有胃毒和触杀作用的广谱性杀虫杀螨剂，渗透性强。通过干扰害虫神经生理活动，阻断运动神经信息的传递进程，使害虫在受害后迅速麻痹拒食，不活动，不取食，24～48小时内死亡。没有杀卵作用。

【防治对象】　适用于蔬菜、果树、花卉、烟草、棉花、粮食等作物上，防治鳞翅目、同翅目害虫。

【主要制剂】　0.5%、0.6%、1%、1.8%、2%、2.8%、5%乳油，0.5%、1%可湿性粉剂，22%水乳剂。

【安全使用技术】

1. 使用方法

（1）防治麦蚜　每667 m^2用1.8%乳油30～50 mL，对水均匀喷雾。

（2）防治水稻纵卷叶螟　每667 m^2用2.2%水乳剂30～45 mL，对水均匀喷雾。

2. 注意事项

（1）不能与碱性农药混用。

（2）本药品对鱼类高毒，因此施药时不要将药液污染河流，不要在蜜蜂采蜜期用药。

（3）贮存于阴凉避光处。

（4）药剂使用的安全间隔期见表 3 - 11。

表 3 - 11　阿维菌素使用的安全间隔期

剂型	使用对象	最多使用次数	安全间隔期（d）
2%乳油	水稻纵卷叶螟	2	14

吡虫啉

【类别】　烟碱类。

【毒性】　属低毒杀虫剂。对兔眼睛和皮肤无刺激作用，无致突变性、致敏性和致畸性，对鱼低毒。直接接触对蜜蜂有毒。

【作用机制】　是一种内吸的广谱性杀虫剂。对昆虫乙酰胆碱酯酶受体具有较强的作用，使昆虫神经麻痹后迅速死亡，持效期长。

【防治对象】　适用于防治蚜虫、飞虱、叶蝉、蓟马、粉虱等刺吸式口器害虫，对鞘翅目、双翅目和鳞翅目害虫也有较好的防治效果，但对线虫和红蜘蛛无活性。

【主要制剂】　10%、20%、25%、30%可湿性粉剂，25%、35%、60%悬浮剂，4%、20%乳油，70%可分散粒剂，20%可溶性浓剂。

【安全使用技术】

1. 使用方法

（1）防治水稻飞虱、叶蝉、蓟马、蚜虫、稻水象甲等　每 667 m² 用 10%可湿性粉剂 15～20 g，对水均匀喷雾。防治苗床稻飞虱，每千克稻种用 70%拌种剂 8～10 g 拌种，可兼治蓟马。

（2）防治小麦蚜虫、吸浆虫等　每 667 m² 用 10%可湿性粉剂 15～20 g，对水均匀喷雾。

2. 注意事项

（1）不要与碱性农药混用。

（2）拌过药剂的种子不能食用或饲用。

（3）施药时应注意防护，施药后用肥皂水洗手、洗脸。

（4）本品应在干燥阴凉处贮存，严防受潮、日晒。

（5）本品虽然属于低毒杀虫剂，但对蚕、蜂等益虫毒性高，使用时注意。

（6）经测定，目前褐飞虱对吡虫啉已产生抗性，应停止使用吡虫啉防治。

（7）药剂使用的安全间隔期见表 3-12。

表 3-12 吡虫啉使用的安全间隔期

剂型	使用对象	最多使用次数	安全间隔期（d）
20%乳油	小麦	2	21
	水稻	2	14

吡蚜酮

【类别】 吡啶类。

【毒性】 属低毒杀虫剂，对皮肤和眼睛均无刺激作用，对鸟类、鱼和蜜蜂安全，属低毒。

【作用机制】 具有优异的阻断昆虫传毒功能，具有较好的触杀和内吸活性。蚜虫或飞虱一接触到吡蚜酮立即产生口针阻塞效应，立刻停止取食，并最终饥饿致死，而且此过程不可逆转。

【防治对象】 可有效防治蔬菜、小麦、水稻、棉花、果树等作物上的蚜虫、飞虱、粉虱、叶蝉等害虫。

【主要制剂】 25%可湿性粉剂。

【安全使用技术】

1. 使用方法

（1）防治小麦蚜虫 每 667 m^2 使用 25%可湿性粉剂 5～10 g，

对水均匀喷雾。

（2）防治水稻飞虱、叶蝉　每 667 m² 使用 25％可湿性粉剂 15～20 g，对水均匀喷雾。

2. 注意事项　喷雾时要均匀周到，尤其对目标害虫的危害部位。

丙溴磷

【类别】　有机磷类。

【毒性】　属中等毒杀虫剂。对兔皮肤和眼睛有轻微刺激。对鱼高毒。对蜜蜂和鸟有毒。

【作用机制】　抑制昆虫体内的胆碱酯酶。具有触杀、胃毒和一定的熏蒸作用，速效性好，在植物叶片上有较好的渗透性。

【防治对象】　适用于防治棉铃虫、棉蚜、红铃虫，水稻害虫等。对其他有机磷、拟除虫菊酯产生抗性的棉花害虫有效，是防治抗性棉铃虫的有效药剂。

【主要制剂】　20％、40％、50％乳油。

【安全使用技术】

1. 使用方法

（1）防治稻飞虱等　每 667 m² 用 40％乳油 80～120 mL，对水均匀喷雾。

（2）防治稻纵卷叶螟　每 667 m² 用 40％乳油 80～100 mL，对水均匀喷雾。

2. 注意事项

（1）严禁与碱性农药混合使用。

（2）果园中不宜使用，对苜蓿和高粱有药害。

（3）中毒者送医院治疗，治疗药剂为阿托品或解磷定。

（4）50％乳油对棉花棉铃虫，最多使用 2 次，安全间隔期为 21 d。

哒嗪硫磷

【类别】　有机磷类。

【毒性】　属低毒杀虫剂。对鸟类高毒。

【主要制剂】　20％乳油，2％粉剂。

【作用机制】　具有触杀和胃毒作用，但无内吸作用，是一种高效、低毒、低残留广谱性杀虫剂，对多种咀嚼式口器害虫均有较好的防治效果。

【防治对象】　主要用于防治水稻、棉花、蔬菜、果树等作物的害虫，对水稻二化螟、三化螟、稻瘿蚊及棉红蜘蛛有突出的防效。

【安全使用技术】

1. 使用方法　防治水稻二化螟、三化螟等害虫，每 667 m² 用 20％乳油 200～300 mL，对水均匀喷雾。稻飞虱和稻纵卷叶螟也可用此剂量进行防治。

2. 注意事项

（1）不能与 2,4-滴除草剂混合使用，也不能与碱性农药混用。

（2）哒嗪硫磷中毒为典型的有机磷中毒症状，解救方法与其他有机磷相同。

敌百虫

【类别】　有机磷类。

【毒性】　属低毒杀虫剂。对蜜蜂有毒。

【作用机制】　乙酰胆碱酯酶抑制剂。对害虫有较强的胃毒作用，兼有触杀作用，对植物具有渗透性，但无内吸传导作用。

【防治对象】　主要适用于水稻、麦类、蔬菜、茶树、果树、桑树、棉花等作物上的咀嚼式口器害虫及家畜寄生虫、卫生害虫的防治。

【主要制剂】　30％、40％乳油，50％、80％可溶性粉剂。

【安全使用技术】

1. 使用方法

（1）防治水稻二化螟等害虫　每 667 m² 用 80％可溶性粉剂 150～200 g，对水 75～100 kg 喷雾。此药量还可以防治稻潜叶蝇、稻铁甲虫、稻苞虫、稻纵卷叶螟、稻叶蝉、稻飞虱、稻蓟马等害虫。

（2）防治小麦黏虫等害虫　每 667 m² 用 80％可溶性粉剂 150～180 g，对水 50～75 kg 喷雾。

2. 注意事项

（1）药剂稀释液不宜放置过久，应现配现用。

（2）玉米、苹果对敌百虫较敏感，施药时要注意。

（3）药剂使用的安全间隔期见表 3 - 13。

表 3 - 13　敌百虫使用的安全间隔期

剂型	使用对象	最多使用次数	安全间隔期（d）
90％固体	水稻	3	7

敌敌畏

【类别】　有机磷类。

【毒性】　属中等毒杀虫剂。对蜜蜂高毒；对鸟有毒。

【作用机制】　是一种高效、速效、广谱、毒性中等的有机磷杀虫剂，主要抑制胆碱酯酶。具有强烈的触杀、胃毒、熏蒸作用，残效短，杀虫作用快，遇碱易失效。

【防治对象】　对咀嚼口器和刺吸口器害虫均有效，适用于防治临近收获的果树和蔬菜上的害虫、卫生害虫和仓库害虫。也广泛用于防治粮、棉、桑、茶、烟等作物上的害虫。

【主要制剂】　20％、50％、77.5％、80％乳油，90％可溶液剂，3％、17％、22％、30％烟剂。

【安全使用技术】

1. 使用方法　防治稻纵卷叶螟、稻苞虫，每 667 m² 用 80％乳油 100～150 mL，对水均匀喷雾。

2. 注意事项

（1）对人、畜毒性较大，操作时应避免药液接触皮肤或吸入过多的气体，防止中毒。

（2）药液应随配随用，不可久放。

（3）不宜与碱性药剂混用。

啶虫脒

【类别】　烟碱类。

【毒性】　属中等毒杀虫剂。对兔眼睛和皮肤无刺激。对鱼低毒。对蚕有毒。

【作用机制】　主要是干扰昆虫内神经传导作用，通过与乙酰胆碱受体结合，抑制乙酰胆碱受体的活性，是一种新型杀虫剂。除了具有触杀、胃毒和强渗透作用。内吸性强，用量少，速效性好，持效期长。

【防治对象】　可有效防治同翅目、半翅目及鳞翅目和鞘翅目的部分害虫。对天敌杀伤力小，对蜜蜂影响小。也可用于防治园林植物中的蚜虫、叶蝉等同翅目害虫。

【主要制剂】　3％、5％、10％乳油，5％、10％、20％可湿性粉剂，20％可溶性粉剂，3％微乳剂，36％水分散粒剂等。

【安全使用技术】

1. 使用方法　防治稻飞虱，每 667 m^2 用 3％乳油 50～80 mL，对水均匀喷雾。

2. 注意事项

（1）避免与强碱性农药混用，以免分解失效。

（2）避免污染桑蚕和鱼塘区，药剂对桑蚕有毒，养蚕季节严防污染桑叶。

（3）药品应贮存于阴凉、干燥、通风处。

（4）防止药液从口鼻吸入，施药后清洗被污染部位。

（5）若误食、饮，立即到医院洗胃。粉末对眼睛有刺激作用；一旦有粉末进入眼中，应立即用清水冲洗或去医院治疗。

多杀霉素

【类别】　农用抗生素类。

【毒性】 属低毒杀虫剂，对鸟类低毒，对鲤鱼中等毒，对水蚤低毒。

【作用机制】 通过作用于昆虫中枢神经系统，持续激活靶标昆虫的乙酰胆碱型受体及影响 γ-氨基丁酸而致效。为低毒、高效、广谱的杀虫剂。在环境中可降解，无富集作用，不污染环境。对害虫具有快速的触杀和胃毒作用，对叶片有较强的渗透作用，可杀死表皮下的害虫，残效期较长，对一些害虫具有一定的杀卵作用。无内吸作用。

【防治对象】 可防治稻纵卷叶螟、螟虫等害虫。

【主要制剂】 2.5%、48%、20%悬浮剂。

【安全使用技术】

1. 使用方法 防治稻纵卷叶螟，每 667 m² 用 20%多杀霉素悬浮剂 15～20 mL。

2. 注意事项

（1）可能对鱼或其他水生生物有毒，应避免污染水源和池塘等。

（2）药剂贮存在阴凉干燥处。

（3）如溅入眼睛，立即用大量清水冲洗。如接触皮肤或衣物，用大量清水或肥皂水清洗。如误服不要自行引吐，切勿给不清醒或发生痉挛患者灌喂任何东西或催吐，应立即将患者送医院治疗。

丁烯氟虫腈

【类别】 苯基吡唑类。

【毒性】 属低毒杀虫剂；5%乳油对皮肤无刺激性，对眼睛中等刺激性。该药对鱼、家蚕低毒，对鸟中毒或低毒，对蜜蜂高毒。

【作用机制】 通过阻碍昆虫 γ-氨基丁酸控制的氟化物代谢。

【防治对象】 对二化螟等害虫具有较高的杀虫活性。

【主要制剂】 5%乳油。

【安全使用技术】

1. 使用方法 防治水稻二化螟，每 667 m² 用 5%乳油 20～

40 mL，对水均匀喷雾。

2. 注意事项

（1）蜜源作物花期不得使用。

（2）在养鱼稻田禁用，施药后的田水不得直接排放水中。

（3）不得在河塘等水域内清洗施药器具。

醚菊酯

【类别】　拟除虫菊酯类。

【毒性】　属低毒杀虫剂。对皮肤和眼睛无刺激作用。对鸟类低毒，对蜜蜂和家蚕有毒。

【主要制剂】　10％悬浮剂，20％乳油，5％、20％可湿性粉剂，10％悬浮剂。

【作用机制】　以触杀、胃毒作用为主，无内吸传导作用，杀虫谱广，药效迅速，持效期较长。

【防治对象】　可用于防治水稻、蔬菜、茶树、棉花、果树等作物鳞翅目、鞘翅目、同翅目等多种害虫。

【安全使用技术】

1. 使用方法

（1）防治稻飞虱、稻叶蝉　每 667 m² 用 10％悬浮剂 70～100 mL，对水均匀喷雾。

（2）防治稻象甲、稻水象甲、稻负泥虫　每 667 m² 用 10％悬浮剂 65～130 mL，对水均匀喷雾。

（3）防治稻纵卷叶螟、稻苞虫　在 2～3 龄幼虫盛发期，每 667 m² 用 10％悬浮剂 80～100 mL，对水均匀喷雾。

2. 注意事项

（1）要求喷药均匀周到。

（2）不要和碱性农药混用。

（3）对高等动物毒性低，对鱼类毒性较低，对天敌杀伤影响较小，对蜜蜂、家蚕有毒，不要在桑园、养蜂场所周围使用。

（4）药剂使用的安全间隔期见表 3-14。

表3-14　醚菊酯使用的安全间隔期

剂型	使用对象	最多使用次数	安全间隔期（d）
20%乳油	水稻稻飞虱	2	14
10%悬浮剂	水稻稻象甲	3	14
4%油剂	水稻稻象甲	3	14

呋喃虫酰肼

【类别】　酰肼类昆虫生长调节剂。

【毒性】　属低毒杀虫剂。对兔皮肤、眼睛均无刺激性；对鸟类、鱼类、蜜蜂均为低毒；对家蚕为高毒。

【作用机制】　具有胃毒、触杀等作用，以胃毒为主。

【防治对象】　可防治鳞翅目害虫如甜菜夜蛾、斜纹夜蛾、小菜蛾、二化螟等。

【主要制剂】　10%悬浮剂。

【安全使用技术】

1. 使用方法　防治水稻二化螟，每667 m² 用10%悬浮剂50～90 mL，对水均匀喷雾。

2. 注意事项

（1）高温期间注意做好安全用药的各项防护措施。

（2）为了提高防治效果，请在傍晚用药。对哺乳动物和鸟类、鱼类、蜜蜂毒性极低。

氟氯氰菊酯

【类别】　拟除虫菊酯类。

【毒性】　对人、畜低毒。对皮肤无刺激，对眼睛有轻度刺激。对鸟类低毒。对鱼、蜜蜂和蚕高毒。

【作用机制】　是一种以杀虫作用为主，兼有杀螨作用的杀虫剂。具有强烈触杀及胃毒作用，无内吸传导作用。杀虫谱广、活性高、药效迅速。

【防治对象】　可用于棉花、大豆、蔬菜、花生、果树等作物的多种害虫及害螨防治。

【主要制剂】　2.5%、5%、5.7%乳油等。

【安全使用技术】

1. 使用方法　防治小麦蚜虫，每 667 m² 用 2.5%乳油 15～20 mL，对水均匀喷雾。

2. 注意事项

（1）不要与碱性农药混用。

（2）该药对鱼虾、蜜蜂、家蚕有高毒，使用时避免污染鱼塘、河流、养蜂场所、桑叶与蚕室。

（3）该药对人、畜毒性中等，对鸟类低毒。施药时要注意安全，药液溅入眼中或沾着皮肤，立即用大量清水冲洗；如遇误服，立即引吐，可给患者洗胃，但要防止胃存物进入呼吸道。

（4）长期使用此药，害虫易对其产生抗性，应与其他杀虫剂轮换使用。

高效氯氰菊酯

【类别】　拟除虫菊酯类。

【毒性】　属低毒杀虫剂，对皮肤有刺激作用，对其眼睛有轻微刺激作用，对鸟类低毒。对鱼、蚕高毒，对蜜蜂、蚯蚓有毒。在田间，通常剂量下对蜜蜂无伤害。

【作用机制】　对钠离子通道抑制剂，具有胃毒和触杀作用、杀虫谱广、击倒速度快等特点。

【防治对象】　可防治蔬菜、果树等作物上的多种害虫，例如菜蚜、玉米螟、地老虎、跳甲、桃蚜、桃小食心虫等。

【主要制剂】　4.5%、5%、10%水乳剂，5%悬浮剂，2.5%乳油剂。

【安全使用技术】

1. 使用方法　防治麦类蚜虫，每 667 m² 用 2.5%乳油 20～30 mL，

对水 40～50 kg 喷雾。

2. 注意事项

（1）本药剂只有触杀和胃毒作用，没有内吸性。因此，喷雾要均匀、仔细、周到，雾滴要覆盖整个植株。

（2）本药剂对鱼及其水生生物高毒，使用时及清洗药械后的废水应避免污染河流、湖泊、水源和鱼塘等水体。对家蚕高毒，禁止在桑树上使用。对蜜蜂、蚯蚓有毒，禁止在花期使用。

（3）本品易燃，注意防火，远离火源。

（4）如不慎中毒，无特效解毒药，应对症治疗。

甲氨基阿维菌素

【类别】 农用抗生素。

【毒性】 属中等毒杀虫剂。对鱼和蜜蜂有毒。

【作用机制】 该药是以阿维菌素为原料，经化学半合成而得到的一种新型高效、广谱抗生素类杀虫剂、杀螨剂。通过影响神经膜氯离子通道和 γ-氨基丁酸受体而致效，由于作用机制独特，害虫不易产生抗药性，对害虫主要是胃毒作用，兼具触杀作用，能有效地溶入作物表皮组织，具有较长的持效期。

【防治对象】 对刺吸式口器和咀嚼式口器害虫有很好防效，对螨类、鞘翅目和同翅目害虫也有较高活性。

【主要制剂】 1%可湿性粉剂、5%水分散粒剂等。

【安全使用技术】

1. 使用方法 防治稻纵卷叶螟，每 667 m² 用 5%水分散粒剂 18～20 g，对水 45 L 喷雾。

2. 注意事项

（1）对鱼类、水生生物敏感，切勿直接施于水体。对蜜蜂毒性较高，作物开花期不宜用药。

（2）若误服应催吐，立即送医院诊断。

（3）本品易燃，在贮存和运输时远离火源，应贮存在通风、干燥的库房中。

（4）贮运时，严防潮湿和日晒，不能与食物、种子、饲料混放。

抗蚜威

【类别】 氨基甲酸酯类。

【毒性】 属中等毒杀虫剂。对鸟类高毒。对鱼和蜜蜂低毒。

【作用机制】 通过抑制胆碱酯酶剂而致效。具有触杀、熏蒸和叶面渗透作用。药效发挥的速度快，对预防蚜虫传播病毒有较好作用，但残效期较短。

【防治对象】 对除棉蚜以外的多种蚜虫，包括对有机磷杀虫剂产生抗药性的蚜虫，具有良好防治效果。对瓢虫、食蚜蝇等蚜虫天敌没有不良影响。

【主要制剂】 25％、50％可湿性粉剂，25％、50％水分散粒剂等。

【安全使用技术】

1. 使用方法 防治小麦蚜虫，每 667 m² 用 50％抗蚜威水分散粒剂 10～20 g，对水喷雾。

2. 注意事项

（1）对棉蚜基本无效，不要用于棉花、瓜类等作物的棉蚜。

（2）随温度的上升而增强，当温度在 20 ℃以上时有熏蒸作用，在 15 ℃以下时基本无熏蒸作用，只有触杀作用。因此，在较低温度时施用，更要注意喷药均匀，否则影响防治效果。

（3）施药人员应注意防护，如遇中毒，应立即求医，肌肉注射 1～2 mg 硫酸颠茄碱。

（4）药剂使用的安全间隔期见表 3 - 15。

表 3 - 15 抗蚜威使用的安全间隔期

剂型	使用对象	最多使用次数	安全间隔期（d）
50％可湿性粉剂	小麦、油菜蚜虫	2	14

喹硫磷

【类别】 有机磷类。

【毒性】 属中等毒杀虫剂。对鱼和鸟类中毒。对许多害虫的天敌毒力较大。对天敌昆虫杀伤力大，对蜜蜂毒性高。

【作用机制】 为乙酰胆碱酯酶抑制剂，具有触杀、胃毒和熏蒸作用的广谱性杀虫、杀螨剂。对植物渗透性强，残效期短。

【防治对象】 可用于防治多种咀嚼式和刺吸式口器的害虫，对稻螟虫及菜青虫等药效显著。

【主要制剂】 25%乳油。

【安全使用技术】

1. 使用方法 防治水稻二化螟、三化螟、稻纵卷叶螟等害虫，每 667 m^2 用 25%乳油 125~150 mL，对水均匀喷雾。

2. 注意事项

(1) 不宜与碱性药物混用。

(2) 玉米对喹硫磷敏感，不宜使用。

(3) 在通风阴凉处贮存，勿与食品饲料共贮，勿让儿童接近。

(4) 药剂使用的安全间隔期见表 3-16。

表 3-16　喹硫磷使用的安全间隔期

剂型	使用对象	最多使用次数	安全间隔期（d）
25%乳油	水稻螟虫、稻瘿蚊、稻飞虱、蓟马	3	14

氯虫苯甲酰胺

【类别】 酰胺类。

【毒性】 属微毒杀虫剂，对人、畜毒性低，对皮肤无刺激，对眼睛轻微刺激，72 h 内消除。对稻田有益昆虫、鱼虾也安全。对家蚕毒性大。

【作用机制】 通过与害虫肌肉细胞的鱼尼丁受体结合，导致受体通道非正常时间开放，钙离子从钙库中无限制地释放到细胞质中，致使害虫瘫痪死亡。

【防治对象】 可防治水稻二化螟、蔬菜小菜蛾、果树金纹细蛾等害虫。

【主要制剂】 5％、20％悬浮剂，35％水分散粒剂。

【安全使用技术】

1. 使用方法 防治水稻二化螟、三化螟等，每 667 m² 使用20％悬浮剂 5～10 mL，对水均匀喷雾。

2. 注意事项

（1）微毒，对鱼、虾、蟹安全。

（2）药剂使用的安全间隔期见表 3 - 17。

表 3 - 17　氯虫苯甲酰胺使用的安全间隔期

剂型	使用对象	最多使用次数	安全间隔期（d）
20％悬浮剂	水稻	3	7

氰氟虫腙

【类别】 缩氨基脲类。

【毒性】 对人、畜毒性低。对眼和皮肤无刺激性，对皮肤无过敏性，对哺乳动物无神经毒性。对鸟类低毒。对蜜蜂低毒。由于在水中能迅速地水解和光解，氰氟虫腙对水生生物的危险很低。

【作用机制】 是一种全新作用机制的杀虫剂，无需代谢激活即具有杀虫活性。进入虫体，通过独特的作用机制阻断害虫神经元轴突膜上的钠离子通道，使钠离子不能通过轴突膜，进而抑制了神经冲动，使虫体过度放松、麻痹，对各龄期的靶标害虫幼虫都有效。具有胃毒作用，仅有有限的触杀作用，无内吸作用。

【防治对象】 可有效防治鳞翅目害虫，如稻纵卷叶螟、甜菜夜蛾、棉铃虫、棉红铃虫、菜青虫、甘蓝夜蛾、小菜蛾等。

【主要制剂】 22％悬浮剂。

【安全使用技术】

1. 使用方法 防治水稻稻纵卷叶螟，每 667 m² 使用 22％悬浮剂 30～60 mL，对水均匀喷雾。

2. 注意事项

（1）温度对氰氟虫腙的活性有间接影响。由于幼虫在温度较高的条件下活动力强，取食量增多，这样更多的活性成分会进入虫体，因而杀虫速度会快一些。

（2）降雨对活性的影响。氰氟虫腙具有良好的耐雨水冲刷性。药效试验表明，氰氟虫腙在防治马铃薯叶甲时，喷施 1 h 后就具有明显的耐雨水冲刷效果。

（3）持效活性。氰氟虫腙的持效期一般在 7～10 d。

杀虫双

【类别】 沙蚕毒素类。

【毒性】 属低毒杀虫剂，对皮肤无刺激性。对家蚕高毒。

【主要制剂】 18％、20％水剂，5％颗粒剂，40％、45％、50％可溶粉剂。

【作用机制】 具有较强的触杀和胃毒作用，兼有一定的熏蒸作用。能被作物吸收和传导，特别是根部吸收能力强，并可在 1 d 内疏导到植株的各个部位。害虫接触和取食药剂后，表现行动迟缓、停止发育、主体软化，失去再侵害作物的能力，但药效发挥的速度比较慢。

【防治对象】 对水稻、蔬菜、果树等作物的多种鳞翅目害虫及其他一些害虫有良好防治效果。

【安全使用技术】

1. 使用方法

（1）防治稻纵卷叶螟、稻苞虫 在 1～2 龄幼虫盛发期，每 667 m² 用 18％水剂 150～200 mL，对水均匀喷雾。

（2）防治水稻二化螟、三化螟、大螟 每 667 m² 用 18％水剂 200～250 mL，对水均匀喷雾。

（3）防治稻蓟马　秧田期每 667 m² 用 18％水剂 150～200 mL，本田期每 667 m² 用 18％水剂 200～250 mL，对水均匀喷雾。

2. 注意事项

（1）杀虫双对蚕不仅有很强的触杀、胃毒作用，还有一定的熏蒸作用。因此，在养蚕地区使用要十分注意，避免污染桑叶和蚕室，蚕区稻田以用杀虫双颗粒剂和洒滴剂为宜。

（2）白菜、甘蓝等十字花科蔬菜幼苗，在夏季高温对杀虫双反应敏感，容易产生药害，不宜使用。

（3）25％杀虫双水剂对水稻最多使用 3 次，安全间隔期为早稻收获前 7 d、晚稻收获前 15 d。杀虫双对人、畜毒性中等，对天敌杀伤力较小，对鱼毒性较低，对蚕毒性大。

（4）目前，在长江流域由于使用杀虫双防治二化螟时间较长，二化螟已对沙蚕毒素类农药产生抗性，部分地区甚至达到高抗水平，应停止使用沙蚕毒素类农药防治二化螟。

噻虫嗪

【类别】　烟碱类杀虫剂。

【毒性】　属低毒杀虫剂。对眼睛和皮肤无刺激。对鸟类、蚯蚓和鱼低毒。

【作用机制】　主要干扰昆虫体内神经传导作用，为胆碱酯酶受体抑制剂，属于第二代新烟碱类杀虫剂，作用机理与啶虫脒、吡虫啉等相似，但具有更高的活性。对害虫具有胃毒、触杀、内吸作用，作用速度快、持效期长。

【防治对象】　适于防治马铃薯、水稻、棉花、柑橘、烟叶、大豆等作物上的害虫，对刺吸式口器害虫如蚜虫、飞虱、叶蝉、粉虱等防效好。

【主要制剂】　25％水分散颗粒剂，75％干种衣剂。

【安全使用技术】

1. 使用方法　防治稻飞虱，每 667 m² 用 25％水分散颗粒剂 2～4 g，对水均匀喷雾。

2. 注意事项

（1）药剂应原包装贮存于阴凉、干燥且远离儿童、食品、饲料及火源的地方。

（2）如误食引起不适等中毒症状，没有专门解毒药剂，可请医生对症治疗。

（3）25％水分散颗粒剂对水稻稻飞虱最多使用2次，安全间隔期为28 d。

噻嗪酮

【类别】 昆虫生长调节剂。

【毒性】 属低毒杀虫剂。对眼睛无刺激，对皮肤有轻微刺激。对鱼类、鸟类毒性低。以2 000 mg/L对蜜蜂无直接影响。

【作用机制】 是一种昆虫几丁质抑制剂，其作用是抑制昆虫几丁质合成和干扰新陈代谢，致使幼（若）虫在蜕皮过程中逐渐死亡，或致畸形不能正常生长发育而死亡。具有很强触杀作用。也有胃毒作用，对成虫无直接杀伤作用，但可缩短其寿命，减少产卵量，且产出的多为不育卵，初孵幼虫接触药剂后也很快死亡。

【防治对象】 对飞虱、叶蝉、粉虱及介壳虫等有良好防治效果。

【主要制剂】 25％可湿性粉剂。

【安全使用技术】

1. 使用方法 防治水稻稻飞虱、稻叶蝉等害虫，于1～2龄若虫盛发期用25％可湿性粉剂20～30 g，对水稀释1 500～2 000倍液均匀喷雾。

2. 注意事项

（1）噻嗪酮无内吸传导作用，要求喷药均匀周到。

（2）本品应密封后存于阴凉干燥处保管，避免阳光直接照射。

（3）噻嗪酮是目前防治水稻飞虱、叶蝉等害虫比较好的药剂，为了延长其使用寿命，用药次数和使用剂量应从严掌握，一年只宜用1～2次，不宜多次、连续、过高剂量使用。

（4）对人、畜毒性低，对鱼类、鸟类低毒，对天敌比较安全。

（5）药剂使用的安全间隔期见表3-18。

表3-18 噻嗪酮使用的安全间隔期

剂型	使用对象	最多使用次数	安全间隔期（d）
25％可湿性粉剂	水稻稻飞虱	2	14

三唑磷

【类别】 有机磷类。

【毒性】 属中等毒杀虫剂。对眼睛有轻微刺激反应。对鸟类高毒。对鱼、蚕和蜜蜂有毒。

【作用机制】 通过抑制害虫体内乙酰胆碱酯酶而致效，具有胃毒和触杀作用，无内吸性，有较强的渗透作用。对各种害虫和虫卵，尤其是鳞翅目害虫卵有明显杀伤作用。对线虫也有一定杀伤作用。

【防治对象】 可用于粮食、棉花、果树、蔬菜等作物的多种害虫。

【主要制剂】 20％、30％、40％、60％乳油，15％、20％微乳剂。

【安全使用技术】

1. 使用方法

（1）防治水稻二化螟、三化螟等 每667 m² 用40％乳油 50 mL，对水 50～60 kg 喷雾。

（2）防治稻纵卷叶螟、稻蓟马和稻飞虱等 每667 m² 用40％乳油 50 mL，对水 50～60 kg 均匀喷雾。

（3）防治小麦蚜虫等 每667 m² 用20％乳油 80～100 mL，对水 75～100 kg 均匀喷雾。

2. 注意事项

（1）本药剂对水生生物、蜜蜂、家蚕均有毒，使用时应避开水源、蜜蜂采花期、桑树种植区和养蚕场所。

（2）不能与强酸或强碱农药混用，以免失效。

（3）药剂使用的安全间隔期见表3-19。

表3-19　三唑磷使用安全间隔期

剂型	使用对象	最多使用次数	安全间隔期（d）
20%乳油	水稻二化螟	2	30

杀虫单

【类别】　沙蚕毒素类。

【毒性】　属中等毒杀虫剂。对皮肤、黏膜无明显刺激作用。对鱼低毒。对家蚕有剧毒。

【作用机制】　具有很强的胃毒、触杀及内吸作用，兼有一定的熏蒸和杀卵作用。对天敌影响小。

【防治对象】　该药剂能有效地防治水稻、蔬菜、玉米、茶叶、果树等作物上的多种害虫。

【主要制剂】　90%可湿性粉剂，20%微乳剂，80%可溶性粉剂。

【安全使用技术】

1. 使用方法

（1）防治稻纵卷叶螟、二化螟、三化螟、大螟、稻苞虫　每667 m² 用90%可湿性粉剂50～75 g，对水均匀喷雾。

（2）防治小麦黏虫　每667 m² 用90%可湿性粉剂100～120 g，对水均匀喷雾。

2. 注意事项

（1）本药剂对蚕有药害，蚕桑区慎用。用药时注意风向，以免药雾伤害蚕桑，或改用颗粒剂撒施。

（2）贮存于阴凉处，不与食物接触，如不慎误服应引吐并送医院，可注射阿托品解毒。

（3）对水稻二化螟，最多使用 2 次，安全间隔期为 20 d。

（4）目前，在长江流域由于使用杀虫单防治二化螟时间较长，二化螟已对沙蚕毒素类农药产生抗性，部分地区甚至达到高抗水平，应停止使用沙蚕毒素类农药防治二化螟。

苏云金杆菌

【类别】　活体微生物类，属好气性蜡状芽孢杆菌。

【毒性】　属低毒杀虫剂。对禽畜、鱼、蜜蜂等亦未见异常。对蚕有毒。

【作用机制】　对许多鳞翅目害虫的幼虫有强烈的毒杀能力，其有效成分是细菌毒素（主要是蛋白质伴孢晶体）和芽孢，其作用方式和胃毒剂作用相似。害虫吞食菌粉后，由于毒素的作用，很快就停止取食，不再继续危害，如菜青虫在吞食菌粉后 1～2 h 就中毒停食。同时，芽孢在虫体内萌发，大量繁殖，使害虫死亡。

【防治对象】　用于防治蔬菜小菜蛾、菜青虫、甜菜夜蛾、果树食心虫、尺蠖、稻纵卷叶螟、稻苞虫、玉米螟等。

【主要制剂】　8 000IU/mg、16 000IU/mg、32 000IU/mg、2 000IU/mg 颗粒剂，100 亿活芽孢/mL 悬浮剂，100 亿活芽孢/g 可湿性粉剂，3.2％可湿性粉剂等。

【安全使用技术】

1. 使用方法　防治稻纵卷叶螟、稻苞虫等，每 667 m² 用 8 000IU/mg 悬浮剂 200～400 mL，或用 16 000IU/mg 可湿性粉剂 100～150 g，对水均匀喷雾。

2. 注意事项

（1）苏云金杆菌在气温较高时（20 ℃以上）才能充分发挥作用，所以在 7～9 月应用效果最好；施药适期一般比使用化学农药提前 2～3 d 为宜。

（2）苏云金杆菌的应用范围正在继续试验扩大，根据初步试验对稻纵卷叶螟、玉米螟、棉卷叶螟、松毛虫和茶毛虫等都有效，但对大螟等效果较差。

（3）对家蚕和蓖麻蚕有剧毒，应严格控制，不可在养蚕的地区使用。若桑叶沾上菌粉时，要用 0.2％漂白粉杀菌，洗净，晾干后再喂用。

（4）苏云金杆菌不可与内吸性有机磷杀虫剂或杀菌剂混用。

（5）苏云金杆菌宜密封、遮光，在阴凉、干燥处保存，并且要防鼠咬。

速灭威

【类别】 氨基甲酸酯类。

【毒性】 属中等毒杀虫剂。

【作用机制】 乙酰胆碱酯酶抑制剂，对害虫具触杀、熏蒸作用。击倒力强，持效期较短，一般只有 3～4 d。

【防治对象】 主要用于防治稻飞虱、稻叶蝉、稻蓟马及椿象等，对稻纵卷叶螟、棉蚜等也有一定效果。

【主要制剂】 20％、30％乳油，25％可湿性粉剂等。

【安全使用技术】

1. 使用方法 防治稻叶蝉、稻飞虱等，每 667 m² 用 20％乳油 125～150 mL，对水均匀喷雾。

2. 注意事项

（1）不能与碱性农药混用。

（2）对蜜蜂的杀伤力大，不宜在花期使用。

（3）解毒药为阿托品、葡萄糖醛酸内酯及胆碱，不要用解磷定等肟类解毒。

（4）本药剂最多使用 3 次；南方水稻收获前 14 d、北方水稻收获前 25 d 停止使用 25％可湿性粉剂。

烯啶虫胺

【类别】 烟碱类杀虫剂。

【毒性】 属低毒杀虫剂。对皮肤无刺激，对眼睛有轻微刺激。对鸟类和鱼低毒。对蚕、蜜蜂高毒。

【作用机制】　通过抑制乙酰胆碱酯酶受体而致效，具有用量少、毒性低、内吸和渗透作用、药效持久、对作物安全等特点。

【防治对象】　可应用于黄瓜、茄子、萝卜、番茄、葡萄、茶、水稻上防治各种蚜虫、蓟马、粉虱、叶蝉等害虫。

【主要制剂】　10％可溶液剂，10％水剂，50％可溶粒剂。

【安全使用技术】

1. 使用方法　防治稻飞虱，用10％水剂对水稀释2 000～3 000倍液均匀喷雾。

2. 注意事项

（1）本品不可与碱性农药及碱性物质混用。

（2）本品对桑蚕、蜜蜂高毒，在使用过程中不可污染蚕桑及蜂场。

（3）若不慎误服，应立即送医院对症治疗。

（4）贮藏于阴凉干燥且儿童接触不到的地方。

辛硫磷

【类别】　有机磷类。

【毒性】　属低毒杀虫剂。对鱼、蜜蜂有毒。

【作用机制】　通过抑制乙酰胆碱酯酶而致效。对害虫以触杀和胃毒作用为主，无内吸作用。杀虫谱广，击倒力强。

【防治对象】　对花生、大豆、小麦、玉米、棉花、果树、蔬菜、桑、茶、水稻等多种作物，以及仓库、环境卫生等场所的鳞翅目幼虫及其他害虫有很好效果，并有一定的杀卵作用。

【主要制剂】　1.5％、3％、5％颗粒剂，40％、50％乳油，35％微胶囊剂等。

【安全使用技术】

1. 使用方法

（1）防治麦蚜、麦叶蜂、棉蚜等　每667 m² 用50％乳油25～30 mL，对水均匀喷雾。

（2）防治稻苞虫、稻纵卷叶螟、稻叶蝉、稻飞虱、稻蓟马等　每667 m² 用50％乳油50 mL，对水均匀喷雾。

2. 注意事项

（1）辛硫磷在光照条件下易分解，田间喷雾时，应尽量避开强光照时间，最好在傍晚和夜间施药；经辛硫磷拌过的种子也要避光晾干，贮存时应放在暗处。

（2）不能与碱性农药混用。

（3）中毒症状、急救措施与其他有机磷农药相同。

烟碱

【类别】 植物源类。

【毒性】 属中等毒杀虫剂，吸入和皮肤接触对人有毒。对鱼类为中等毒性，对家蚕高毒。

【作用机制】 一种神经毒剂，通过与乙酰胆碱受体作用而致效。烟草中所含有效成分主要是烟碱（又称尼古丁）。烟叶中一般含烟碱 1%～3%。烟碱对害虫有强力触杀、熏蒸作用。

【防治对象】 可防治黄条跳甲、稻螟、稻飞虱、椿象、蓟马、多种蚜虫和稻田蚂蟥等。

【主要制剂】 10%水剂，10%乳油等。

【安全使用技术】

1. 使用方法 防治稻飞虱、黄条跳甲等，每 667 m^2 用烟草粉 3～4 kg，直接喷粉。

2. 注意事项

（1）烟碱易挥发，所以烟草水制成后，应立即使用，石灰、合成洗衣粉等宜临用前加入，以免降低药效。

（2）硫酸烟碱不要与石灰硫黄合剂等混用，以避免降低药效，如必须混用时，应随配随用，有兼治蚜、螨的作用。

（3）烟碱易溶于水，喷粉宜在早晨露水未干时进行。

（4）烟碱对人畜毒性较高，使用时应注意安全。

茚虫威

【类别】 噁二嗪类昆虫生长调节剂。

【毒性】 对人、畜低毒。对兔眼睛和皮肤无刺激。对鸟类低毒。

【作用机制】 是阻断昆虫神经细胞中的钠通道，导致靶标害虫协调差、麻痹，最终死亡。药剂通过触杀和摄食进入虫体，使害虫迅速终止摄食，从而保护靶标作物。为低毒低残留农药，对害虫有很强的毒力，是一种广谱性全新类型高效杀虫剂。

【防治对象】 可防治甜菜夜蛾、斜纹夜蛾、小菜蛾等，还对刺吸式口器害虫有良好的防效。

【主要制剂】 15％悬浮剂，150 g/L乳油，30％水分散粒剂。

【安全使用技术】

1. 使用方法 防治水稻稻纵卷叶螟，每667 m² 用150 g/L乳油12～16 mL对水45 L喷雾。

2. 注意事项

（1）与不同作用机理的杀虫剂交替使用，以避免抗性的产生。

（2）药液配制时，先配置成母液，再加入药桶中，并应充分搅拌。配制好的药液要及时喷施，避免长久放置。

（3）应使用足够的喷液量，以确保作物叶片的正反面能被均匀喷施。

乙酰甲胺磷

【类别】 有机磷类。

【毒性】 属低毒杀虫剂。对禽、鱼类低毒。

【作用机制】 通过抑制乙酰胆碱酯酶而致效。以触杀为主，兼有内吸、胃毒和一定的熏蒸作用。

【防治对象】 对稻、麦、棉、果树、蔬菜等多种作物的主要害虫有良好的防治效果。

【主要制剂】 20％、30％、40％乳油，40％、75％可溶性粉剂，25％可湿性粉剂，15％高渗乳油。

【安全使用技术】

1. 使用方法

（1）防治稻纵卷叶螟 每667 m² 用30％乳油125～225 mL，

对水均匀喷雾。

（2）防治小麦黏虫 每 667 m² 用 30％乳油 120～240 mL，对水均匀喷雾。

2. 注意事项

（1）如发现有结晶析出，应连盛器一并浸入热水中振摇，待溶解后再使用。

（2）不可与碱性物质混用。残效期适中，在土壤中半衰期 3 d。对人、畜、家禽、鱼类毒性较低。

（3）施药工具用后应洗净，以防腐蚀。

（4）本品易燃，贮存时要求密封，放阴凉处。

（5）乙酰甲胺磷水溶液可通过人体皮肤被吸收，所以在使用时要防止皮肤污染，如发现有急性中毒现象，可用阿托品和解磷定等药品治疗解毒。

仲丁威

【类别】 氨基甲酸酯类。

【毒性】 属低毒杀虫剂。对鸟类和鱼低毒。

【作用机制】 通过抑制乙酰胆碱酯酶而致效，具有强烈的触杀作用，并具有一定胃毒、熏蒸和杀卵作用。作用迅速，残效期短。

【防治对象】 对稻飞虱、叶蝉防效好，对蚊、蝇幼虫也有一定防效。

【主要制剂】 20％、25％、50％、80％乳油，20％水乳剂等。

【安全使用技术】

1. 使用方法 防治稻飞虱、稻蓟马、稻叶蝉等，每 667 m² 用 25％乳油 45～50 mL，对水 145～150 kg 均匀喷雾。

2. 注意事项

（1）不能与碱性农药混用。

（2）在稻田施药前后 10 d，避免使用敌稗，以免发生药害。

（3）中毒后解毒药为阿托品，严禁使用解磷定和吗啡。

（4）50％乳油对稻飞虱、叶蝉、蟓虫，最多使用 3 次，安全间隔期 21 d。

唑蚜威

【类别】 氨基甲酸酯类。

【毒性】 属中等毒杀虫剂。对眼睛和皮肤无刺激性，对鱼高毒。

【作用机制】 属高选择性内吸杀蚜剂，对胆碱酯酶有快速抑制作用，在作物脉管中能形成向上、向下迁移，因此能保护整个植株。

【防治对象】 对多种作物上的各种蚜虫均有效，也能防治抗性蚜虫，尤其是棉花上抗性蚜虫。土壤施药可防治食叶性蚜虫，叶面施药可防治食根性蚜虫。

【主要制剂】 25％可湿性粉剂，24％、48％乳油等，25％乳油。

【安全使用技术】

1. 使用方法 防治小麦蚜虫，每 667 ㎡ 用 25％乳油 20～40 mL，对水均匀喷雾。

2. 注意事项

（1）不能与碱性物质混合使用。土壤中降解半衰期 1～5 h。

（2）使用时注意安全，若发生中毒，从速就医。

（3）不能与敌稗混用。

三、除草剂

百草枯

【类别】 吡啶类。

【毒性】 属中等毒除草剂。对眼睛有刺激，可引起指甲暂时性损害，如果吸入可引起鼻出血。对鹌鹑、日本鹌鹑、野鸭毒性低。对鱼、蜜蜂、蚯蚓低毒。

【作用机制】 是一种速效灭生性除草剂，主要为触杀作用，兼有一定内吸作用，但无传导作用。百草枯对植物绿色组织具有极强的枯杀作用，通常在施药后几小时内生效。而对非绿色的树茎部分没作用。百草枯喷入土中便迅速与土壤结合而钝化，无残留，不会伤害植物的根部和土壤内的种子，因此，百草枯只能杀死地上绿色部分，对多年生的地下茎及宿根无效。

【防除对象】 适用于防除果、桑、茶、胶、柑橘园及林带的杂草，也可防除非耕地、田埂、路边的杂草及玉米、甘蔗、大豆、棉花及苗圃等宽行作物的杂草，可采用定向喷雾防除。

【主要制剂】 27.5％、30.4％、30.5％、36％、42％母液，20％、25％水剂。

【安全使用技术】

1. 使用方法

（1）播种前处理 一般用于防除播种前田间已出土的杂草，如免耕麦田、油菜田、田埂边、沟边，机耕路边的杂草，每 667 m^2 用 20％水剂 150～200 mL，对水均匀喷雾杂草茎叶，喷药后过 1～2 d 播种。

（2）播后苗前处理 一般作物播种覆土后至出苗前时间较长，而杂草已出苗，可每 667 m^2 用 20％水剂 100～200 mL，对水均匀喷雾已出土的杂草上，作物一出苗就禁止使用。

（3）作物生长中、后期使用 一般在玉米、大豆、棉花、甘蔗等作物的宽行内，杂草生长始盛期，每 667 m^2 用 20％水剂 150～200 mL，对水针对行间杂草作定向喷雾，切勿喷到作物茎叶上。

（4）稻、麦（或油菜）轮作倒茬时少耕除草 小麦油菜收割后，不经翻耕，对前茬茎秆和田间杂草，每 667 m^2 直接用 20％水剂 200～300 mL，对水 20～30 kg，进行叶面处理，3 d 后残株呈褐色变软，此时放水入田，可加速腐烂速度，略经浅耕平整后即可插秧或播种。水稻收割后，可按上述剂量处理，不经翻耕，直接移栽油菜。这种方法便于抢季节，节省人力、物力。

2. 注意事项

（1）对一年生的单、双子叶杂草效果好，但对多年生杂草，尤其是以地下茎生长的无效，使用时要选择好对象田。

（2）一接触土壤即失效，故只能作杂草茎叶处理，为提高防除多年生杂草效果，百草枯可与草甘膦轮换使用，但不能与草甘膦同时使用或混用，以免影响药效。

（3）对人、畜毒性较高，喷药时注意安全使用；药后 7～10 d 内禁止家畜进入施药区。

（4）配药、喷药时要采用防护措施，必须戴橡胶手套、口罩及穿长衣裤，如药液溅入眼睛或皮肤上，马上进行冲洗，工作完后要清洗干净。误服药液，立即催吐，并送医院。

（5）喷药后机具要清洗干净。

（6）该药在柑橘（全果）、棉花（棉籽）上最高残留限量（MRL）分别为 1 mg/kg、0.2 mg/kg。20%百草枯水剂，在棉花枯叶期最多使用 1 次，安全间隔期 14 d；对柑橘杂草，最多使用 3 次。

苯磺隆

【类别】 磺酰脲类。

【毒性】 属低毒除草剂。对皮肤无刺激作用，但对眼睛有刺激（施药后 1 d 恢复）。对鸟类、鱼、水蚤、蜜蜂和蚯蚓低毒。

【作用机制】 是磺酰脲类选择性内吸传导型芽后除草剂。通过抑制乙酰乳酸合成酶，使缬氨酸、异亮氨酸的生物合成受抑制，阻止细胞分裂，致使杂草死亡。茎叶处理后可被杂草茎叶、根吸收，并在体内传导。禾谷类作物对该药有很好的耐药性。在土壤中持效期为 30～45 d，下茬作物不受影响。

【防除对象】 适用于禾本科作物田防除阔叶杂草。

【主要制剂】 10%、18%、20%可湿性粉剂，75%水分散粒剂，75%干悬浮剂等。

【安全使用技术】

1. 使用方法 小麦、大麦等禾谷类作物在 2 叶至拔节期均可施用；以 3～4 叶期时，杂草出土不超过 10 cm 高时喷药最佳；每

667 m² 用 10％可湿性粉剂 12～15 g，加水 30 kg，茎叶均匀喷雾处理。

2. 注意事项

（1）本品活性高，用量少，应称量准确。施药时要防止药液飘到敏感的阔叶作物上，以免产生药害。

（2）该药在小麦（籽粒）上最高残留限量（MRL）为 0.05 mg/kg。

（3）气温 20 ℃以上时对水量不能少于 25 kg，随配随用，气温高于 28 ℃应停止施药。

（4）75％可湿性粉剂，对小麦阔叶杂草，最多使用 1 次。75％干悬浮剂，对小麦阔叶杂草，最多使用 1 次。

苯噻酰草胺

【类别】 苯酰胺类。

【毒性】 属低毒除草剂。对鱼中毒，对蚯蚓低毒。

【作用机制】 属乙酰苯胺类除草剂，为细胞生长和分裂抑制剂。主要通过芽鞘和根吸收，传导到幼芽和嫩叶，抑制生长点细胞分裂，致杂草死亡。在土壤中吸附力强，渗透少，持效期在 1 个月以上。

【防除对象】 适用于水稻移栽稻田防除禾本科杂草，对从萌发前到 1.5 叶期稗草有很好的防效。对一年生杂草瓜皮草、牛毛毡、泽泻、眼子菜等均有较好的防效。

【主要制剂】 50％可湿性粉剂等。

【安全使用技术】

1. 使用方法 水稻移栽或抛秧后 5～7 d（稻苗返青后），南方稻区每 667 m² 用 50％可湿性粉剂 50～60 g，北方稻区每 667 m² 用 50％可湿性粉剂 60～80 g，采用拌肥或拌土的方法，均匀撒施，药后保持浅水层 5～7 d。

2. 注意事项

（1）施药后保持田水 3～5 cm 5～7 d，以不淹没心叶为准。同时开好平水缺，防止暴雨后淹没稻苗心叶，产生药害。

（2）田间有其他阔叶杂草和莎草时，应与苄嘧磺隆等杀阔叶杂草除草剂混用，以扩大杀草谱。

（3）50％可湿性粉剂，对水稻（移栽田和抛秧田）一年生杂草，最多使用 1 次。

吡嘧磺隆

【类别】 磺酰脲类。

【毒性】 属低毒除草剂。对皮肤和眼睛无刺激作用，对鱼、水蚤、蜜蜂低毒。

【作用机制】 选择性内吸传导型土壤除草剂，经抑制乙酰乳酸合成酶而致效。主要通过杂草的幼芽、根及茎叶吸收，并迅速在植物体内传导，阻碍氨基酸的合成，抑制植物茎、叶的生长和根的伸展，最后完全枯死。在水稻体内能迅速降解为无活性的化合物。

【防除对象】 能有效防除矮慈姑、水苋菜、陌上菜、节节菜、鸭舌草、眼子菜、异型莎草、碎米莎草、日照飘拂草、牛毛毡等多种一年生阔叶杂草和莎草科杂草。对水莎草、扁秆藨草、萤蔺等多年生莎草科杂草也有良好防效。对稗草有较好的抑制作用。

【主要制剂】 10％可湿性粉剂，10％片剂。

【安全使用技术】

1. 使用方法

（1）直播稻田、秧田 在稻苗 1～2 叶期，每 667 m² 用 10％可湿性粉剂 15 g，对水 30～40 kg，均匀喷雾田面，也可拌化肥均匀撒施。1 叶期前施药的田面应保持湿润，1 叶期后施药的田间要有水层，并保持 3～4 d。

（2）移栽田、抛秧田 移栽、抛秧后 5～10 d 灌水层，每 667 m² 用 10％可湿性粉剂 10～15 g，拌细泥或化肥均匀撒施全田。施药后保水 4～5 d，以后正常管理。

防除多年生莎草科杂草和阔叶杂草，每 667 m² 的用量可提高到 15～20 g，以保证药效。为了减少用量，降低成本，可与 2 甲 4 氯混用。杂草 5 叶期前，排干水层，每 667 m² 取 10％可湿性粉剂

10 g 与 20％2 甲 4 氯水剂 150 mL 混用，对水 40～50 kg，均匀喷雾杂草茎叶，施药后隔天灌水。

2. 注意事项

（1）吡嘧磺隆是稻田防除莎草科杂草和阔叶杂草的专用除草剂，使用时应选择以莎草科杂草和阔叶杂草为主的田块。

（2）吡嘧磺隆对萌芽期至 2 叶期内杂草效果最好，超过 3 叶期除草效果下降。因此，施药时间宜早不宜迟。

（3）对本药剂比较敏感的部分粳稻和糯稻品种，应尽量避免在芽期使用，否则易产生药害。

（4）杂草芽期施药对水层要求不严，但须保持土壤湿润，杂草出土后施药应有水层，以保证药效。

（5）为扩大杀草谱，一般提倡与除稗药剂混用。

（6）该药在水稻（糙米）上最高残留限量（MRL）为 0.1 mg/kg。

（7）10％可湿性粉剂对水稻阔叶杂草、莎草、稗草最多使用 1 次。

苄嘧磺隆

【类别】 磺酰脲类。

【毒性】 属低毒除草剂。对皮肤无刺激作用和过敏性，对眼睛也无刺激作用。对鸟类、水蚤和鱼低毒。

【作用机制】 是一种选择性强、内吸传导型稻田除草剂。为乙酰乳酸合成酶抑制剂。

【防除对象】 适用于水稻秧田、直播稻田和移栽稻田，能有效地防除一年生及多年生的阔叶杂草和莎草，高剂量下对稗草也有一定抑制作用，但对千金子基本无效。

【主要制剂】 10％、30％、32％可湿性粉剂，60％水分散粒剂等。

【安全使用技术】

1. 使用方法

（1）水稻秧田、直播田使用 在田整平落谷后至田间杂草 2 叶期以前均可施药。用药量应根据田间杂草种类而异，一般防除一年生阔叶杂草和莎草，每 667 m² 用 10％可湿性粉剂 10～20 g；防除多年生阔叶杂草和莎草，每 667 m² 用 10％可湿性粉剂 20～30 g，对水或混细潮土，均匀喷雾或撒施，施药时田间有 3～5 cm 水层，施药后保水 3～4 d，以后正常管理。

（2）水稻移栽田使用　水稻移栽后 5～7 d 施药。一般防除一年生阔叶杂草和莎草，每 667 m² 用 10％可湿性粉剂 10～20 g；防除多年生阔叶杂草和莎草，每 667 m² 用 10％可湿性粉剂 20～30 g，对水或混细潮土，均匀喷雾或撒施。施药时田间有 4～5 cm 水层，保持 3～4 d，以后正常水浆管理。

2. 注意事项

（1）苄嘧磺隆活性高，用药量低，必须称量准确。

（2）苄嘧磺隆对杂草萌芽期至 2 叶期以内效果最好，草龄超过 3 叶期会影响除草效果。

（3）苄嘧磺隆施用时田间要有 3～5 cm 水层，使药剂均匀分布，施药后 7 d 内不排水、不串水，以免降低药效。

（4）使用时要选择阔叶杂草和莎草为主、稗草等禾本科杂草少的田块，或与防除禾本科杂草的除草剂如哌草丹、禾草敌、二氯喹啉酸等混用。

（5）为扩大杀草谱，提高防效，降低成本，可与丁草胺、禾草丹、二氯喹啉酸等混用。

（6）在水稻（糙米）上最高残留限量（MRL）0.02 mg/kg。

（7）10％可湿性粉剂对水稻阔叶杂草及莎草，最多使用 1 次。

丙草胺

【类别】　酰胺类。

【毒性】　属低毒除草剂。对皮肤有一定的刺激作用，对眼睛仅有轻微的刺激作用。对鸟微毒，对蜜蜂和鱼有毒。

【作用机制】　是选择性内吸传导型土壤处理剂。除草活性部分通过杂草下胚轴、中胚轴和胚芽鞘吸收，直接干扰杂草体内蛋白质合成，抑制细胞生长，间接影响光合作用和呼吸作用。受害杂草幼苗初生叶不能出土或从胚芽鞘侧面伸出，出土后叶面扭曲，叶色变深绿，生长停止，不久即死亡。水稻具有将除草剂活性部分分解为失活的代谢产物的能力，但正在发芽的水稻幼苗对这种分解非常缓慢，因此对幼苗有伤害。在加上安全剂以后，通过幼根吸收，促进了植物体酶的活动，加速了除草活性部分的分解，从而保护了水稻幼苗不受伤害。在丙草胺中加入安全剂 CGA123407，这种安全剂能通过水稻根部吸收而发挥作用。

【防除对象】 能有效地防除水田中的稗草、千金子、牛毛毡、异型莎草等大多数一年生禾本科、莎草科杂草及部分双子叶杂草，适用于催芽后播种的湿播秧田、湿直播水稻、小苗移栽稻及抛秧稻。丙草胺在田间持效期为 30～40 d。

【主要制剂】 30%、50%乳油等。

【安全使用技术】

1. 使用方法

（1）直播田、秧田 播种（催芽）后 2～4 d，每 667 m² 用 30%乳油 100～120 mL，对水 30～40 kg 均匀喷雾土表。施药后田沟有水，畦面湿润。

（2）移栽田、抛秧田 移栽、抛栽后 3～5 d，灌上浅水层，每 667 m² 用 30%乳油 100 mL，拌细沙土或化肥均匀撒施，药后保水层 3～4 d，以后正常管理。

2. 注意事项

（1）谷种必须先经催芽，切忌用于稻种未催芽的田块。

（2）施药时土壤应呈水分饱和状态，土表有水膜，田面要平整，药后 3 d 内保持沟内有水、田间湿润状态。

（3）不要在鱼塘、河道等处清洗施药器械。

（4）如有不适感或中毒症状，请立即送医院治疗。

（5）为扩大杀草谱，提高防效，降低成本，可与苄嘧磺隆、吡嘧磺隆等混用。

（6）该药在水稻（糙米）上最高残留限量（MRL）为 0.1 mg/kg。

（7）30%乳油对水稻一年生杂草最多使用 1 次；50%乳油对水稻一年生禾本科杂草、莎草及部分阔叶杂草最多使用 1 次。

草除灵

【类别】　苯并噻唑啉羧酸类。

【毒性】　属低毒除草除。30%钾盐溶液对皮肤和眼睛稍有刺激，而4%溶液无刺激。对鸟类和蜜蜂低毒，对鱼和水蚤中毒。

【作用机制】　通过抑制生长素合成而致效，是一种选择性芽后茎叶处理剂。施药后植物通过叶片吸收输导到整个植物体，作用方式同2甲4氯丙酸，只是药效发挥缓慢。敏感植物受药后生长停滞，叶片僵绿、增厚反卷，新生叶扭曲，节间缩短，最后死亡，与激素类除草剂症状相似。在耐药性植物体内降解成无活性物质，对油菜、麦类、苜蓿等作物安全。气温高作用快，气温低作用慢。在土壤中转化成游离酸并很快降解成无活性物，对后茬作用无影响。

【防除对象】　适用于油菜、麦类等防除繁缕、牛繁缕、雀舌草、苋、猪殃殃等一年生阔叶杂草。

【主要制剂】　10%、15%、50%乳油，30%、50%悬浮剂等。

【安全使用技术】

1. 使用方法　冬油菜，直播油菜6～8叶期或移栽油菜返青后，阔叶杂草出齐，2～3叶期至2～3个分枝，冬前气温较高时或冬后气温回升油菜返青期作茎叶喷雾处理。以雀舌草、牛繁缕、繁缕为主，每667 m² 用10%乳油133～150 mL或50%悬浮剂26.6～30 mL，对水40～50 L均匀喷雾。以猪殃殃为主的阔叶杂草，应适当提高用药剂量，10%乳油用150～200 mL或50%悬浮剂30～40 mL，对水40～50 L均匀喷雾。

2. 注意事项

（1）不推荐用于芥菜型油菜。不得随意加大用药量，严格按推荐使用方法施药。油菜的耐药性受叶龄、气温、雨水等因素影响，在阔叶杂草出齐后，油菜达6叶龄，避开低温天气施药最安全、有效。不宜在直播油菜2～3叶期过早使用。

（2）对禾本科杂草与阔叶杂草混生的田块，可与防除禾本科杂草的芽后除草剂混用，以扩大杀草谱，提高防效。

（3）喷药工具用毕，必须及时清洗干净。

（4）在油菜（油菜籽）上的最高残留限量（MRL）为 0.1 mg/kg。

（5）50％乳油对油菜繁缕、牛繁缕、雀舌草、阔叶杂草最多使用 1 次。

草甘膦

【类别】 有机膦类。

【毒性】 属低毒除草剂。对眼睛有刺激，对皮肤无刺激。对鸟类、鱼和蜜蜂低毒。

【作用机制】 为灭生性的内吸传导型除草剂，能被杂草茎叶吸收而传导全株，干扰蛋白质的合成而使杂草枯死。草甘膦在土壤中能迅速分解失效，故无残留作用；并对没出土的杂草无效，只有当杂草出苗后，作茎叶处理，才能杀死杂草。

【防除对象】 主要用于果、桑、茶、林地、非耕地、田边、沟边、路边、作物播种前等防除一年生及多年生单、双子叶杂草。

【主要制剂】 10％、41％、62％水剂，50％可溶性粉剂，58％可溶性粒剂。

【安全使用技术】

1. 使用方法

（1）果、桑、茶、林地除草 草甘膦接触绿色组织才有杀伤作用，对幼树基部褐色部分不会造成伤害，因此，在果、桑、茶、林地被广泛应用，一般在杂草发生盛期，草高 10～15 cm，每 667 m² 用 10％水剂 1～2 kg，对水定向喷雾在杂草茎叶上。

（2）非耕地、田边、沟边、路边除草 一般在杂草基本出齐，杂草 4～6 叶期，每 667 m² 用 10％水剂 1～1.5 kg，对水均匀喷雾杂草茎叶上。

（3）农田除草 免耕麦、免耕油菜在前茬作物收获后，每 667 m² 用 10％水剂 0.5～0.75 kg，对水喷雾。一般喷雾后第二天，即可播种或移栽，对小麦和油菜安全，可有效地控制麦田、油菜田前期杂草的危害。在棉花现蕾期，每 667 m² 用 10％水剂 0.75～1 kg，对水 35 kg，定向喷雾，可有效地控制棉田中后期杂草的危害。

2. 注意事项

（1）草甘膦为灭生性除草剂，施药时严防药雾飘移到作物嫩茎、叶片上，以免药害。

（2）草甘膦须在杂草出苗后喷雾，对未出苗的杂草无效。

（3）草甘膦对多年生恶性杂草如白茅、香附子等，在第一次施药后隔 1 个月再施 1 次，才能取得理想的除草效果。

（4）配制草甘膦药液时，加入 0.1％洗衣粉，可增加黏着力，以提高药效。

（5）草甘膦对眼和皮肤有刺激作用，注意安全使用。

（6）用过草甘膦的机具要彻底清洗干净。

敌草胺

【类别】　酰胺类。

【毒性】　属低毒除草剂。对眼睛和皮肤有轻微刺激。对鱼和水生动物毒性较低。对鸟类和蜜蜂低毒。

【作用机制】　是一种选择性内吸传导型土壤处理剂，主要通过杂草芽鞘和根吸收，抑制酶类的形成，使杂草根芽不能生长而死亡。混入土层后，其残效期可达 2 个月左右。对已出土的杂草无效。

【防除对象】　杀草谱较广，能杀死由种子繁殖的许多单、双子叶杂草如马唐、狗尾草、稗草、看麦娘、早熟禾、棒头草、马齿苋、凹头苋、繁缕、藜、三棱草等。能用于蔬菜、油菜、大豆、花生、烟草、果园、桑园等作物防除一年生禾本科杂草和阔叶杂草。

【主要制剂】　50％可湿性粉剂，20％乳油，50％水分散粒剂。

【安全使用技术】

1. 使用方法　油菜、白菜、萝卜等作物田，可在播后苗前或移植后，土壤湿润情况下，每 667 m^2 用 50％可湿性粉剂 125～150 g，对水均匀喷雾于土表。

2. 注意事项

（1）敌草胺对芹菜、胡萝卜、茴香、玉米、高粱等作物敏感，不宜使用。

（2）使用时要注意"早、湿、净"，因敌草胺对已出土的杂草效果差，故应早施药；对已出土的杂草要事先予以清除；土壤湿度大，有利于发挥药效、提高除草效果。

（3）每 667 m² 用量在 150 g 以下，当季作物生长期超过 90 d以上时，对后茬作物一般不会产生药害。后茬为敏感作物的短期蔬菜不宜使用，以免产生药害。

（4）一般土壤黏重时用药量高些，春夏日照长，光解敌草胺较多，用量适当高于秋冬季；土壤干旱地区使用，应进行混土，以提高药效。

（5）该药在烟草（干烟）上最高残留限量（MRL）为 0.1 mg/kg。

（6）50%可湿性粉剂对烟草一年生单子叶及部分双子叶杂草最多使用 1 次。

丁草胺

【类别】 酰胺类。

【毒性】 属低毒除草剂。对皮肤有中等刺激性，对眼睛有轻度刺激。对鱼高毒。对鸟类和蜜蜂低毒。

【作用机制】 是酰胺类选择性芽前除草剂。药剂大部分通过植物的芽鞘吸收向上传导，根部和种子的吸收量较少。进入植物体内的药剂抑制和破坏敏感植物体内蛋白质的合成，使之受害致死。

【防除对象】 可用于水田和旱地防除以种子萌发的禾本科杂草、一年生莎草及部分一年生阔叶杂草。

【主要制剂】 50%、60%、80%、90%乳油，60%水乳剂，50%微乳剂，5%颗粒剂，10%微粒剂等。

【安全使用技术】

1. 使用方法

（1）防除水田杂草 移栽稻田防除一年生禾本科杂草及某些阔叶杂草。一般在水稻移栽后 5～8 d 用药，每 667 m² 用 60%乳油75～100 mL，或用 5%颗粒剂 1 kg，或 10%颗粒剂 0.5 kg，做成毒土或毒肥，均匀撒施，就能有效控制水稻田稗草和异型莎草，对水稻安全，持效期在 1 个月左右。

（2）防除旱田杂草 冬小麦、大麦播种覆土后至出苗前，结合灌出苗水或降雨后，在土壤水分良好的状况下，每 667 m² 用 60%丁草胺乳油 100～125 mL，对水喷雾于土表。

2. 注意事项

（1）每 667 m² 用药量大于有效成分 72 g 时，对水稻秧苗易发生药害。

（2）播前 2 d 用药或随播随用药，虽然除草效果好，但对水稻成苗率有明显影响。

（3）直播稻及秧田用丁草胺除草的安全性较差，易产生药害，应慎用。

（4）对露籽麦出苗有严重影响，露籽麦多的田块不能使用。

（5）该药在水稻（糙米）上最高残留限量（MRL）为 0.5 mg/kg。

（6）60%乳油对水稻一年生杂草最多使用 1 次。

（7）对鱼类和水生生物毒性大，注意避免污染河塘。

啶嘧磺隆

【类别】 磺酰脲类。

【毒性】 低毒除草剂。对皮肤无刺激作用，对眼睛有中等刺激，对鸟类、鱼、蚯蚓和蜜蜂低毒。

【作用机制】 乙酰乳酸合成酶（ALS）抑制剂。主要抑制产生侧链氨基酸、亮氨酸、异亮氨酸和缬氨酸的前驱物乙酰乳酸合成酶的反应。一般情况下，处理后杂草立即停止生长，吸收 4～5 d 后新发出的叶子褪绿，然后逐渐坏死并蔓延至整个植株，20～30 d 杂草枯死。该药剂主要通过叶面吸收并转移至植物各部位。

【防除对象】 用于暖季型草坪防除稗草、牛筋草、早熟禾、看麦娘、狗尾草、香附子、水蜈蚣、异型莎草、小飞蓬、繁缕、白车轴、荠菜等一年生和多年生阔叶杂草和禾本科杂草，持效期为 30 d（夏季）～90 d（冬季）。

【主要制剂】 25％水分散粒剂。

【安全使用技术】

1. 使用方法 用于暖季型草坪，用药时间为杂草 3～4 叶期，每 667 m² 用 25％水分散粒剂 10～20 g，对水茎叶喷雾。

2. 注意事项

（1）该药对冷季型草坪敏感，故高羊茅、黑麦草、早熟禾等冷季型草坪不可使用。

（2）该药用药时间较宽，苗后早期施药效果较好，叶面茎叶喷雾比土壤处理效果好。

二氯吡啶酸

【类别】 吡啶类。

【毒性】 属低毒除草剂。对眼睛有强烈的刺激作用。对鸟类、鱼和蜜蜂低毒。

【作用机制】 内吸传导型苗后除草剂。对杂草施药后，由叶片或根部吸收，在植物体中上下移行，迅速传到整个植株。其杀草的作用机制为促进植物核酸的形成，产生过量的核糖核酸，致使根部生长过量，茎及叶生长畸形，养分消耗，维管束输导功能受阻，最后导致杂草死亡。

【防除对象】 适用于油菜、小麦、玉米等，防除多种恶性阔叶杂草，如刺儿菜、苣荬菜、稻槎菜、鬼针草、大巢菜等。对油菜、小麦全生育期安全。

【主要制剂】 30％水剂，75％可溶粒剂。

【安全使用技术】

1. 使用方法

（1）油菜田 可防除油菜田一年生阔叶杂草，冬油菜每 667 m² 用 30％水剂 35～45 mL 茎叶喷雾处理；春油菜每 667 m² 用 30％水剂 45～60 mL 茎叶喷雾。

（2）春小麦田 防除一年生阔叶杂草，每 667 m² 用 30％水剂 45～60 mL 茎叶喷雾处理。

2. 注意事项

（1）本品适用于甘蓝型、白菜型油菜，芥菜型油菜慎用。

（2）杂草中毒后不要铲除地上部分，以利于彻底死根。

（3）施药时应避免药液飘逸到敏感作物上，如大豆、花生、莴苣等，以免造成药害。

（4）喷雾器用后，应清洗干净方可用于阔叶作物喷其他农药。

（5）后茬种植莴苣等菊科蔬菜安全间隔期在 45 d 左右。

（6）本品为低毒农药，但使用时仍要注意防护，保证人畜安全。

（7）75％可溶粒剂，对春油菜阔叶杂草，最多使用 1 次。

氟乐灵

【类别】　二硝基苯胺类。

【毒性】　属低毒除草剂。对皮肤和眼睛有刺激作用。对鸟类低毒。对鱼高毒。对鸟类、蚯蚓和蜜蜂低毒。

【作用机制】　为选择性内吸传导型土壤处理剂。抑制微管系统而致效，主要是通过植物的胚芽鞘和下胚轴，以及子叶和幼根吸收。药剂在通过杂草种子发芽生长穿过土层的过程中被吸收，出苗后的茎和叶不能吸收。施入土壤中，不易为雨水冲刷及淋溶，故施药后迅速混土可维持 3 个月的持效期。

【防除对象】　主要用于棉花、大豆、花生、甘蔗、果树等旱地的杂草防除。对旱田一年生杂草如稗草、马唐、看麦娘、狗尾草、蟋蟀草、野燕麦、野苋、藜、马齿苋、繁缕等防效较好，其中禾本科杂草比阔叶杂草更敏感，但对菟丝子、三棱草、狗牙根、苘麻、苍耳、苦草、冰草、鳢肠等防效较差。

【主要制剂】　48％乳油。

【安全使用技术】

1. 使用方法

（1）大豆田　大豆播前土壤处理，每 667 m^2 用 48％乳油 150～175 mL，对水 25～50 L 喷雾，施药后应交叉混土两遍，混土深为

5～7 cm。土壤有机质含量高时，应加大用药量，但有机质高达10%以上时不宜用药。

（2）玉米田　玉米播后或播后苗前，每 667 m² 用 48%乳油 100～150 mL，喷雾后立即混土。

（3）油菜、花生、芝麻和蔬菜田　在播前 3～7 d 施药，每 667 m² 用 48%乳油 100～150 mL 喷雾。施药后立即混土。

2. 注意事项

（1）氟乐灵易光解、易挥发，因此使用时必须边用药边混土，一般施药到混土的时间不得超过 8 h，否则会影响药效。

（2）氟乐灵使用后，混土一定要均匀，混土深度一般为 1～5 cm。

（3）氟乐灵对单子叶杂草有较好防效，对双子叶杂草防效较差。因此，须兼除时要与其他除草剂混用，以扩大杀草谱。

（4）氟乐灵有一定挥发性，在棉花塑料薄膜覆盖苗床或蔬菜地使用，每 667 m² 用 48%乳油超过 200 mL 时，会对作物产生药害，故一定要严格控制用药量。低温干旱地区，氟乐灵施入土壤后残效期较长，下茬不宜种植高粱、谷子等敏感作物。

（5）该药在玉米（籽粒）、大豆（籽粒）上最高残留限量（MRL）均为 0.05 mg/kg。

（6）48%乳油，对大豆、玉米一年生禾本科杂草及部分阔叶杂草，最多使用 1 次。

（7）对鱼和水生生物毒性较高，应避免污染河塘。

高效氟吡甲禾灵

【类别】　芳氧丙酸酯类。

【毒性】　属低毒除草剂。对鱼、鸟和蜜蜂低毒。

【作用机制】　选择性内吸传导型茎叶处理剂。通过对杂草体内乙酰辅酶 A 羧化酶结合，阻止此酶发挥作用，破坏脂肪酸的合成，使细胞膜等含脂结构破坏导致植物死亡。高效氟吡甲禾灵由于去除了氟吡甲禾灵中非活性的 S 光学异构体，其除草活性要高，药效更稳定，受低温、雨水等不利环境影响更小，施药后 1 h 降雨对药效影响很小。

【防除对象】 适用于棉花、油菜、大豆、花生等双子叶作物田，有效防除稗草、千金子、马唐、狗尾巴草、看麦娘、日本看麦娘、菵草、硬草、棒头草等一年生禾本科杂草。对阔叶草和莎草科杂草无效。对早熟禾效果很差。

【主要制剂】 10.8％乳油。

【安全使用技术】

1. 使用方法

（1）棉花田、花生田 一年生禾本科杂草 3～6 叶期，每 667 m² 用 10.8％乳油 20～30 mL，对水 40～50 kg，均匀喷雾杂草茎叶。

（2）油菜田 一年生禾本科杂草 5～6 叶期，每 667 m² 用 10.8％乳油 25～30 mL，对水 40～50 kg，针对杂草茎叶均匀喷雾。

（3）大豆田 禾本科杂草 3～5 叶期，每 667 m² 用 10.8％乳油 30～45 mL，对水 40～50 kg，针对杂草茎叶均匀喷雾。

2. 注意事项

（1）该药是禾本科杂草专用除草剂，只适用于阔叶作物田使用。

（2）对禾本科作物敏感，使用时切勿喷到邻近水稻、小麦、玉米等禾本科作物上，以免产生药害。

（3）喷雾均匀周到，并保持施药后 3 h 内无雨，以免影响药效。

（4）施药工具用毕要清洗干净，用剩的药液不可倒入鱼塘，以防鱼类中毒。

（5）该药在油菜（油菜籽）、大豆（籽粒）上最高残留限量（MRL）分别为 1 mg/kg、0.5 mg/kg。

禾草丹

【类别】 硫代氨基甲酸酯类。

【毒性】 属低毒除草剂。对皮肤和眼睛有刺激性。对鸟类和蜜蜂低毒。对鱼中毒。

【作用机制】 通过阻碍 α-淀粉酶和蛋白质合成而发挥作用，为类脂合成抑制剂。选择性内吸传导型土壤处理除草剂，可被杂草的根部和幼芽吸收，阻碍淀粉酶和蛋白质的生物合成，使已发芽的杂草种子中的淀粉不能水解为容易被吸收的糖类，而刚发芽的幼芽得不到养料而生长受抑制，生长停止而枯死。

【防除对象】 用于苗前土壤处理或幼苗期叶面喷雾，主要防除水稻秧田、直播田和移栽田的稗草、牛毛草、异型莎草、三棱草、千金子、鸭舌草等一年生杂草。

【主要制剂】 50％、90％乳油和10％颗粒剂等。

【安全使用技术】

1. 使用方法

（1）秧田和直播田的使用

① 播前土壤处理。先做好毛秧板，然后每667 m² 用50％乳油200～300 mL，加水40～50 kg进行表土喷雾处理，再做好秧板。当用干种播种时可随用随播；若用已催芽的湿谷时应在用药以后的2～3 d再播种。

② 苗期用药。在稻苗1叶1心至2叶1心期时使用，每667 m²用50％乳油200～300 mL，加水30～50 kg，喷在茎、叶上。

（2）移栽田的使用 移栽前1～3 d或移栽后15 d内，用50％乳油200～300 mL，加水30～40 kg，进行表土喷雾处理，也可每667 m² 用10％颗粒剂1.25～1.5 kg，用细土10～15 kg拌匀撒施。

（3）提倡与苄嘧磺隆配合使用 其既可扩大杀草谱，又能延长除草效果。在一般草情下，直播稻田用90％乳油150 mL加10％苄嘧磺隆20 g，可基本一次性解决草害问题。

2. 注意事项

（1）施药期间要有浅水层（约2 cm），并要求不漏水。

（2）施药后要保水3～4 d，以保证药效。

（3）禾草丹能为光分解，故药后需覆土处理以保证药效。

（4）用禾草丹作土壤处理后，已催芽的稻种不能立即播种，否则易产生药害。

（5）禾草丹在水稻（糙米）上的最高残留限量（MRL）为 0.2 mg/kg。

（6）10％颗粒剂，对水稻一年生禾本科杂草，最多使用 1 次；50％乳油，对水稻稗草、三棱草、鸭舌草、牛毛毡等一年生杂草最多使用 2 次；90％乳油，对水稻稗草等一年生杂草，最多使用 1 次。

精喹禾灵

【类别】　芳基苯氧丙酸酯类。

【毒性】　属低毒除草剂。对皮肤无刺激作用，对眼睛有轻微刺激作用，对鸟类、蜜蜂低毒。对鱼中毒或低毒。

【作用机制】　是在合成喹禾灵的过程中去除了非活性的光学异构体后的改良制品。其作用机制和杀草谱与喹禾灵相似，通过杂草茎叶吸收，在植物体内向上和向下双向传导，积累在顶端及居间分生组织，抑制细胞脂肪酸合成，使杂草坏死。精喹禾灵是一种高度选择性的新型旱田茎叶处理剂，在禾本科杂草和双子叶作物间有高度的选择性，对阔叶作物田的禾本科杂草有很好的防效。精喹禾灵与喹禾灵相比，提高了被植物吸收性和在植株内的移动性，所以作用速度更快，药效更加稳定，不易受雨水、气温及湿度等环境条件的影响。药效提高了近 1 倍，用量减少，对环境更加安全。

【防除对象】　适用于大豆、棉花、油菜、花生、甜菜、亚麻、番茄、甘蓝、苹果、葡萄及多种阔叶蔬菜作物地防除单子叶杂草，如稗草、牛筋草、马唐、狗尾草、看麦娘等。

【主要制剂】　5％、8％、8.8％、10％、10.8％、15％乳油等。

【安全使用技术】

1. 使用方法　油菜田，于禾本科杂草 3～5 叶期，每 667 m^2 用 5％乳油 50～80 mL，对水进行茎叶喷雾处理。

2. 注意事项

（1）精喹禾灵每人每日允许摄入量（ADI）为 0.01 mg/kg 体重，最大应用制剂量为 5 L/hm^2，最多使用次数两次。安全间隔期为 60 d。在果类作物中,最大残留限量为 0.05 mg/kg,在蔬菜作物中,最大残留限量为 0.3 mg/kg。

（2）叶面施药后,杂草植株发黄,2 d 内停止生长,施药后 5~7 d,嫩叶和节上初生组织变枯,14 d 内植株枯死。

（3）该药在棉花（棉籽）、花生（花生仁）、油菜（油菜籽）、大豆（籽粒）上最高残留限量（MRL）均为 0.2 mg/kg。

（4）5％乳油,对棉花、花生、油菜、大豆一年生禾本科杂草,最多使用 1 次。

氯氟吡氧乙酸

【类别】 吡啶类。

【毒性】 属低毒除草剂。对皮肤无刺激作用,对眼睛有中等刺激作用。对鸟类、蜜蜂和鱼低毒。

【作用机制】 典型的激素型选择性内吸传导型苗后茎叶处理剂。主要通过植物茎、叶吸收,出现中毒反应,植株扭曲,直至死亡。在耐药性植物如小麦体内,可结合成辄合物失去活性。

【防除对象】 能有效防除禾谷作物田的猪殃殃、牛繁缕、大巢菜、马齿苋、龙葵、空心莲子草、田旋花、碎米荠、蓼等多种阔叶杂草。

【主要制剂】 20％乳油。

【安全使用技术】

1. 使用方法

（1）麦田 在杂草生长旺盛期,每 667 m² 用 20％乳油 40~60 mL,对水 40~60 kg,均匀喷雾于杂草茎叶。

（2）水稻田 水稻苗后,待空心莲子草等阔叶杂草发生后,每667 m² 用 20％乳油 40~60 mL,排水后均匀喷雾于杂草茎叶。隔2 d 灌水,并保持水层 5~7 d。

2. 注意事项

（1）该药为防除麦田阔叶杂草的专用除草剂,使用时应选择以阔叶杂草为主的田块。

（2）对油菜、棉花、大豆等阔叶作物敏感，施药时应避免药液飘移到这些作物上，以免产生药害。用药后的喷雾器应彻底清洗干净。

（3）此药对鱼有毒，防止污染养鱼水域。

（4）该药在小麦（籽粒）上最高残留限量（MRL）为 0.2 mg/kg。

灭草松

【类别】 苯并噻二嗪类。

【毒性】 属低毒除草剂。对皮肤接触或擦伤有轻微刺激，对眼睛中等刺激。对鸟类、鱼、蜜蜂和蚯蚓低毒。

【作用机制】 兼有触杀和内吸传导的选择性强的苗后抑制光合作用的除草剂。旱地使用主要通过杂草幼苗的茎叶吸收，在水田使用则通过根部和茎叶部吸收，抑制杂草的光合作用和水分代谢，使杂草饥饿而死。

【防除对象】 适用于水稻、小麦、大麦、大豆、花生等作物田防除莎草和阔叶杂草，对禾本科杂草无效。

【主要制剂】 25％、48％水剂等。

【安全使用技术】

1. 使用方法

（1）稻田 一般水直播田在播种后 30～40 d，移栽大田在移栽后 15～20 d，大部分莎草和阔叶草生长 3～5 叶期，每 667 m² 用 25％水剂 300～400 mL 或 48％水剂 150～200 mL，对水均匀喷雾于杂草上。施药前须把田水排干，施药后 2 d 再正常灌水；也可每 667 m² 用 48％水剂 100 mL（或 25％水剂 200 mL）加 20％ 2 甲 4 氯水剂 100 mL 混用，使用时期与方法以及水浆管理，同单用灭草松一样。此法可提高对异型莎草的防效，降低成本。

（2）麦田 在麦苗 2 叶 1 心至分蘖末期，每 667 m² 用 25％水剂 200～300 mL，或 48％水剂 100～150 mL，对水均匀喷雾于杂草上，能有效地防除猪殃殃、牛繁缕、麦家公等杂草；也可每 667 m² 用 48％水剂 75 mL（或 25％水剂 150 mL）加 20％ 2 甲 4 氯水剂

150 mL 混用，使用时期与防除对象同单用灭草松。

（3）大豆、花生田　在苗后，田间阔叶草及莎草在 2～5 叶期，每 667 m² 用 25% 水剂 300～400 mL，或 48% 水剂 133～200 mL，对水均匀喷雾于杂草上。

2. 注意事项

（1）气温高、有光照，有利于灭草松药效的发挥，因此应选择晴暖天气用药。施药后 8 h 内降大雨，对药效有影响，需补除。

（2）水稻漏水田不宜使用。

（3）棉花和蔬菜对该药敏感，应注意避免接触。

（4）大豆在干旱或低温雨涝时施药，可能会发生药害。

（5）使用过灭草松、2 甲 4 氯的机具要用热碱水反复清洗干净。

（6）本剂在水稻（糙米）、小麦（籽粒）、大豆（籽粒）上最高残留限量（MRL）均为 0.05 mg/kg。

（7）48% 水剂，对水稻、小麦、大豆一年生阔叶杂草，最多使用 1 次。

炔草酸

【类别】　芳氧羧酸类。

【毒性】　属低毒除草剂。对皮肤、眼睛为无刺激性。原药对鱼为高毒，对蜜蜂、鸟、家蚕和蚯蚓均为低毒。

【作用机制】　苗后茎叶处理剂。作用机理为抑制植物体内乙酰辅酶 A 羧化酶（ACC）的活性，从而影响脂肪酸的合成，而脂肪酸是细胞膜形成的必要物质。禾本科杂草在施药后 2 d 内停止生长，先是新叶枯萎变黄，整株会在 3～5 周后死亡。主要通过杂草叶部组织吸收，而根部几乎不吸收。叶部吸收后通过木质部由上向下传导，并在分生组织中累积，高温、高湿条件下可加快传导速度。在土壤中迅速降解，在土壤中基本无活性，对后茬作物无影响。

【防除对象】　为小麦田禾本科杂草高效、稳定的苗后茎叶处理除草剂，对看麦娘、野燕麦、稗草有较好的防效，但对雀麦的防效不理想。

【主要制剂】　15%可湿性粉剂。

【安全使用技术】

1. 使用方法　于小麦出苗后茎叶喷雾处理 1 次，每 667 m² 用 15%可湿性粉剂 13.3～20 g，对水均匀喷雾。

2. 注意事项

（1）每公顷有效成分使用 60 g 剂量可造成小麦叶片黄化，但 20 d 后可以恢复。

（2）在推荐剂量范围内使用对小麦安全，小麦各品种间敏感性未见明显差异。

（3）对鱼有毒，注意避免污染鱼塘。

氰氟草酯

【类别】　芳氧苯氧丙酸酯类。

【毒性】　属低毒除草剂。对眼睛有刺激性，轻微可恢复，无皮肤刺激性和致敏性。对野生动物及昆虫低毒，对鸟类、蜜蜂和蚯蚓均低毒。对鱼高毒，由于在水和土壤中降解迅速，且用量很低，在实际应用时一般不会对鱼类产生毒害。

【作用机制】　为高效选择性内吸传导型茎叶处理剂，通过植物叶片和叶鞘吸收，主要抑制杂草体内乙酰辅酶 A 羧化酶的形成，使脂肪酸合成受抑，细胞不能正常分裂。对水稻较安全。

【防除对象】　适用于水稻田防除稗草和千金子等一年生禾本科杂草，对阔叶杂草无效。

【主要制剂】　10%乳油。

【安全使用技术】

1. 使用方法　在稻苗 3～5 叶期（稗草、千金子 2～4 叶期），每 667 m² 用 10%乳油 50～75 mL，对水 30～40 kg，进行均匀茎叶喷雾。

2. 注意事项

（1）施药时，土表水层小于 1 cm 或排干施药，药后 2 d 灌水，保水 4～5 d，可提高防效。

（2）与某些防除阔叶杂草的除草剂，如 2 甲 4 氯、磺酰脲类及灭草松等混用可能会有拮抗作用，降低药效。如需防除阔叶草及莎草科杂草，最好施用该药 7 d 后再施用防除阔叶杂草的除草剂。

（3）10％乳油，对水稻稗草、千金子等禾本科杂草，最多使用 1 次。

五氟磺草胺

【类别】 三唑并嘧啶磺酰胺类。

【毒性】 属低毒除草剂。

【作用机制】 乙酰乳酸合成酶（ALS）抑制剂，由杂草叶片、鞘部或根部吸收传导至分生组织，促使杂草停止生长、黄化死亡。

【防除对象】 用于水稻田防除稗草、异型莎草、泽泻等一年生杂草。

【主要制剂】 25 g/L 油悬浮剂。

【安全使用技术】

1. 使用方法 稗草 3～5 叶期，每 667 m² 用 25 g/L 油悬浮剂 40～50 mL，对水茎叶喷雾处理。

2. 注意事项

（1）用药前先排干水，药液必须均匀喷雾到杂草上，隔天复水。

（2）用药时间应掌握在杂草基本出齐后用药，水稻直播田一般在播后 15～20 d，禾本科杂草 3～5 叶期用药量为 50 mL，以后每增加 1 片叶需相应增加用药量 10 mL。

（3）该药对千金子无效。当千金子数量较多时，可用氰氟草酯防除。

乙草胺

【类别】 酰胺类。

【毒性】 属低毒除草剂。对眼睛和皮肤无刺激性。对鸟类、蜜蜂、蚯蚓和水蚤低毒。对鱼高毒或中毒。

【作用机制】 为选择性内吸传导型土壤处理剂，用于芽前除草；通过幼芽、幼根吸收，干扰和抑制杂草体内的核酸代谢及蛋白质合成。药剂施于杂草后，幼根和幼芽受到抑制，叶片不能从芽鞘抽出或抽出的叶片畸形，变短变厚而死亡。

【防除对象】 适用于大豆、棉花、油菜和蔬菜等作物，防除稗草、马唐、狗尾草、牛筋草、看麦娘、早熟禾等一年生禾本科杂草。对多年生杂草无效。对双子叶杂草效果差。在土壤中持效期可达2个月左右。

【主要制剂】 50％、88％、90％、90.9％、99％乳油，20％可湿性粉剂，48％水乳剂，5％颗粒剂等。

【安全使用技术】

1. 使用方法

（1）大豆田 播种前或播后出苗前，每667 m² 用50％乳油160～200 mL（东北）、或100～140 mL（其他地区），对水喷雾土表。

（2）棉花田 播种（移栽）前或播后苗前，每667 m² 用50％乳油100～120 mL，对水40 kg左右，均匀喷雾土表。

（3）蔬菜、油菜田 大豆、马铃薯、冬瓜、茄子、菜豆、油菜等作物移栽前或移栽后（杂草出土前），每667 m² 用50％乳油50～100 mL，对水40～50 kg，均匀喷雾土表。

（4）移栽水稻田 移栽后3～5 d，灌上浅水层，每667 m² 用50％乳油15～20 mL，拌化肥均匀撒施，施药后保水层5～7 d。一般不用单剂，而是用与苄嘧磺隆的复配剂。

2. 注意事项

（1）黄瓜、菠菜、韭菜、小麦、高粱、西瓜和甜瓜等作物对乙草胺敏感，不宜使用。水稻对乙草胺也比较敏感，秧田、直播、抛秧田不宜使用。

（2）乙草胺必须在杂草出土前使用，不能用作茎叶处理。对已出土的杂草用药前应先用灭生性除草剂清除。

（3）施药工具用毕后要及时清洗干净。

（4）乙草胺在大豆上籽粒最高残留限量（MRL）0.2 mg/kg，在花生上籽粒最高残留限量（MRL）0.01 mg/kg。

（5）90％乳油，对大豆、花生、玉米、油菜一年生禾本科杂草及部分阔叶杂草，最多使用1次。

乙氧氟草醚

【类别】 二苯醚类。

【毒性】 属低毒除草剂。对皮肤无刺激作用，但对兔眼睛有中等刺激。对鸟类、蜜蜂低毒。对鱼及某些水生生物高毒，对草虾高毒。

【作用机制】 为选择性触杀型土壤处理剂，主要抑制杂草的光合作用而致效。药剂主要通过胚芽鞘、中胚轴进入杂草体内，经根部吸收较少。该药在光照条件下才能发挥杀草作用。

【防除对象】 适用于水稻、棉花和蔬菜等作物。能有效防除稗草、异型莎草、鸭舌草、水苋菜、节节菜、陌上菜、狗尾草、牛筋草、马唐、马齿苋、凹头苋、蓼等一年生杂草，对多年生杂草效果差。

【主要制剂】 20％、23.5％、24％乳油等。

【安全使用技术】

1. 使用方法 移栽稻田，于移栽后4～6 d，灌浅水层，每667 m² 用24％乳油10～15 mL，对少量水成母液，然后拌细泥或化肥均匀撒施全田。施药后保水5～7 d，以后正常管理。与苄嘧磺隆、丁草胺、禾草敌等除草剂各减半混用，可扩大杀草谱，提高药效和安全性。

2. 注意事项

（1）水稻幼苗期对该药敏感，抛秧田、小苗移栽田、秧田、直播田不可使用。

（2）移栽稻田用毒肥法较安全，使用时间应在露水干后，以免沾着稻叶产生药害。稻田水层不宜过深。以免淹没心叶，产生药害。

（3）棉花、蔬菜田施药时间应在播后苗前。

（4）施药工具用毕要清洗干净、用剩药液不可倒入鱼塘，以防鱼类中毒。

（5）该药对眼睛、皮肤有刺激作用，使用时应注意防护。

（6）该药在水稻（糙米）上最高残留限量（MRL）为 0.05 mg/kg。美国规定玉米籽粒中的最高残留量 0.05 mg/kg。

（7）23.5％乳油，对水稻一年生杂草，最多使用 1 次。

异丙隆

【类别】 取代脲类。

【毒性】 属低毒除草剂。对眼睛和皮肤无刺激。对鸟类、蜜蜂和鱼低毒。

【作用机制】 为选择性内吸传导型土壤处理兼苗后处理剂。通过植物的根部、叶片吸收在体内传导，抑制植物的光合作用及电子传递，干扰光合作用正常进行，使杂草叶片变软、褪绿、叶缘卷曲而枯死。

【防除对象】 可有效防除麦田看麦娘、日本看麦娘、硬草、茵草、野燕麦、早熟禾、碎米荠、牛繁缕、繁缕、雀舌草、萹蓄、小藜等多种一年生杂草，但对猪殃殃、大巢菜药效差。

【主要制剂】 25％、50％、70％、75％可湿性粉剂，50％悬浮剂等。

【安全使用技术】

1. 使用方法

（1）麦田 套种麦田，在前茬离田后 5～20 d 内，压板麦田和旋耕麦田在播种覆土后，或麦苗 1～2 叶期，每 667 m² 用 25％可湿性粉剂 200～250 g，或 50％可湿性粉剂 100～125 g，对水 40～50 kg 喷雾；土壤较干时，可适当增加对水量。

（2）油菜田 在油菜移栽前 2～3 d，每 667 m² 用 25％可湿性粉剂 200～250 g，对水 50 kg 左右，均匀喷于田板上。

2. 注意事项

（1）苗长势差和排水不畅的田块不宜使用。

（2）异丙隆对某些阔叶杂草药效差，可与其他除草剂混用，以提高药效。

（3）在寒流和霜冻来临之前不宜使用，以免产生药害。

（4）异丙隆用于麦田补除草，宜早不宜迟，过迟施药可能对后茬有不良影响。

（5）异丙隆对油菜苗可产生药害，只能在油菜移栽前 2～3 d 使用。

（6）施药工具用毕要清洗干净。

（7）70％可湿性粉剂，对冬小麦一年生单子叶杂草、一年生双子叶杂草，最多使用 1 次。

莠去津

【类别】 三氮苯类。

【毒性】 属低毒除草剂。对眼睛无刺激性，对皮肤稍有刺激。对鸟类、蜜蜂和蚯蚓均低毒。对鱼低毒或中毒。

【作用机制】 为选择性内吸传导型苗前、苗后除草剂，以根吸收为主，茎叶吸收很少，能迅速传导到植物分生组织及叶部，干扰光合作用，使叶片褪绿变黄，全株枯死。为光合作用抑制剂。

【防除对象】 适用于玉米、高粱、甘蔗、果树、苗圃、林地防除一年生禾本科杂草和阔叶杂草，对某些多年生杂草也有一定抑制作用。

【主要制剂】 38％、50％悬浮剂，90％水分散粒剂，48％、80％可湿性粉剂等。

【安全使用技术】

1. 使用方法 玉米田，夏玉米在播后苗前用药，每 667 m² 用 50％可湿性粉剂 150～200 g，或 40％悬浮剂 175～200 mL。有机质含量高的土壤，如东北地区，应增加用药量。沙质土用下限，黏质土用上限。播种后 1～3 d 内，对水 30 kg 进行土表喷雾处理。

2. 注意事项

（1）莠去津的残效长，对某些后茬敏感作物，如小麦、大豆、水稻等有药害，可降低剂量与别的除草剂混用。玉米套种豆类，不宜使用莠去津。

（2）果园使用莠去津对桃树不安全。

唑嘧磺草胺

【类别】　三唑并嘧啶磺酰苯胺类。

【毒性】　属低毒除草剂。对眼睛有轻微刺激，对兔皮肤无刺激性。对鸟类、鱼和蜜蜂均低毒。

【作用机制】　为内吸传导型除草剂，是一种典型的乙酰乳酸合成酶抑制剂。它由杂草的根、茎和叶片吸收，并传导至分生组织。在分生组织内积累，抑制乙酰乳酸合成酶，使蛋白质合成受阻，生长停止，逐渐死亡。

【防除对象】　用于玉米、大豆、小麦、苜蓿等防除多种阔叶杂草。

【主要制剂】　80％水分散粒剂等。

【安全使用技术】

1. 使用方法

（1）玉米田　在玉米播前或播后苗前施药，每 667 m² 用 80％水分散粒剂 2～5 g，对水 30～40 kg，进行土壤喷雾。

（2）小麦田　在小麦 3 叶期至早春进行茎叶喷雾，每 667 m² 用 80％水分散粒剂 2～3 g，对水均匀喷雾。

2. 注意事项

（1）土壤质地疏松、有机质含量低，低湿地水分好时用低剂量；反之，用高剂量。

（2）该药不宜在碱性土壤中施用，如土壤干旱，进行土壤喷雾时宜喷后浅混土。

（3）由于油菜、甜菜敏感，不宜作为后茬作物种植。

（4）该药在玉米（籽粒）、大豆（籽粒）上最高残留限量

（MRL）分别为 0.1 mg/kg、0.05 mg/kg。

四、植物生长调节剂

矮壮素

【类别】 氯化胆碱类生长抑制剂。

【毒性】 属低毒植物生长调节剂。对鸟类、水蚤和鱼毒性低。

【作用机制】 是赤霉素的拮抗剂，可由叶片幼枝、芽、根系和种子进入植株体内，抑制植株体的赤霉素的生物合成，主要的作用是阻抑贝壳杉烯的生成，致使内源赤霉素生物合成受阻，它的生理功能是控制植株的徒长，促进生殖生长，使植株节间缩短，长得矮、壮、粗、根系发达。茎秆粗壮，叶色变深，叶片增厚，提高某些作物的坐果率，改善品质，提高产量。

【使用对象】 可用于小麦、棉花、番茄等作物。

【主要制剂】 5％、10％、50％水剂，80％可溶性粉剂等。

【安全使用技术】

1. 使用方法 对生长旺盛、有倒伏危险的小麦，在拔节初期喷 0.2％～0.4％矮壮素（50％水剂稀释 125～250 倍），每 667 m² 喷药液 50 kg，能增加麦秆茎壁机械组织和细胞壁厚度，抑制茎秆伸长，矮化植株，改善通风透光条件，提高小麦抗倒伏能力。

2. 注意事项

（1）瘦田及作物长势不旺的田块不宜使用。

（2）矮壮素对不同作物所产生的敏感性相差很大，因此在使用时要严格掌握各种作物所需要的适宜浓度和使用时间。

（3）用过矮壮素的作物，叶色深绿，但这并不意味着对应该施肥的可以少施或不施，而仍然要按一般施肥量甚至还要适量增加施肥量来施肥，这样才能更好地发挥矮壮素的效果。

（4）不能与碱性物质混用。

赤霉酸

【类别】 赤霉素类生长刺激剂，农用抗生素。

【毒性】 属低毒植物生长调节剂。对皮肤和眼睛无刺激。

【作用机制】 是广谱性植物生长调节剂，可促进细胞伸长、叶片增大、单性结实、果实生长，可打破种子休眠，改变雌、雄花比率，影响开花时间，减少花、果脱落。

【使用对象】 可用于水稻、山楂、枣、芹菜、菠菜、荠菜、茼蒿、苋菜等多种作物。

【主要制剂】 20％可溶性粉剂，10％、16％、20％可溶性片剂，4％乳油，75％、85％结晶粉等。

【安全使用技术】

1. 使用方法 杂交稻制种存在着严重包颈和父母本花期不遇等问题，不利异交授粉，从而降低结实率，影响制种产量。应用赤霉素能有效地提高杂交稻制种产量。一般从抽穗15％开始喷母本，一直喷到25％抽穗为止，处理浓度为20～30 mg/kg，喷1～3次。

2. 注意事项

(1) 赤霉素粉剂不溶于水，使用前先用少量乙醇或烧酒溶解，然后加水稀释至需要浓度。赤霉素液剂可直接对水稀释。

(2) 赤霉素可与酸性农药混合使用，但不能与碱性农药混合使用。

(3) 配制好的赤霉素水溶液不宜久放，以免活性降低而影响效果。

(4) 赤霉素切不可加热，温度超过 60 ℃会失去活性。

(5) 赤霉素的生理活性很强，使用浓度一般较低，使用时一定要严格掌握使用浓度和药液量。

(6) 作物使用赤霉素后会出现短期的"失绿"现象，因此必须加强肥水管理。

多效唑

【类别】 三唑类生长抑制剂。

【毒性】 属低毒植物生长调节剂。对鸟类、鱼和蜜蜂毒性低，对皮肤和眼睛有轻度刺激。

【作用机制】 为植物生长延缓剂、内源赤霉素抑制剂。它能抑制植物体内赤霉素的生物合成，减慢植物生长速度，控制茎干伸长。表现为矮壮多蘖，叶色浓绿，根系发达。

【使用对象】 用于水稻、油菜、小麦等作物。

【主要制剂】 9%、10%、15%可湿性粉剂等。

【安全使用技术】

1. 使用方法

（1）培育水稻壮秧 于水稻秧苗 1 叶 1 心期，每 667 m^2 秧田施用 100 kg 浓度为 200～300 mg/kg 的多效唑，施用时田水放干。该项技术能有效地控制秧苗徒长，促进移栽后活棵、分蘖，通过增加穗数达到增产增收。

（2）培育油菜壮秧 于油菜秧苗 3 叶 1 心期，每 667 m^2 施用 40～50 kg 浓度为 150 mg/kg 的多效唑。该项技术能有效地培育油菜壮秧，防止高脚苗，促进移栽后成活，有利于冬壮春发和增产效果。

（3）防止水稻倒伏 对有可能发生倒伏的水稻，于拔节前夕喷洒 300 mg/kg 浓度的多效唑，能抑制茎秆伸长，节间短粗，起到防倒增产作用。

2. 注意事项

（1）多效唑在土壤中残留期很长，一些大田作物或蔬菜田施用过量多效唑后，往往会影响后茬作物的生长，因此使用时务必注意。

（2）在一般情况下使用多效唑不会对作物产生药害，但在用量过多对作物产生抑制过度时，可采用增施氮肥或喷洒赤霉素解救。

（3）15%可湿性粉剂在花生上最多使用 1 次，安全间隔期为 60 d。在水稻上最多使用 1 次；在油菜上最多使用 2 次。

复硝酚钠

【类别】 硝基酚类生长素。

【毒性】 属低毒植物生长调节剂。对鱼毒性低。

【作用机制】 该产品为单硝化愈创木酚钠盐植物细胞复活剂。能迅速渗透到植物体内，促进细胞的原生质流动，对植物发根、生长、生殖及结果等发育阶段均有程度不同的促进作用。

【防治对象】　可用于水稻、小麦、蔬菜和果树等作物。

【主要制剂】　0.7％、0.9％、1.8％水剂，0.9％可湿性粉剂，1.4％可溶性粉剂等。

【安全使用技术】

1. 使用方法

（1）水稻　可用1.8％水剂播前浸种36～72 h，或于水稻移栽前5～7 d喷秧苗，浓度均为6 000倍液。也可以1 000～2 000倍液于幼穗形成期、齐穗期各喷1次，花穗期、花前后各喷1次。

（2）小麦　播种前可用1.8％水剂浸种12 h，幼穗形成和穗出齐时可用1.8％水剂3 000倍液进行叶面喷雾。

2. 注意事项

（1）可与一般农药混用。如种子消毒剂的浸种时间与本剂相同，则可一并使用。

（2）浓度过高时会对作物幼芽及生长有抑制作用。

（3）宜密封贮存于阴凉、避光处。

（4）1.8％水剂在番茄上最多使用2次，安全间隔期为7 d。

烯效唑

【类别】　三唑类生长抑制剂。

【毒性】　属低毒植物生长调节剂。对皮肤无刺激作用，对眼睛有轻微刺激作用。对蜜蜂低毒。

【作用机制】　是植物体内赤霉素合成抑制剂，通过抑制节间细胞的伸长使植物生长延缓。又是麦角甾醇生物合成抑制剂。它有4种异构体，其中E型活性最高，其结构与多效唑类似，活性是多效唑的10倍以上。4种异构体混合在一起，则活性大大降低。烯效唑具有内吸性，它可矮化植株、谷类作物抗倒伏，促进花芽形成，提高作物产量。

【使用对象】　用于水稻调节生长。

【主要制剂】　5％可湿性粉剂，5％乳油等。

【安全使用技术】

1. 使用方法　为水稻秧田调节生长，用5％可湿性粉剂50～150 mg/kg喷雾或浸种使用。

2. 注意事项

（1）烯效唑浸种降低发芽势，随用药量增加更明显。浸种种子发芽推迟8～12 h，对发芽率及苗生长无大差异。

（2）施用烯效唑要根据作物品种控制用药浓度。生长势较强的品种用药量要偏高；生长势弱的品种用药量要少。若用药量过高，作物受抑制过度时，可增施氮肥或赤霉素补救。

（3）应贮存于阴凉干燥处，防潮、防晒。

芸薹素内酯

【类别】　甾醇类植物激素。

【毒性】　属低毒植物生长调节剂。对鱼毒性低。

【作用机制】　为甾醇类植物激素，可增加叶绿素含量，增强光合作用，通过协调植物体内对其他内源激素水平，刺激多种酶系活力，促进作物生长，增加对外界不利影响抵抗能力及在低浓度下可明显增加植物的营养体生长和促进受精作用等。

【使用对象】　主要用于水稻、小麦、玉米、叶菜类蔬菜、甘蔗等作物，增产效果明显。

【主要制剂】　0.016％、0.003％、0.004％、0.007 5％、0.01％、0.04％水剂，0.01％、0.15％乳油，0.000 2％可溶粉剂。

【安全使用技术】

1. 使用方法

（1）小麦　用0.004％水剂1 000～2 000倍液于小麦扬花期茎叶喷雾。

（2）玉米　用0.004％水剂1 000～4 000倍液浸种或在苗期及生殖生长期茎叶喷雾。

（3）水稻　用0.004％水剂2 000～4 000倍液苗期茎叶喷雾。

2. 注意事项　不能与碱性物质混用。

参考文献

北京农业大学 . 1982. 昆虫学通论 . 北京：中国农业出版社 .

陈利锋，徐敬友 . 2006. 农业植物病理学：南方本 . 北京：中国农业出版社 .

丁锦华，苏建亚 . 2006. 农业昆虫学 . 北京：中国农业出版社 .

郭玉人 . 2009. 农药安全使用手册 . 上海：上海科学技术出版社 .

郭玉人，等 . 2012. 农药安全使用技术指南 . 北京：中国农业出版社 .

武向文 . 2013. 农作物植保员：四级 . 北京：中国劳动社会保障出版社 .

武向文 . 2013. 农作物植保员：五级 . 北京：中国劳动社会保障出版社 .

许志刚 . 2006. 普通植物病理学 . 北京：中国农业出版社 .

植保员手册编绘组 . 2014. 植保员手册 . 上海：上海科学技术出版社 .